目次

教
大

JN100898

▍ 成績アップのための学習メソッド ▶ 2 ～ 5

▍ 学習内容

ぴたトレ0（スタートアップ）　▶ 6 ～ 11

※原則, ぴたトレ1は偶数, ぴたトレ2は奇数ページになります。

▍ 定期テスト予想問題 ▶ 125 ～ 143

▍ 解答集 ▶ 別冊

[写真提供]

コーベット・フォトエージェンシー

成績アップのための学習メソッド

学習のはじめ

ぴたトレ0
スタートアップ

この学年の内容に関連した,これまでに習った内容を確認しよう。
学習のはじめにとり組んでみよう。

日常の学習

ぴたトレ1
要点チェック

教科書の用語や重要事項をさらっとチェックしよう。
要点が整理されているよ。

ぴたトレ2
練習

問題演習をして,基本事項を身につけよう。ページの下の「ヒント」や「ミスに注意」も参考にしよう。

1回 10分

1回 15分

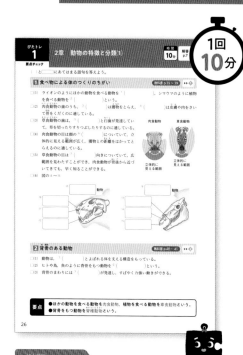

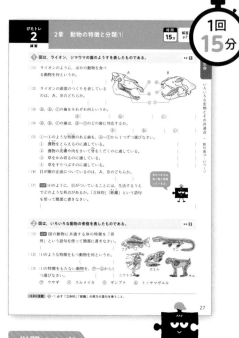

学習メソッド

「わかる」「簡単」と思った内容なら、「ぴたトレ2」から始めてもいいよ。「ぴたトレ1」の右ページの「ぴたトレ2」で同じ範囲の問題をあつかっているよ。

学習メソッド

わからない内容やまちがえた内容は,必要であれば「ぴたトレ1」に戻って復習しよう。▶▶■ のマークが左ページの「ぴたトレ1」の関連する問題を示しているよ。

＼「学習メソッド」を使うとさらに効率的・効果的に勉強ができるよ！／

ぴたトレ3
確認テスト

テスト形式で実力を確認しよう。まずは,目標の70点を目指そう。
「定期テスト予報」はテストでよく問われるポイントと対策が書いてあるよ。

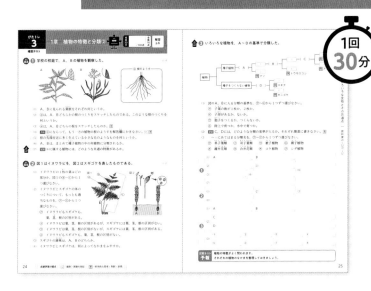

1回
30分

学習メソッド

テスト前までに「ぴたトレ1〜3」のまちがえた問題を復習しておこう。

↓

テスト前

定期テスト予想問題

テスト前に広い範囲をまとめて復習しよう。
まずは,目標の70点を目指そう。

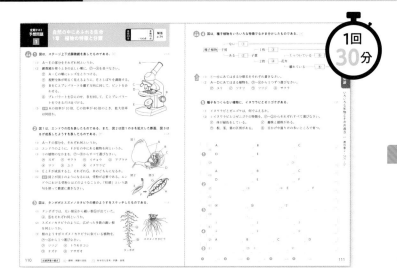

1回
30分

学習メソッド

さらに上を目指すキミは「点UP」にもとり組み,まちがえた問題は解説を見て,弱点をなくそう。

次のページへ続くよ ▶

〔効率的・効果的に学習しよう!〕

✕ 同じまちがいをくり返さないために

まちがえた問題は,別冊解答の「考え方」を読んで,どこをまちがえたのか確認しよう。

 ## 効率的に勉強するために

各ページの解答時間を目安にしてとり組もう。まちがえた問題のチェックボックスにチェックを入れて,後日復習しよう。

 ## 理科に特徴的な問題のポイントを押さえよう

計算, 作図, 記述 の問題にはマークが付いているよ。何がポイントか意識して勉強しよう。

 ## 観点別に自分の学力をチェックしよう

学校の成績はおもに,「知識・技能」「思考・判断・表現」といった観点別の評価をもとにつけられているよ。
一般的には「知識」を問う問題が多いけど,テストの問題は,これらの観点をふまえて作られることが多いため,「ぴたトレ3」「定期テスト予想問題」でも「知識・技能」のうちの「技能」と「思考・判断・表現」の問題にマークを付けて表示しているよ。自分の得意・不得意を把握して成績アップにつなげよう。

 ## 付録も活用しよう

ぴたトレ minibook × 赤シート

持ち歩きしやすいミニブックに,理科の重要語句などをまとめているよ。スキマ時間やテスト前などに,サッとチェックができるよ。

 中学ぴたサポアプリ

スマホで一問一答の練習ができるよ。スキマ時間に活用しよう。

［ 勉強のやる気を上げる**4**つの工夫 ］

1 "ちょっと上"の目標をたてよう

頑張ったら達成できそうな,今より"ちょっと上"のレベルを目標にしよう。目指すところが決まると,そこに向けてやる気がわいてくるよ。

ちょっと上に

2 無理せず 続けよう

勉強を続けると,「続けたこと」が自信になって,次へのやる気につながるよ。「ぴたトレ理科」は1回分がとり組みやすい分量だよ。無理してイヤにならないよう,あまりにも忙しいときや疲れているときは休もう。

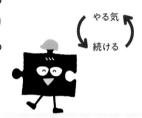

やる気
続ける

3 勉強する環境を整えよう

勉強するときは,スマホやゲームなどの気が散りやすいものは遠ざけておこう。

4 とりあえず勉強してみよう

やる気がイマイチなときも,とりあえず勉強を始めるとやる気が出てくるよ。
わからない問題にいつまでも時間をかけずに,解答と解説を読んで理解して,また後で復習しよう。「ぴたトレ理科」は細かく範囲が分かれているから,「できそう」「興味ありそう」な内容からとり組むのもいいかもね。

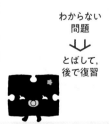

わからない
問題
↓↓
とばして,
後で復習

単元1 運動とエネルギーの学習前に(1)

解答 p.1

(　)にあてはまる語句を答えよう。

1章　力の合成と分解　／　2章　水中の物体に加わる力　／　3章　物体の運動　教科書 p.10～49

【中学校1年】身近な物理現象

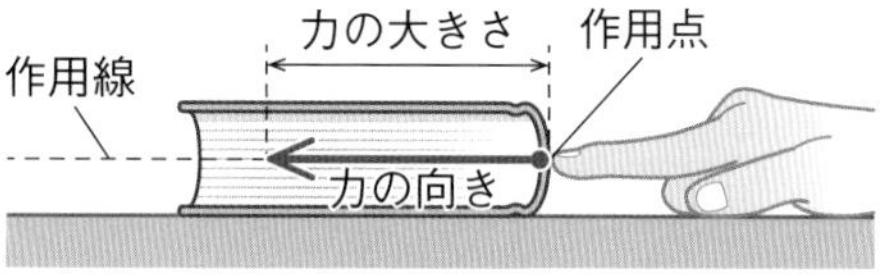

力の表し方

□力には，次のようなはたらきがある。
　①物体を変形させる。
　②物体の動き(①(　　　　)や向き)を変える。
　③物体を支える。

□力の大きさを表すには②(　　　　　)(記号N)という単位を使って表す。
約 100g の物体にはたらく重力(じゅうりょく)の大きさが1Nである。

□物体に力がはたらく点を③(　　　　)という。

□ふれ合った物体がこすれるときに生じる，物体の動きを妨(さまた)げる力を④(　　　　　)という。

□1つの物体に2つ以上の力がはたらいて，物体が静止しているとき，
物体にはたらく力はつり合っているという。
次の①～③が成り立つとき，2力はつり合う。
　①2力の大きさは⑤(　　　　)。
　②2力の向きは⑥(　　　　)である。
　③2力は⑦(　　　　)上にある。

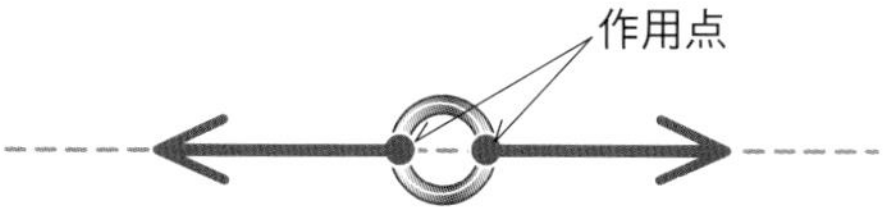

2力のつり合い

【中学校2年】気象のしくみと天気の変化

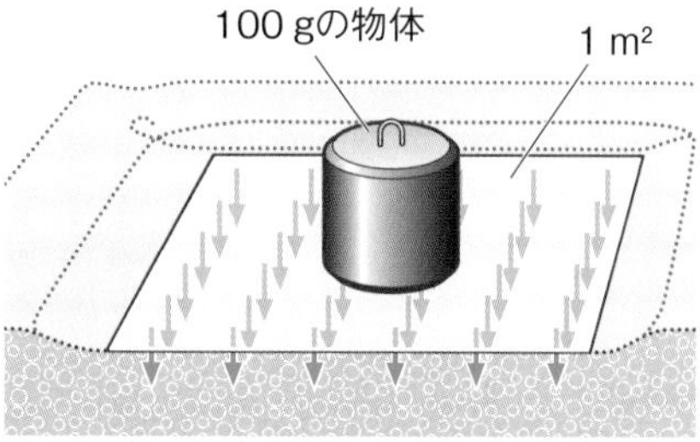

圧力

□一定面積(1 m²など)当たりの面を垂直に押(お)す
力の大きさを⑧(　　　　)という。
⑧は，次の式で求めることができる。

$$⑧〔Pa〕=\frac{面に垂直に加わる力〔N〕}{力が加わる面積〔m^2〕}$$

□⑧を表すには⑨(　　　　　)(記号 Pa)，
またはニュートン毎平方(まいへいほう)メートル(記号 N/m^2)
という単位を使って表す。

□大気の重さ(大気にはたらく重力)によって生じた力による⑧を⑩(　　　　　)という。
⑩は，あらゆる向きから物体の表面に垂直にはたらく。

□⑩を表すには⑪(　　　　　　)(記号 hPa)という単位を使って表す。
なお，1 hPa = 100 Pa = 100 N/m^2 である。⑩の大きさは，海面と同じ高さのところでは
約 1013 hPa であり，この大きさを1気圧という。

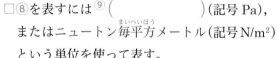

単元1 運動とエネルギーの学習前に(2)

解答 p.1

(　)にあてはまる語句を答えよう。

4章　仕事とエネルギー　教科書 p.50～75

【中学校2年】化学変化と原子・分子

□物質が激(はげ)しく熱や光を出しながら酸素と結びつく化学変化を①(　　　　)という。

【中学校2年】電流とその利用

□電流がもつ，光や熱，音を発生させたり，物体を動かしたりする能力を②(　　　　)という。

【中学校2年】電流とその利用

□③(　　　　)には，X(エックス)線，α(アルファ)線，β(ベータ)線，γ(ガンマ)線，中性子線などがある。
③を出す物質を④(　　　　)という。
③は，物質を透過(とうか)する性質(透過性)がある。

【小学校6年】電流の利用

□電気製品は，電気を光や音，熱，運動などに変えて利用している。

- 豆電球，LED電球…電気を⑤(　　　　)に変える。
- 電熱線…電気を⑥(　　　　)に変える。
- 電子オルゴール，スピーカー…電気を⑦(　　　　)に変える。
- モーター…電気を⑧(　　　　)に変える。

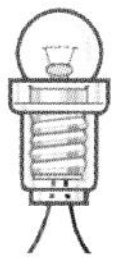
豆電球

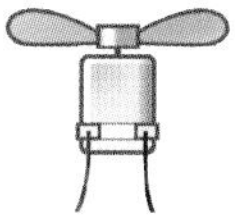
モーター

【小学校4年】金属，水，空気と温度

□金属は，熱せられた部分から順にあたたまっていく。
一方，水や空気は，熱せられた部分が⑨(　　　　)へ動き，全体があたたまっていく。

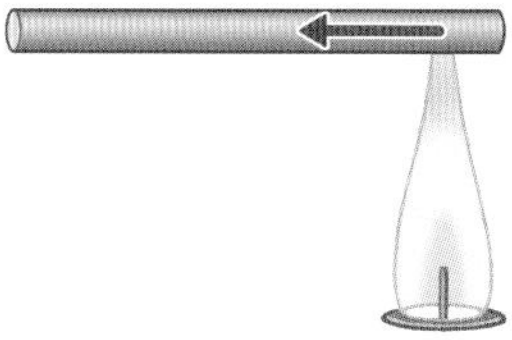
金属のあたたまり方

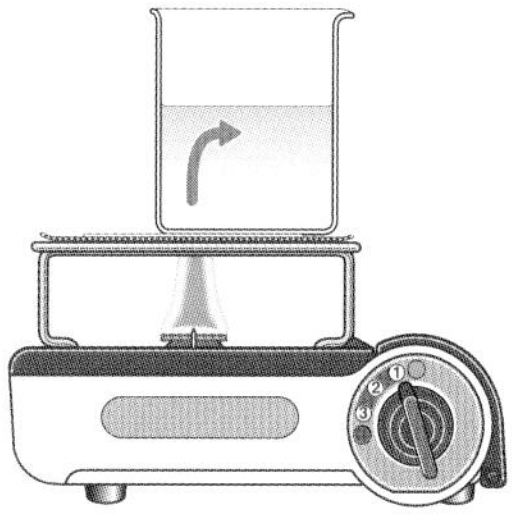
水のあたたまり方

ぴたトレ
0
スタートアップ

[単元2] 生命のつながり　の学習前に

解答 p.1

（　）と[　　]にあてはまる語句を答えよう。

1章　生物の成長とふえ方　／　2章　遺伝の規則性と遺伝子　教科書 p.88～117

【小学校5年】動物の誕生

□メダカは，①(　　　　　)(受精したたまご)の中で少しずつ変化して，やがて子メダカが誕生する。

□ヒトは，受精してから約38週間，母親の体内の②(　　　　　)で育ち，誕生する。

【中学校1年】生物の世界

□胚珠が③(　　　　　)(めしべの根もとのふくらんだ部分)の中にある植物を④(　　　　　)という。

□おしべの⑤(　　　　　)から出た花粉がめしべの⑥(　　　　　)につくことを受粉という。

□③は，受粉して成長すると，やがて⑦(　　　　　)になる。また，胚珠は，受粉して成長すると，やがて⑧(　　　　　)になる。

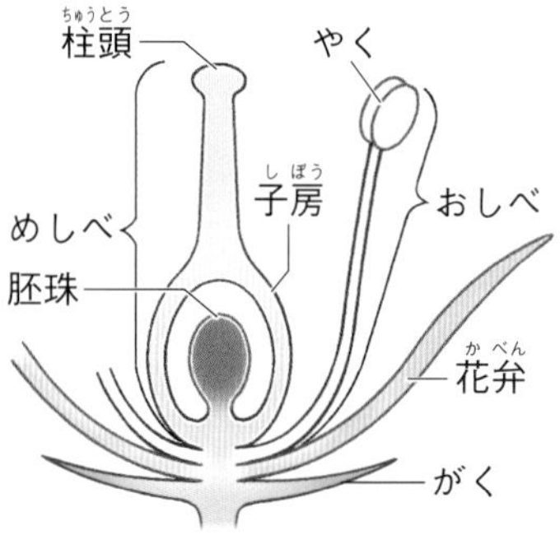

花のつくり

【中学校2年】生物の体のつくりとはたらき

□生物の体をつくる基本単位を⑨(　　　　　)という。⑨には，核や細胞質などがある。

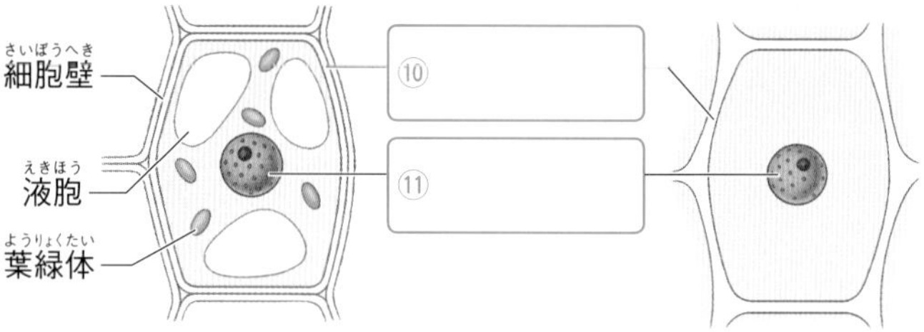

植物の細胞　　動物の細胞

3章　生物の種類の多様性と進化　教科書 p.118～126

【中学校1年】生物の世界

□植物は，被子植物，①(　　　　　)，シダ植物，②(　　　　　)に分類できる。

□ヒトや鳥，魚など，背骨をもつ動物を③(　　　　　)という。
③は，魚類，両生類，は虫類，鳥類，哺乳類に分類できる。

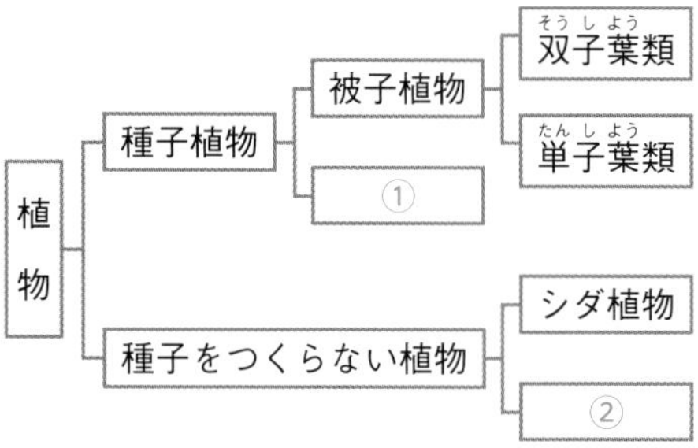

植物の分類

ぴたトレ
0
スタートアップ

単元3 自然界のつながり
単元6 地球の明るい未来のために
　の学習前に

解答
p.1

（　）にあてはまる語句を答えよう。

単元3　自然界のつながり　教科書 p.140〜155

【小学校6年】生物と環境

□生物どうしの「食べる・食べられる」という関係によるひとつながりを
　①（　　　　　　　　）という。

□空気や水，土など，その生物をとり巻いているものを②（　　　　　　　）という。

【中学校2年】生物の体のつくりとはたらき

□細胞内で，酸素を使って栄養分を分解する
　ことで生きるためのエネルギーをとり出し，
　二酸化炭素を出すはたらきを
　③（　　　　　　　　）という。

□植物が光を受けて栄養分をつくり出す
　はたらきを④（　　　　　　　）という。

　④は，葉などの細胞の内部にある
　⑤（　　　　　　　）で行われる。

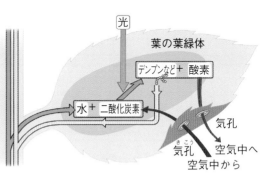

光合成のしくみ

単元6　地球の明るい未来のために　教科書 p.288〜329

【中学校1年】物質のすがた

□炭素を含む物質を①（　　　　　　　）という。また，①以外の物質を②（　　　　　　　）という。

□物質 $1\,cm^3$ 当たり（単位体積当たり）の質量を③（　　　　　　　）という。

　物質の③は，次の式で求めることができる。

$$物質の③〔g/cm^3〕＝\frac{物質の質量〔g〕}{物質の体積〔cm^3〕}$$

【中学校2年】電流とその利用

□金属のように，電気抵抗が小さく，電流が流れやすい物質を④（　　　　　）という。

　また，ガラスやゴムのように，電気抵抗が非常に大きく，電流が流れにくい物質を
　⑤（　　　　　　）という。

【中学校2年】化学変化と原子・分子

□化学変化でそれ以上分けることができない，物質をつくっている粒子を⑥（　　　　　　　）という。
　⑥の種類によって，質量や大きさは異なる。

□⑥が結びついてできる，物質の性質を示す最小の粒子を⑦（　　　　　　）という。
　⑦は，結びついている⑥の種類と数によって物質の性質が決まる。

□1種類の元素からできている物質を⑧（　　　　　　）という。
　また，2種類以上の元素からできている物質を⑨（　　　　　　）という。

単元4 化学変化とイオン　の学習前に

解答 p.2

(　)にあてはまる語句を答えよう。

1章　水溶液とイオン　／　2章　化学変化と電池　教科書 p.168～197

【中学校2年】化学変化と原子・分子

□もとの物質とは性質の異なる別の物質ができる変化を化学変化(化学反応)といい，化学変化でそれ以上分けることができない，物質をつくっている粒子を①(　　　　)という。①は，種類によって，その質量や大きさが決まっている。

□物質を構成する①の種類を元素という。元素はアルファベット1文字，または2文字の②(　　　　)で表される。

□物質の成り立ちを，②と数字などを用いて表した式を③(　　　　)という。

□化学変化を③で表したものを④(　　　　)という。

$$2H_2O \rightarrow 2H_2 + O_2$$

水の電気分解を表す化学反応式

□1種類の物質が2種類以上の物質に分かれる化学変化を⑤(　　　　)といい，電流を流すことによって物質を⑤することを⑥(　　　　)という。

【中学校2年】電流とその利用

□電気には＋(正)と－(負)の2種類があり，⑦(　　　　)種類の電気の間には引き合う力がはたらき，⑧(　　　　)種類の電気の間にはしりぞけ合う力がはたらく。

□電流のもとになる粒子を⑨(　　　　)という。⑨は－(負)の電気をもつ。

□電流は，電源の＋極から－極に流れる。このとき，⑨が移動する向きは電流の向きとは⑩(　　　　)である。

3章　酸・アルカリとイオン　教科書 p.198～214

【小学校6年】水溶液の性質

□水溶液は，リトマス紙の色の変化によって，酸性，①(　　　　)，アルカリ性の3つに分けることができる。

- 酸性の水溶液は，②(　　　　)のリトマス紙を③(　　　　)に変化させる。
- ①の水溶液は，青色，赤色のどちらのリトマス紙も色を変化させない。
- アルカリ性の水溶液は，④(　　　　)のリトマス紙を⑤(　　　　)に変化させる。

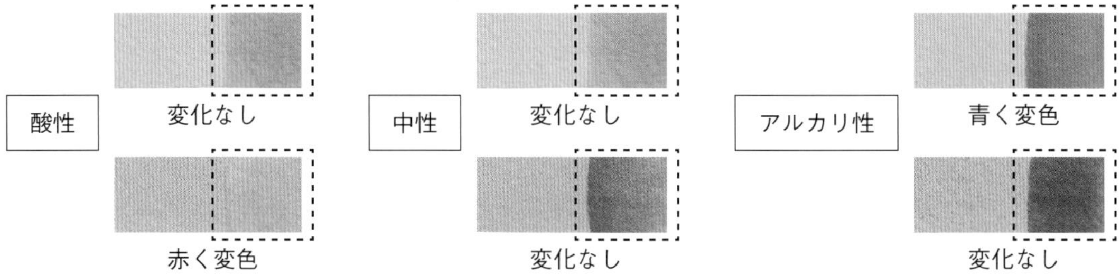
酸性
変化なし
赤く変色
中性
変化なし
変化なし
アルカリ性
青く変色
変化なし

リトマス紙に水溶液をつけたときの色の変化

（　）にあてはまる語句を答えよう。

1章　天体の動き　教科書 p.230〜243

【小学校3年】太陽と地面のようす

□太陽は，時刻とともに，①（　　　　　）から
南の空を通って②（　　　　　）へと動く。

【小学校4年】月と星

□時間がたつと，星が見える位置は変わるが，
星の並び方は③（　　　　　　　）。

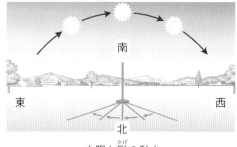

太陽と影の動き

2章　月と惑星の運動　教科書 p.244〜255

【小学校4年】月と星

□月は，時刻とともに，①（　　　　　）から
南の空を通って②（　　　　　）へと動く。
また，月の形はちがっても，動き方は
③（　　　　　　　）。

【小学校6年】月と太陽

□日によって，月の形が変わって見えるのは，
月と④（　　　　　　）の位置関係が変わるから
である。

月の動き

3章　宇宙の中の地球　教科書 p.256〜274

【小学校4年】月と星

□星によって，明るさや色にちがいが
①（　　　　　）。星は，明るさによって，
1等星，2等星，3等星，…と分けられている。

□星の集まりをいろいろなものに見立てて，
名前をつけたものを②（　　　　　）という。

【小学校6年】月と太陽

□月は自ら光を出さず，③（　　　　　）の光を
受けて輝いていて，月の輝いている側に③がある。

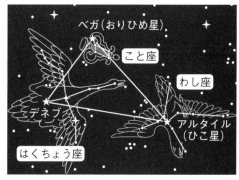

夏の大三角

( )にあてはまる語句や数を答えよう。

1 向きが同じ2つの力の合成

教科書p.10〜11 ▶▶❶

□(1) 2つの力を，同じはたらきをする1つの力で
表すことを，①( ) といい，
合成してできた力を②( ) という。

Bの力で引く。
Aの力で引く。

□(2) 力が同じ向きの2つの力の合力の関係
- 大きさ…2つの力の大きさの③( )
- 向き…2つの力と④( )向き

A B
$A=4N，B=7N$ とする。

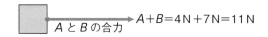
AとBの合力　$A+B=4N+7N=11N$

2 向きがちがう2つの力の合成

教科書p.12〜15 ▶▶❶❷

□(1) 向きがちがう2つの力Aと力Bの合力Fがあるとき，
- 力Fの大きさは，力Aと力Bの大きさの和よりも①( )。
- 力Fの向きは，力Aと力Bの②( )の向きになる。

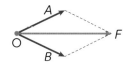
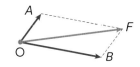
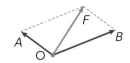

□(2) 力Aと力Bが一直線上で向きが反対の場合，合
力Fの大きさは，力Aと力Bの大きさの
③( )になる。このとき，力Aと力Bの
大きさが同じとき，2つの力はつり合い，合力
は④( )Nになる。

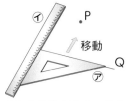
Aの力で引く。　Bの力で引く。

□(3) 向きがちがう2つの力Aと力Bの合力Fは，力
Aと力Bを表す矢印を2辺とする
⑤( )の対角線で表せる。

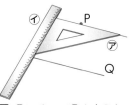
A B
$A=4N，B=7N$ とする。
AとBの合力　$B-A=7N-4N=3N$

点Pを通り直線Qに平行な直線のかき方

■1 三角定規㋐の1辺を
直線Qに合わせる。

■2 定規㋑を㋐の，他の
1辺に合わせる。

■3 ㋑にそって㋐を点P上に
ずらし，直線を引く。

要点 ●合力は2つの力の矢印を2辺とする平行四辺形の対角線で表される。

1章　力の合成と分解(1)

時間 15分　解答 p.3

1 図は，物体にはたらく2つの力A，Bとその合力(ごうりょく)Fを表している。 ▶▶ [1] [2]

□(1) 2つの力を，同じはたらきをする1つの力に合わせることを何というか。（　　　　）

□(2) [計算] 図1で，力Aの大きさが3N，力Bの大きさが5Nのとき，力Fの大きさは何Nか。（　　　　）

□(3) 図2のように，向きがちがう2つの力A，Bと，その合力Fの大きさの関係はどうなっているか。次の㋐〜㋒から選びなさい。（　　　　）

㋐ 合力Fは力A，Bの大きさの和よりも大きい。
㋑ 合力Fは力A，Bの大きさの和よりも小さい。
㋒ 合力Fは力A，Bの大きさの和と等しい。

□(4) [計算] 図3で，力Aの大きさが5N，力Bの大きさが2Nのとき，力Fの大きさは何Nか。（　　　　）

図1

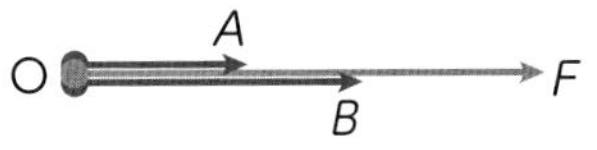

図2

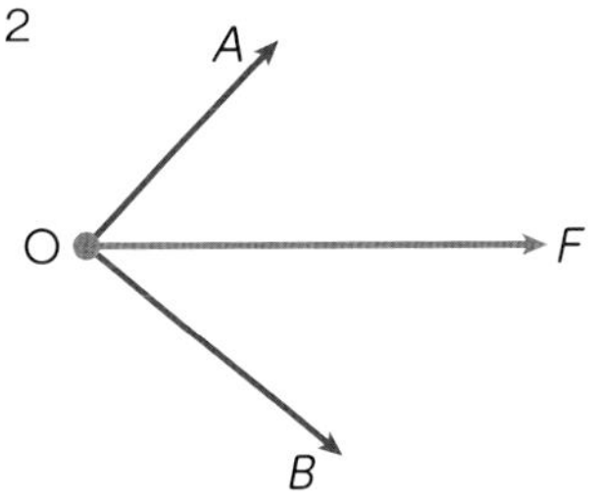

図3

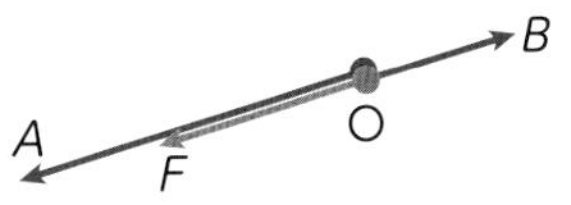

2 力(ちから)の合成(ごうせい)について，次の問いに答えなさい。 ▶▶ [2]

□(1) ㋐〜㋓のうち，2つの力A，Bの合力を正しく作図しているものはどれとどれか。記号で答えなさい。（　　　　）

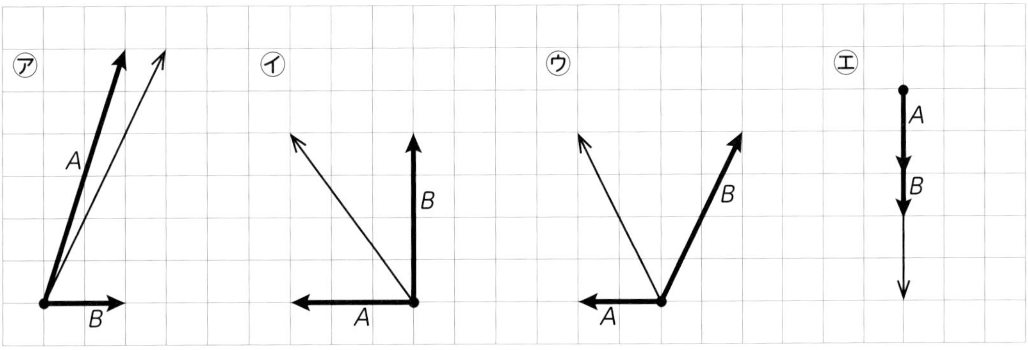

□(2) 力A，Bの合力を作図しなさい。

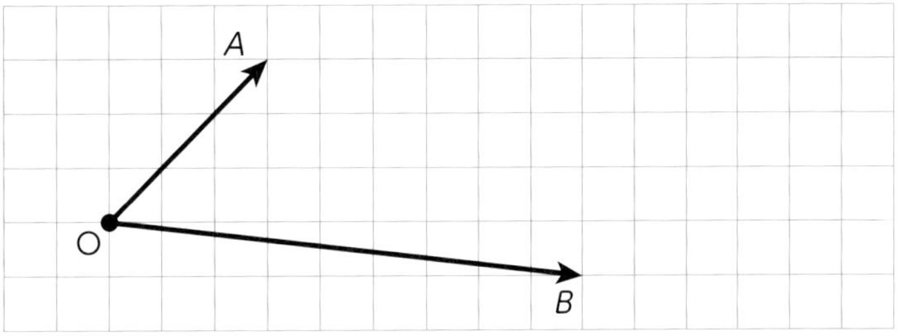

[ミスに注意] 1 (4) 向きが反対の2つの力の合力は，2つの力の大きさの差になる。

[ヒント] 2 (1) 合力は平行四辺形の作図によって求められる。

1章　力の合成と分解(2)

（　　）と □ にあてはまる語句や数を答えよう。

1 分力の求め方

教科書p.16～17

- □(1)　1つの力を，その力と同じはたらきをする2つの力に分けることを，①（　　　　　　　　）といい，できた力を②（　　　　　　）という。

- □(2)　分力のかき方

(a)
力F
O

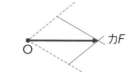
(b)
力F
O

(c)
分力A
力F
O
分力B

(a) 力Fを分解する向きに点Oから線を引く。

(b) 力Fの矢印の先から，(a)で引いた線に③ □ な線を引く。

(c) 点Oから，(a)と(b)で引いた線の交点に矢印をかく。

- □(3)　右の図では，力A，力B，④（　　　　　　　　）の3つの力がつり合っている。

- □(4)　3つの力がつり合っている場合，2つの力の⑤（　　　　　　　）と残りの力はつり合いの関係にある。また，物体に力が加わっていても静止して動かない場合は，物体に加わっている3つの力はつり合っていて，3つの力の合力は⑥（　　　　　　）Nである。

力F
力A　力B
重力W

2 斜面上の物体にはたらく力

教科書p.18～19

- □(1)　斜面上の物体にはたらく重力は，斜面に平行な分力と斜面に①（　　　　　　）な分力に分解できる。

- □(2)　斜面上の物体にはたらく②（　　　　　　　　）は，斜面に垂直な分力とつり合っている。

- □(3)　斜面の角度を大きくするほど，物体にはたらく斜面に平行な分力は③（　　　　　　　）なり，斜面に垂直な分力は④（　　　　　　　）なる。

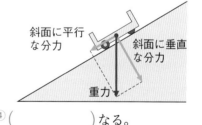
斜面に平行な分力
斜面に垂直な分力
重力

角度が小さいとき
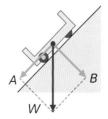
斜面に平行な分力A
斜面に垂直な分力B
重力W

角度が大きいとき

A
B
W

角度が90°のとき
斜面に垂直な分力Bは0N
斜面に平行な分力Aは，重力Wと同じ
W

要点　●分力はもとの力を対角線とする平行四辺形の2辺で表される。

1章　力の合成と分解(2)

時間 15分　解答 p.3

□ **1** 次の①，②，③の力Fを，xとyの方向に分解し，それぞれ2つの分力(ぶんりょく)を作図しなさい。 ▶▶ 1

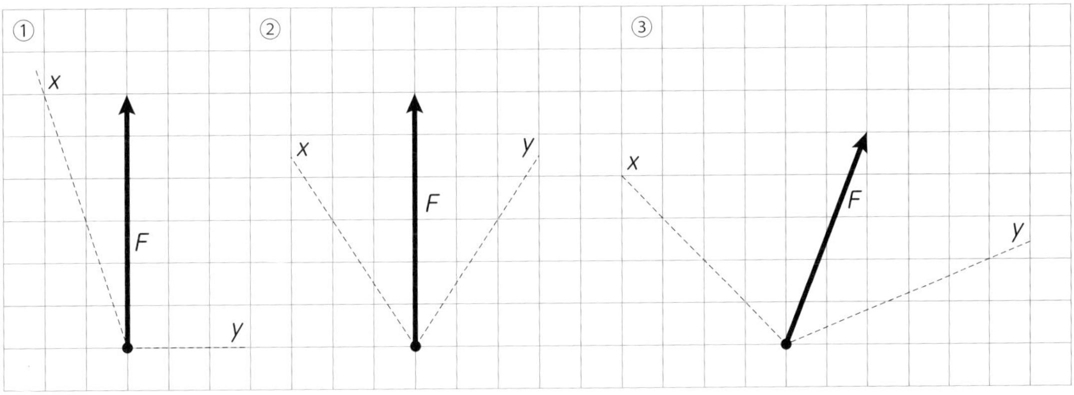

2 図は，水の入った容器を2人で持っているようすで，力Fは，力Aと力Bの合力(ごうりょく)である。 ▶▶ 1

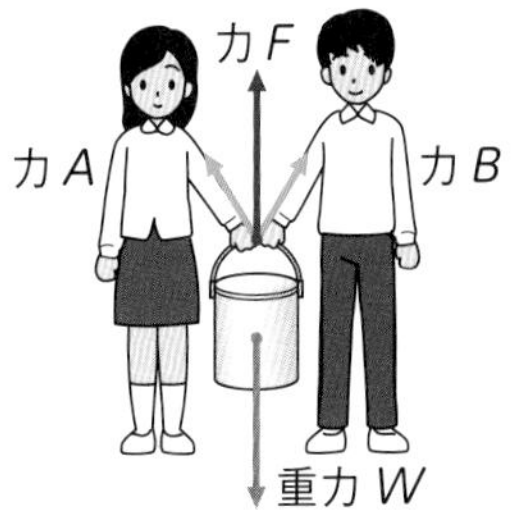

□(1) 容器が静止しているとき，3つの力がつり合っている。その3つの力を，次の㋐〜㋓から選びなさい。（　　）

㋐ 力A，力B，力F　㋑ 力A，力B，重力W

㋒ 力A，力F，重力W　㋓ 力B，力F，重力W

□(2) 力Fとつり合っている力を，次の㋐〜㋒から選びなさい。

㋐ 力A　㋑ 力B　㋒ 重力W　（　　）

□(3) 容器が静止しているとき，(1)の3つの力の合力は何Nか。（　　）

3 図のように，斜面(しゃめん)上に静止している物体にはたらく重力を，斜面に平行なⓐ，斜面に垂直(すいちょく)なⓑの方向にそれぞれ分解し，その分力をA，Bとする。 ▶▶ 2

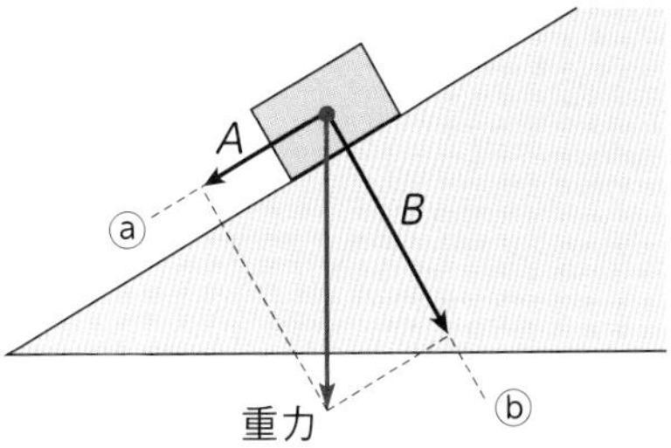

□(1) 力Bとつり合っている力は何か。次の㋐〜㋓から選びなさい。（　　）

㋐ 垂直抗力(すいちょくこうりょく)　㋑ 摩擦力(まさつりょく)

㋒ 圧力　㋓ 重力

□(2) 斜面の角度を大きくすると，分力A，分力B，重力の大きさはそれぞれどうなるか。次の㋐〜㋒からそれぞれ選びなさい。　分力A（　　）　分力B（　　）　重力（　　）

㋐ 大きくなる。　㋑ 小さくなる。　㋒ 変わらない。

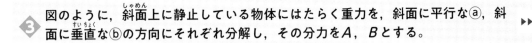

[ヒント] **1** 力Fが対角線になるような平行四辺形を作図する。

① 次の各問いに答えなさい。

39点

□(1) 計算 2つの力*A*，*B*が点〇に加わっている。それぞれの合力は何Nか。

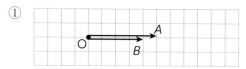

① 4N *A* 6N *B*

② *A* 7N *B* 2N

③ 3N 4N *A* 〇 *B*

④ 10N 10N *A* 〇 *B*

□(2) 作図 次の点〇に加わっている力*A*，*B*の合力を，それぞれ作図しなさい。

①

〇 *A* *B*

②

A 〇 *B*

□(3) 一直線上にない2つの力の合力の大きさは，もとの2つの力の大きさの和と比べてどうなっているか。

② 図1のように，ばねの一端を固定し，他端に2つのばねばかりA，Bを糸でつないで引き，ばねを台紙の点〇まで伸ばして，ばねばかりの示す値をそれぞれ読み取った。図2は，この実験の結果の1つを示していて，ばねばかりA，Bが糸を引く力をそれぞれ*A*，*B*の矢印で表したものである。また，図3は，2本の糸の間の角度を図2とは変えていったときの，ばねばかりAの力*A*だけを表している。ただし，ばねは1Nの力で引くとき2cm伸びるものとし，方眼紙1目盛りを1Nとする。

35点

□(1) 作図 図2の力*A*，*B*の合力を作図し，その大きさを求めなさい。

□(2) 図2で，ばねは何cm伸びているか。

□(3) 作図 図3のとき，ばねばかりBが糸を引く力*B*を作図しなさい。

□(4) 記述 図2と図3を比べたとき，(3)で作図した力*B*が図2の力*B*よりも大きい理由を，簡単に説明しなさい。 思

□(5) 図3で，糸の間の角度を120°にしてばねばかりA，Bを引いたところ，ばねばかりの示す値はたがいに等しくなった。このとき，ばねばかりの示す値は何Nか。

図1

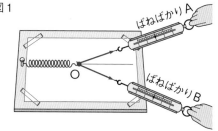

ばねばかりA
ばねばかりB

図2

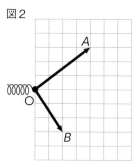

A
B

図3

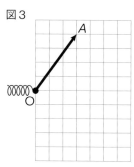

A

成績評価の観点　技…観察・実験の技能　思…科学的な思考・判断・表現

❸ 図のように，斜面上に静止している500gの物体にはたらく力について，次の問いに答えなさい。ただし，100gの物体にはたらく重力の大きさを1Nとする。　26点

□(1) 物体にはたらいている重力の大きさは何Nか。

□(2) 作図 物体にはたらく，斜面に平行な力と斜面に垂直な力を作図しなさい。ただし，1Nの力を0.5cmの矢印で表すものとする。

□(3) 物体を斜面の上の方に置くと，物体にはたらく斜面に平行な力の大きさはどうなるか。

□(4) 斜面の傾きを小さくすると，物体にはたらく斜面に垂直な力の大きさはどうなるか。

□(5) 斜面の傾きを90°にすると，斜面に平行な分力の大きさは何Nになるか。

500gの物体

30°

❶	(1)	①		②		③		④	
			5点		5点		5点		5点
	(2)	①	図に記入			②	図に記入		
					6点				6点
	(3)								7点
❷	(1)		図2に記入		6点	大きさ			5点
	(2)				5点	(3)	図3に記入		6点
	(4)								8点
	(5)				5点				
❸	(1)				5点	(2)	図に記入		6点
	(3)				5点	(4)			5点
	(5)				5点				

定期テスト予報　力の合成や分解の作図問題が出題されやすいでしょう。平行四辺形を用いた作図のしかたを，しっかり覚えておきましょう。

17

2章　水中の物体に加わる力

時間 10分　解答 p.5

(　　)と□にあてはまる語句を答えよう。

1 浮力

教科書p.20〜23　▶▶❶

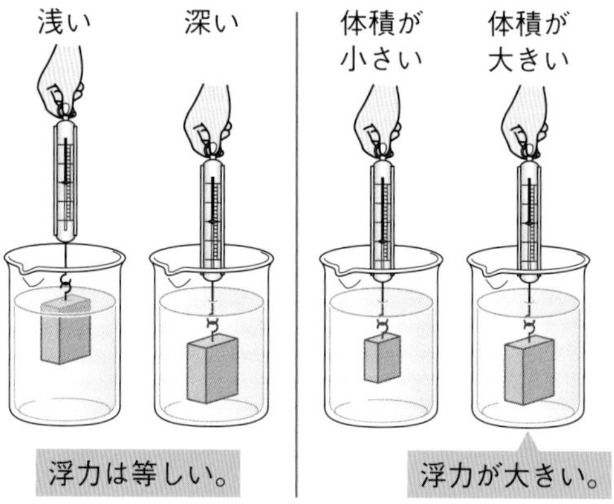
浅い
深い
浮力は等しい。
体積が小さい
体積が大きい
浮力が大きい。

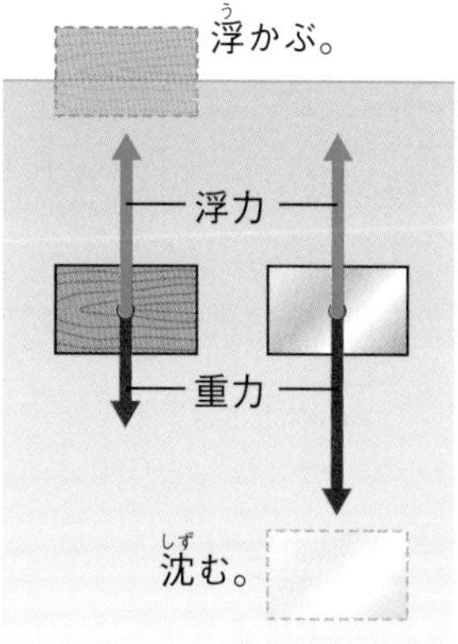
浮かぶ。
浮力
重力
沈む。

□(1) 水中に入れた物体に水からはたらく上向きの力を，①(　　　)という。

□(2) 物体を水に入れると，ばねばかりの値は物体にはたらく重力の大きさよりも②(　　　)なる。

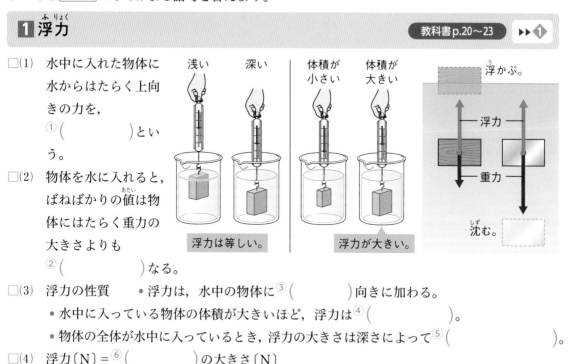

□(3) 浮力の性質　• 浮力は，水中の物体に③(　　　)向きに加わる。
- 水中に入っている物体の体積が大きいほど，浮力は④(　　　)。
- 物体の全体が水中に入っているとき，浮力の大きさは深さによって⑤(　　　)。

□(4) 浮力〔N〕＝⑥(　　　)の大きさ〔N〕
－⑦(　　　)に入れたときのばねばかりの値〔N〕

2 水圧

教科書p.24〜26　▶▶❷

水圧がはたらくようす

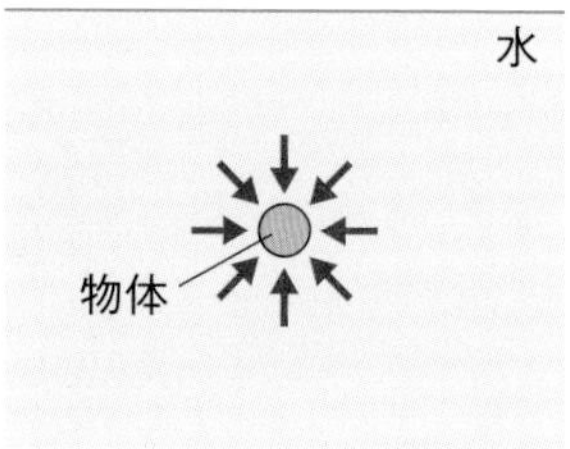
水
物体

物体に加わる水圧と浮力

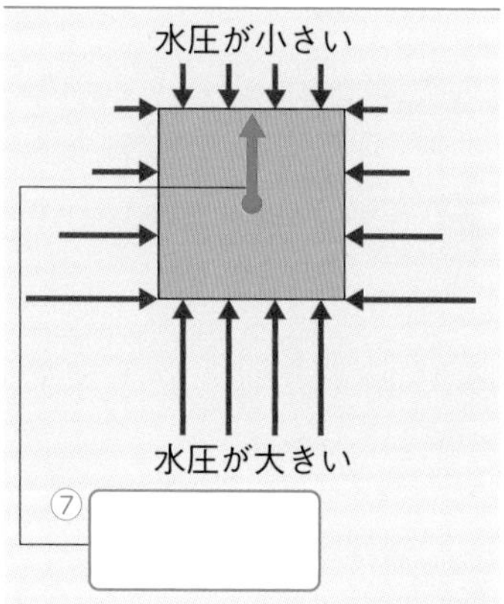
水圧が小さい
水圧が大きい
⑦

□(1) 水中の物体に加わる，水による圧力を①(　　　)という。

□(2) 水圧の性質
- 水圧は，②(　　　)向きから物体に加わる。
- 同じ深さでは，水圧の大きさは③(　　　)に関係なく等しい。
- 水圧は，深いところほど④(　　　)。

□(3) 直方体の底面に加わる上向きの水圧は，上面に加わる下向きの水圧より⑤(　　　)。この底面と上面での⑥(　　　)の差が，上向きの力である浮力を生み出している。

□(4) 図の⑦

要点
- **●水中にある部分の体積が大きいほど，水中の物体にはたらく浮力は大きくなる。**
- **●水圧は水中の物体のあらゆる面に加わり，深いところほど大きい。**

2章　水中の物体に加わる力

時間 15分　解答 p.5

1 図のように，ばねばかりで物体にはたらく重力の大きさをはかった後，物体を水の中に入れると，ばねばかりの値(あたい)が小さくなった。 ▶▶ 1

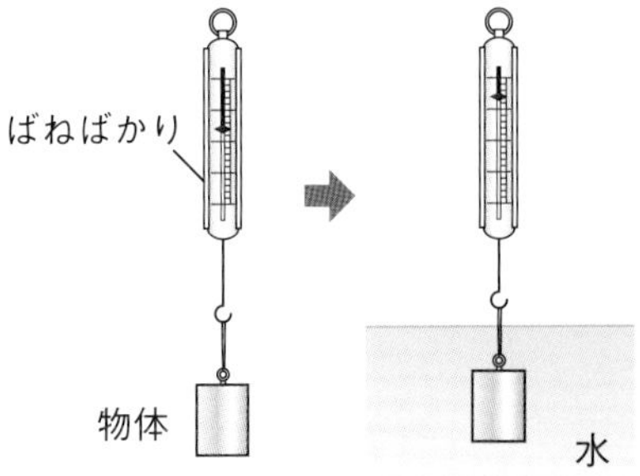

□(1) ばねばかりの値が小さくなったのは，水中の物体にどのような力が加わったからか。次の㋐，㋑から選びなさい。（　　）

㋐ 上向きの力　　㋑ 下向きの力

□(2) 水中の物体に加わる(1)のような力を何というか。（　　）

□(3) (2)は，物体の体積が大きいほど大きくなるか，小さくなるか。（　　）

□(4) [計算] ばねばかりの値は，空気中では0.8 N，水中では0.3 Nであった。このとき物体に加わっている(2)の大きさは何Nか。（　　）

□(5) 物体をさらに深く沈(しず)めると，ばねばかりの値はどうなるか。次の㋐～㋒から選びなさい。

㋐ 大きくなる。　㋑ 小さくなる。　㋒ 変わらない。（　　）

2 図のように，立方体の物体の底辺が水平になるようにして，水中に沈めた。 ▶▶ 2

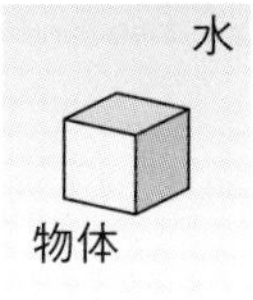

□(1) 水中の物体には，まわりをとりまく水によって圧力が加わる。この圧力を何というか。（　　）

□(2) 物体にはたらく(1)を矢印で表したモデルとして，最も適切なものはどれか。次の㋐～㋓から選びなさい。（　　）

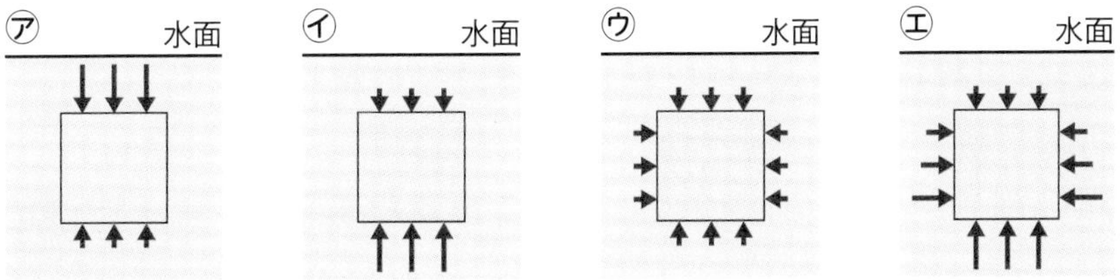

□(3) 物体をさらに沈めていくと，底面に加わる(1)の大きさはどうなるか。次の㋐～㋓から選びなさい。（　　）

㋐ だんだん小さくなる。　㋑ だんだん大きくなる。

㋒ 変わらない。　㋓ だんだん大きくなるが，ある大きさ以上にはならない。

□(4) 水中にある物体の上面と底面に加わる圧力の差によって生じる，上向きの力を何というか。（　　）

[ヒント] 1 (4) 重力の大きさ〔N〕－水中に入れたときのばねばかりの値〔N〕で求める。

[ミスに注意] 2 (2) 水によって加わる圧力は，あらゆる向きから物体に加わる。

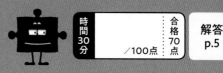

2章　水中の物体に加わる力

時間30分　／100点　合格70点　解答 p.5

1 **図のAのように，空気中で直方体の物体をばねばかりにつるすと，ばねばかりは1.2Nを示した。この物体の底面が水面に平行になるようにして水中に静かに入れ，Bのように物体全てが水中に入ってもさらに沈め，Cのように物体が容器の底に達してばねばかりが0Nを示すまで，ばねばかりの目盛りがどのように変化するかを調べた。表は，その結果の一部である。**　50点

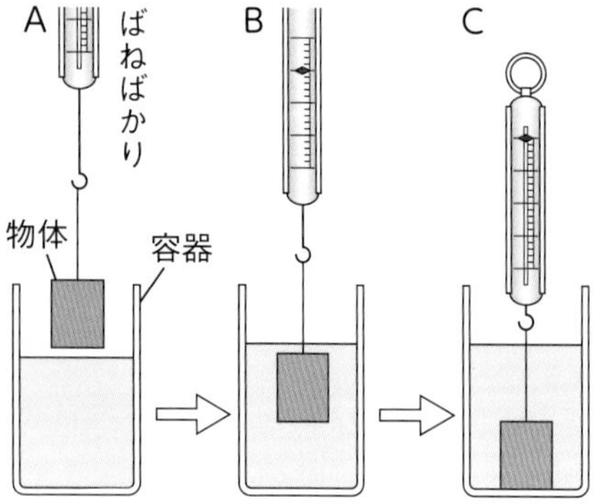

容器の底から物体の底面までの距離〔cm〕	8	6	4	2
ばねばかりの目盛り〔N〕	0.9	0.5	0.3	0.3

よく出る □(1)　[計算] ①容器の底から物体の底面までの距離が8 cmのとき，②Bのように物体が全て水中に入っているとき，それぞれの物体が水から受ける浮力は何Nか。

□(2)　容器の底から物体の底面までの距離が4 cmのときに物体が受ける浮力*A*と，2 cmのときに物体が受ける浮力*B*の大小関係はどうなっているか。次の㋐～㋒から選びなさい。

㋐　$A < B$　　㋑　$A = B$　　㋒　$A > B$

点UP □(3)　容器の底から物体の底面までの距離が1 cmのとき，ばねばかりの目盛りは何Nを示したと考えられるか。

□(4)　浮力の説明として正しいものを，次の㋐～㋒から選びなさい。

㋐　浮力は，物体の質量が大きいほど大きくなる。
㋑　浮力は，水面より下にある物体の体積によって変化する。
㋒　浮力は，物体の全体が水に入ったときに最も小さくなる。

2 **右の図のように，横に小さい穴（a，b，c）をあけた高さ45 cmの容器がある。**　20点

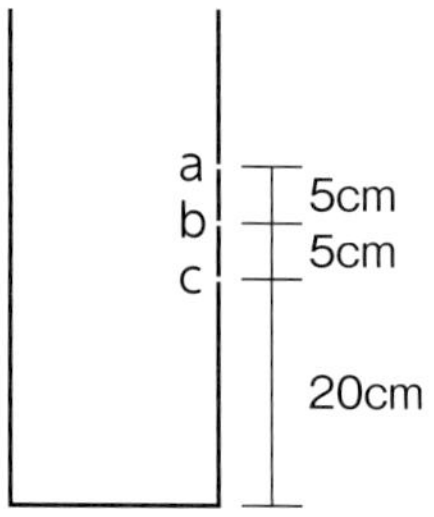

□(1)　この容器に水を入れると，水の飛び出し方はどうなるか。次の㋐～㋓から選びなさい。[思]

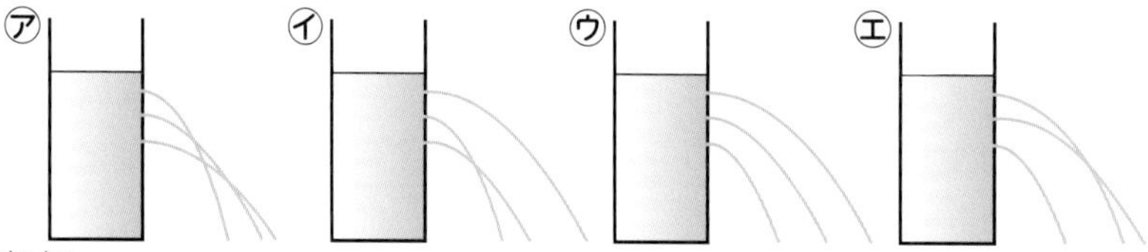

□(2)　水圧は何によって生じる圧力か。

成績評価の観点　[技]…観察・実験の技能　[思]…科学的な思考・判断・表現

❸ 図のような装置をつくり，装置を水の中に入れたときのゴム膜のようすを調べた。

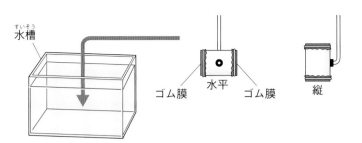

□(1) 装置を水平にして水に沈めると，ゴム膜はどうなるか。次の㋐〜㋑から選びなさい。

□(2) 装置を縦にして水に沈めると，ゴム膜はどうなるか。次の㋐〜㋑から選びなさい。

□(3) 記述 水の中にある物体に浮力がはたらく理由を，「水圧」ということばを使って説明しなさい。思

❶	(1)	① 　　　　　　　　10点	② 　　　　　　　　10点	
	(2) 　　　　　　　　10点		(3) 　　　　　　　　10点	
	(4) 　　　　　　　　10点			
❷	(1) 　　　　　　　　10点		(2) 　　　　　　　　10点	
❸	(1) 　　　　　　　　10点		(2) 　　　　　　　　10点	
	(3) 　　　　　　　　　　　　　　　　　　　　10点			

定期テスト 予報 浮力を求める問題が出されるでしょう。実験(問題)の設定をよく読み，適切な数値を公式にあてはめて求めましょう。

ぴたトレ 1
要点チェック

3章　物体の運動(1)

時間 10分　解答 p.6

（　）と［　］にあてはまる語句を答えよう。

1 いろいろな運動

教科書p.28〜31　▶▶1

□(1)　運動のようすは，物体の速さと①（　　　　）で表される。

□(2)　速さは，一定の時間に物体が移動した②（　　　　）で表される。

$$\text{速さ〔m/s〕} = \frac{\text{移動した距離（きょり）〔m〕}}{\text{移動にかかった③（　　　　）〔s〕}}$$

□(3)　速さが変化している物体が，一定の速さで移動したと考えたときの速さを④（　　　　）という。

□(4)　速度計に表示されるような，その時その時の速さを⑤（　　　　）という。

斜面（しゃめん）を下るボールの運動のようす

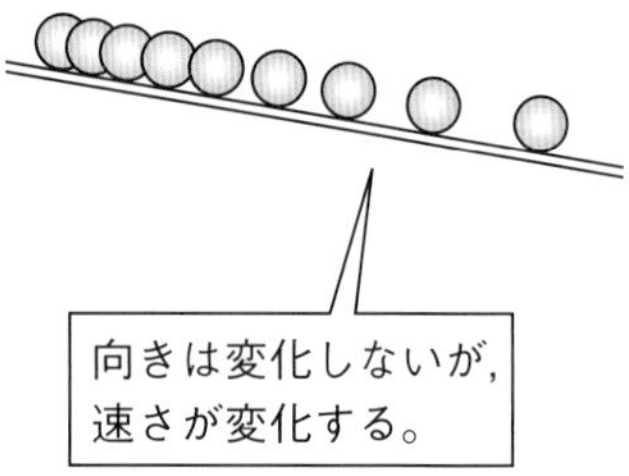

2 運動の記録

教科書p.32〜34　▶▶2

□(1)　向きが変化しない運動のようすは，①（　　　　）を使って記録できる。

□(2)　テープの処理のしかた

1．一定の打点数ごとにテープに②（　　　　）をつけて切る。

2．テープの向きをそろえて台紙に並べて貼（は）る。テープの長さは，物体の③（　　　　）を表している。

（図は５打点で切った例）

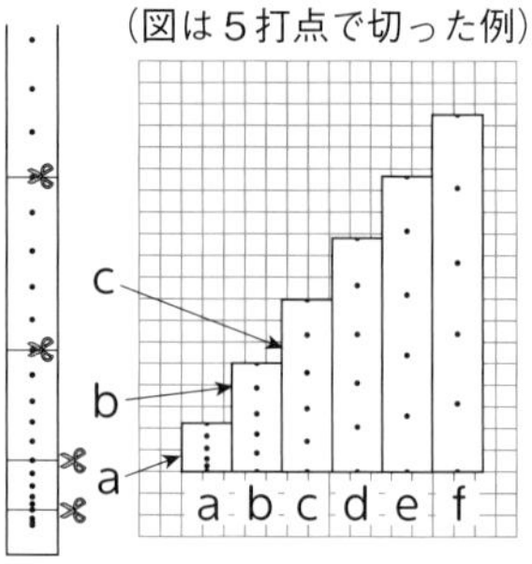

□(3)　テープに記録された打点の間隔（かんかく）は，テープを引く④（　　　　）によって変化する。

・速さが一定の運動では，打点の間隔は⑤（　　　　）になる。

・運動が遅（おそ）いほど，打点の間隔が⑥（　　　　），速いほど打点の間隔が⑦（　　　　）。

□(4)　図の⑧，⑨

テープの打点の間隔と速さ

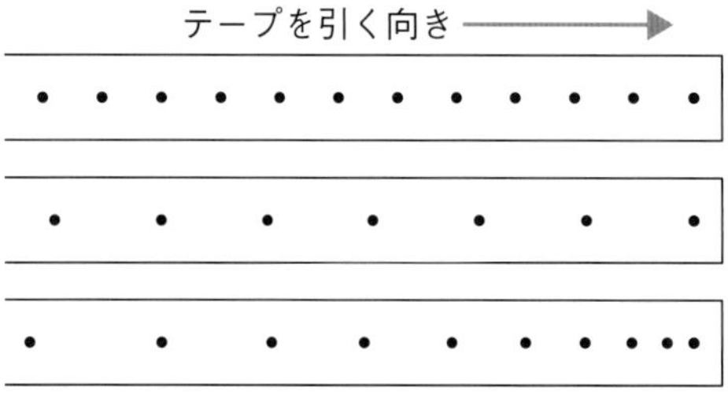

一定で⑧［　　　　］。

一定で速い。

しだいに⑨［　　　　］なる。

要点

●速さは，移動した距離÷移動にかかった時間で求められる。

●向きが変化しない運動は記録タイマーを使って記録できる。

3章　物体の運動(1)

1 運動の速さや向きについて，次の問いに答えなさい。　▶▶**1**

□(1)　次の①，②の運動があてはまるものを，あとの㋐〜㋒からそれぞれ選びなさい。

　　①　速さは変化しないが，向きが変化する運動　　　　（　　　　）

　　②　速さも向きも変化する運動　　　　　　　　　　（　　　　）

　　㋐　　　　　　　　　　　㋑　　　　　　　　㋒

□(2)　計算 400 m走のタイムが50.0秒のときの，平均の速さは何m/sか。また，それは何km/h
　　か。　　　　　　　　　　　　　　（　　　　）m/s　（　　　　）km/h

2 1秒間に50打点する記録タイマーを使って，テープを手で引き，打点の間隔の
変化を調べた。㋐〜㋓はその結果を示している。　▶▶**2**

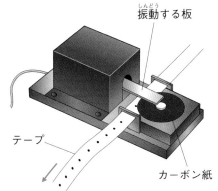

振動する板

テープ

カーボン紙

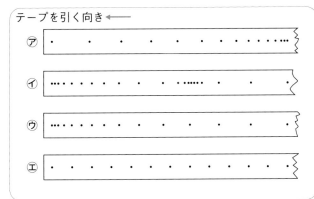

テープを引く向き ←

㋐　・　　・　　・　・・・・・・・

㋑　・・・・・・・　・・・・・・・

㋒　・・・・・・・・・・・・・

㋓　・・・・・・・・・・・・・

□(1)　打点間の距離は，運動の何を表しているか。　　　　　　（　　　　）

□(2)　5打点の間隔は，何秒に当たるか。　　　　　　　　　（　　　　）

□(3)　一定の速さでテープを引いたときの記録はどれか。図の㋐〜㋓から選びなさい。
　　　　　　　　　　　　　　　　　　　　　　　　　　　　　（　　　　）

□(4)　しだいに遅くなるようにテープを引いたときの記録はどれか。図の㋐〜㋓から選びなさい。
　　　　　　　　　　　　　　　　　　　　　　　　　　　　　（　　　　）

□(5)　しだいに速くなるようにテープを引いたときの記録はどれか。図の㋐〜㋓から選びなさい。
　　　　　　　　　　　　　　　　　　　　　　　　　　　　　（　　　　）

───────────────────────

ミスに注意 **1** (2) 1時間は，（60×60）秒である。

ヒント **2** (4) テープを引く速さが遅いほど，打点の間隔は狭（せま）くなる。

3章　物体の運動(2)

時間 10分　解答 p.6

(　　)と[　　]にあてはまる語句を答えよう。

1 力を受けていないときの物体の運動

教科書p.36〜38 ▶▶❶❷

□(1) 運動の向きに力を受け続けていなければ，水平面上を進む台車の速さはほぼ一定で，運動の①(　　　　)も変わらない。

□(2) 速さが一定で一直線上を進む運動を②(　　　　　　)という。力を受けていない物体の運動は，③(　　　　　　)になる。

□(3) 等速直線運動(とうそくちょくせんうんどう)では，物体が移動した距離(きょり)は運動した時間に④(　　　　)する。

□(4) 図の⑤，⑥

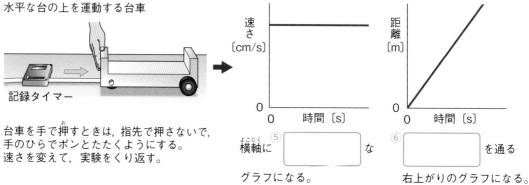

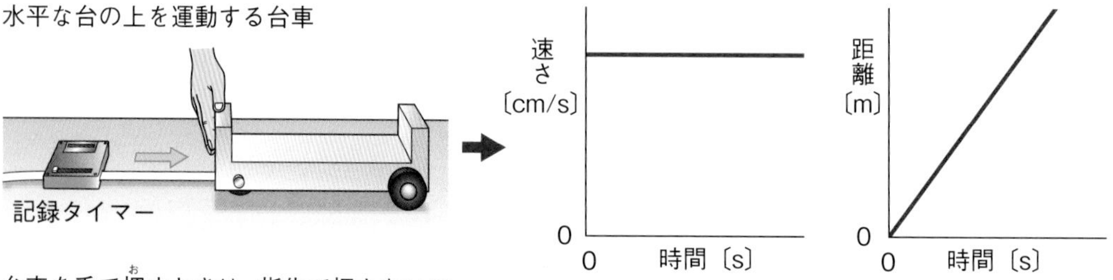
水平な台の上を運動する台車
記録タイマー
速さ〔cm/s〕
0
0　時間〔s〕
距離〔m〕
0
0　時間〔s〕

台車を手で押(お)すときは，指先で押さないで，手のひらでポンとたたくようにする。速さを変えて，実験をくり返す。

横軸(よこじく)に⑤[　　　　]なグラフになる。

⑥[　　　　]を通る右上がりのグラフになる。

□(5) 距離〔m〕＝⑦(　　　　)〔m/s〕×⑧(　　　　)〔s〕

2 力を受け続けるときの物体の運動

教科書p.39〜40 ▶▶❷

一定の大きさの力を受ける台車の運動

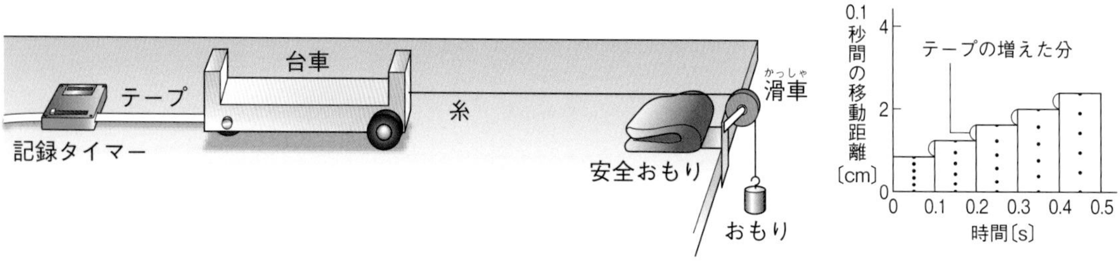
台車
テープ
記録タイマー
糸
滑車(かっしゃ)
安全おもり
おもり
0.1秒間の移動距離〔cm〕
4
2
0
テープの増えた分
0　0.1　0.2　0.3　0.4　0.5
時間〔s〕

□(1) 右上のグラフで，0.1秒間のテープの増えた分は，常に①(　　　　)なので，速さの増え方は，時間によらず②(　　　　)だといえる。

□(2) 水平面上を運動している物体は，一定の大きさの力を受け続けると，速さが③(　　　　)する。

要点
●水平面上を運動している物体は，力を受けていなければ速さは変化しないが，一定の大きさの力を受け続けると速さが変化する。

3章　物体の運動(2)

1 図は，一直線上を進む台車の運動を，$\frac{1}{50}$秒ごとに打点する記録タイマーで，記録したものである。　▶▶ **1**

□(1) ⓐ〜ⓑまでの台車の速さはどうなっているか。次のⓐ〜ⓦから選びなさい。　（　　　　）

　　ⓐ　速くなっている。

　　ⓘ　遅くなっている。　　　ⓦ　一定である。

□(2) ⓑ〜ⓔまでの台車の速さはどうなっているか。(1)のⓐ〜ⓦから選びなさい。　（　　　　）

□(3) ⓑ〜ⓔまでの台車の運動を何というか。　（　　　　）

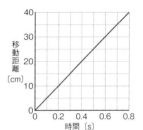

テープが移動した向き

2 図は，一直線上を運動する物体の時間と移動距離の関係を表したグラフである。　▶▶ **1**

□(1) 計算 この物体の速さは何cm/sか。　（　　　　）

□(2) 計算 この物体の50秒間における移動距離は何cmになるか。　（　　　　）

□(3) 図の縦軸を速さにかえて物体の時間と速さの関係を表すと，グラフはどうなるか。次のⓐ〜ⓦから選びなさい。　（　　　　）

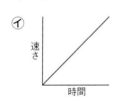

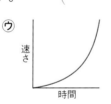

3 図は，一定の大きさの力を受け続ける台車の時間と移動距離の関係を表したグラフである。　▶▶ **2**

□(1) 計算 ⓔのテープを記録したときの台車の平均の速さは何cm/sか。　（　　　　）

□(2) 台車の速さはどうなっているか。次のⓐ〜ⓦから選びなさい。　（　　　　）

　　ⓐ　一定である。　　　　ⓘ　速くなっている。

　　ⓦ　遅くなっている。

□(3) 台車の速さの変化について，どのようなことがいえるか。次のⓐ〜ⓦから選びなさい。　（　　　　）

　　ⓐ　時間とともに大きくなる。　　ⓘ　時間とともに小さくなる。

　　ⓦ　時間によらずほぼ一定である。

ヒント 　**1** (1)(2)打点の間隔（かんかく）は，運動が速いほど広くなり，遅いほど狭（せま）くなる。

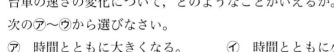

3章　物体の運動(3)

時間 10分　解答 p.6

(　　)と□にあてはまる語句を答えよう。

1 斜面を下る物体の運動

教科書 p.41～44　▶▶1

□(1) 斜面を下る台車は，一定の大きさの力を受け続けているため，一定の割合で①(　　　　)が変化する。

□(2) 台車が斜面を下るとき，斜面の角度が大きいほど，物体にはたらく斜面に②(　　　　)な分力は大きくなるため，運動の向きに受ける力は③(　　　　)なり，速さの変化の割合も④(　　　　)なる。

斜面を下る物体の運動

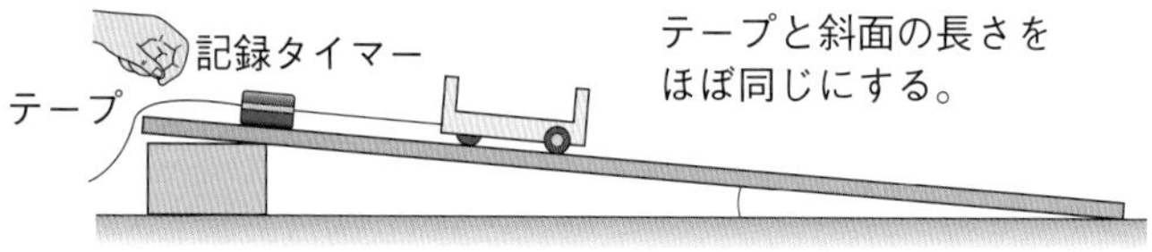

記録タイマー
テープ
テープと斜面の長さをほぼ同じにする。

斜面の角度を変えて台車の運動を記録する。

時間と距離の関係

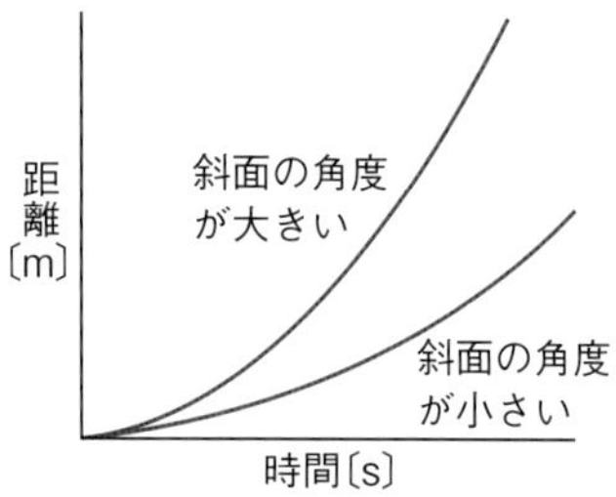

距離〔m〕
斜面の角度が大きい
斜面の角度が小さい
時間〔s〕

□(3) 一定の割合で速さが変化する運動の，時間と速さの関係をグラフに表すと，原点を通る右上がりの⑤(　　　　)になる。また，時間と距離の関係をグラフに表すと，原点を通る⑥(　　　　)になる。

□(4) 静止していた物体が真下に落下する運動を⑦(　　　　)という。

2 力の向きと運動

教科書 p.45　▶▶2

□(1) 運動と同じ向きに力を受けると，速さが①(　　　　)する。

□(2) 運動と反対の向きに力を受けると，速さが②(　　　　)する。

□(3) 運動と異なる向きの力を受けると，運動の速さと③(　　　　)が変化する。

□(4) 図の④，⑤

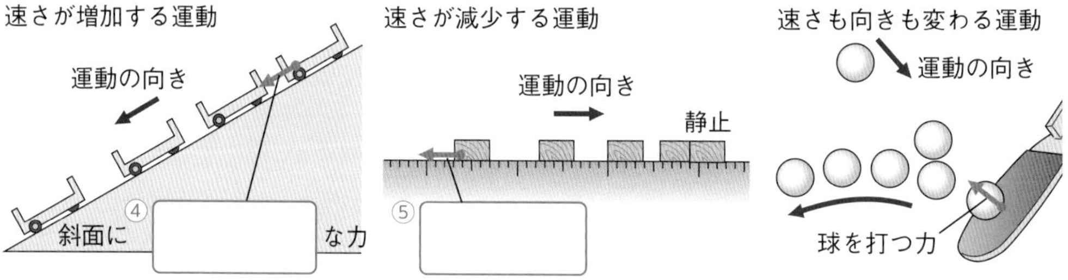

速さが増加する運動
運動の向き
④
斜面に
な力
速さが減少する運動
運動の向き
静止
⑤
速さも向きも変わる運動
運動の向き
球を打つ力

要点
- ●質量が同じ物体では，受ける力が大きいほど速さの変化の割合が大きくなる。
- ●運動と反対向きの力を受けると，速さは減少する。

❶ 図1のような装置で，斜面の角度を変えて台車を運動させ，そのようすを$\frac{1}{50}$秒ごとに打点する記録タイマーで記録した。 ▸▸ 1

図1

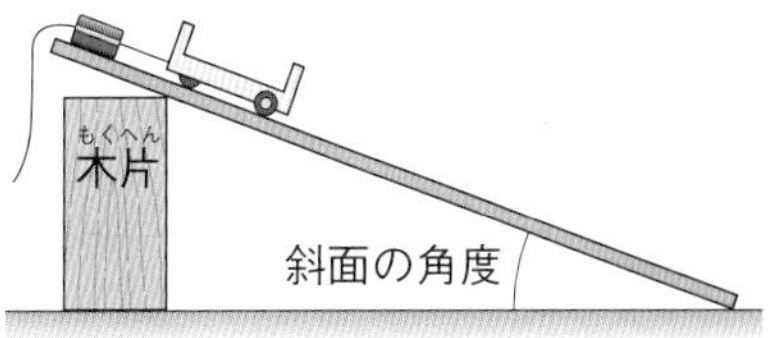

□(1) 図2は，斜面の角度が10°と20°のときに得られた記録テープを5打点ごとに切り，順に台紙に貼ってテープの上端を結んでグラフにしたものである。台車が斜面を下る速さは，時間とともに速くなっているか，遅くなっているか。（　　　　　）

図2

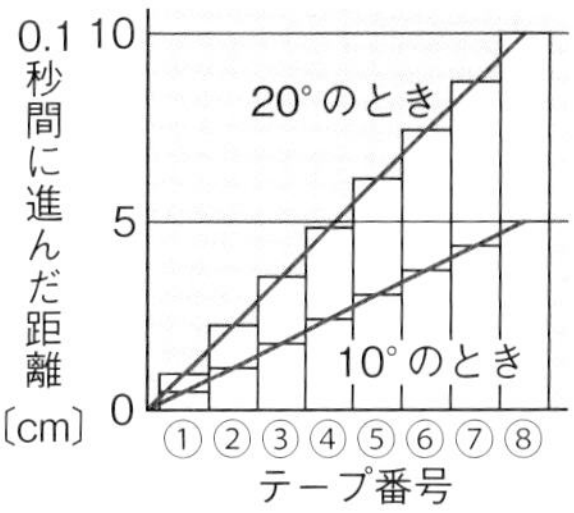

□(2) 斜面の角度を10°から20°に変えたとき，台車の速さの変化の割合はどうなっているか。次の㋐～㋒から選びなさい。（　　　）

㋐ 大きくなっている。

㋑ 小さくなっている。

㋒ 変わっていない。

□(3) 台車の速さの変化の割合が(2)のようになるのは，台車にはたらくどの力が大きくなるからか。次の㋐～㋓から選びなさい。（　　　）

㋐ 重力　　㋑ 垂直抗力

㋒ 重力の斜面に平行な分力　　㋓ 重力の斜面に垂直な分力

□(4) 斜面を下る台車の運動の，時間と距離の関係をグラフに表すとどうなるか。次の㋐～㋒から選びなさい。（　　　）

㋐
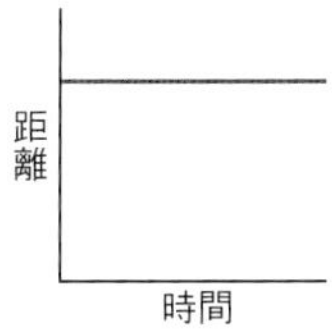

㋑
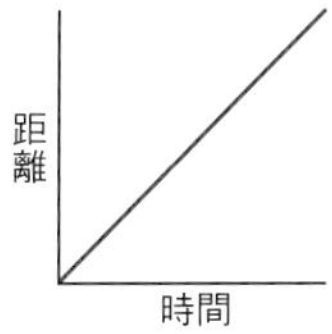

㋒
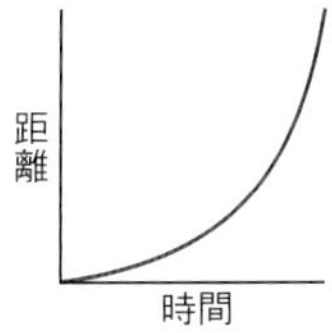

❷ 図は，斜面を上向きに上るときの球の運動の向きと，球にはたらく力を示したものである。 ▸▸ 2

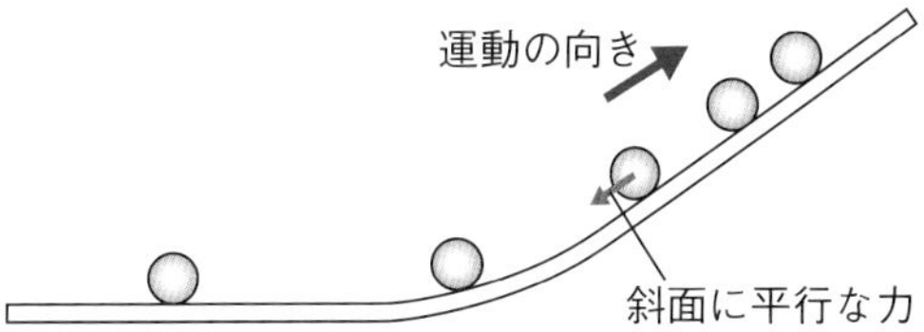

□(1) 斜面を上るとき，球にはたらく斜面に平行な力の向きは運動の向きと同じ向きか，逆向きか。（　　　　　）

□(2) 斜面を上るときと下るときの球の速さはそれぞれどうなるか。次の㋐～㋒から選びなさい。

上るとき（　　　）　下るとき（　　　）

㋐ 増加する。　㋑ 減少する。　㋒ 変わらない。

ミスに注意 ❶ (1) 図2の直線は，斜面を下る台車の運動の，時間と速さの関係を表している。

ヒント ❷ (2) 速さは，運動と同じ向きに力を受けると増加し，反対向きに力を受けると減少する。

（　）と□□□にあてはまる語句や数を答えよう。

1 慣性

教科書p.46〜47 ▶▶**①**

□(1)　全ての物体にはそれまでの運動を続けようとする性質がある。この性質を①（　　　　　　）という。

□(2)　外から力を加えないかぎり，静止している物体はいつまでも静止をし続け，運動している物体はいつまでも②（　　　　　　　　）を続ける。このことを，③（　　　　　　　　）という。

□(3)　図の④，⑤

バスの
発進時

乗客は静止の状態を続けようとして
④□□□□に傾く。

バスの
停車時

乗客は運動の状態を続けようとして
⑤□□□□に傾く。

□(4)　2つ以上の力を受けていても，力がつり合っていて合力が⑥（　　　　　）Nであれば，慣性の法則が成り立つ。

2 作用と反作用

教科書p.48〜49 ▶▶**②**

□(1)　図の①，②

① Aさんは□□□□へ動く。

Aさん　　反作用　作用　Bさん

② Bさんは□□□□へ動く。

左 ←　　　　　　　　　　→ 右

□(2)　AさんがBさんに加える力を作用とすると，BさんがAさんにおよぼす力を③（　　　　　　）という。

□(3)　作用と反作用は，④（　　　　　　）が等しく，⑤（　　　　　　）上にあり，向きが⑥（　　　　）である

要点　●作用と反作用は，大きさが等しく，一直線上にあり，向きが反対である。

3章　物体の運動(4)

時間 15分　解答 p.7

[1] 図は，静止していた自動車が急発進したときと，急ブレーキをかけたときのようすを表したものである。 ▸▸ [1]

□(1) 急発進や急ブレーキをかけたとき，乗っている人の体がうしろに引っ張られたり，前のめりになったりする。これは物体に何という性質があるからか。

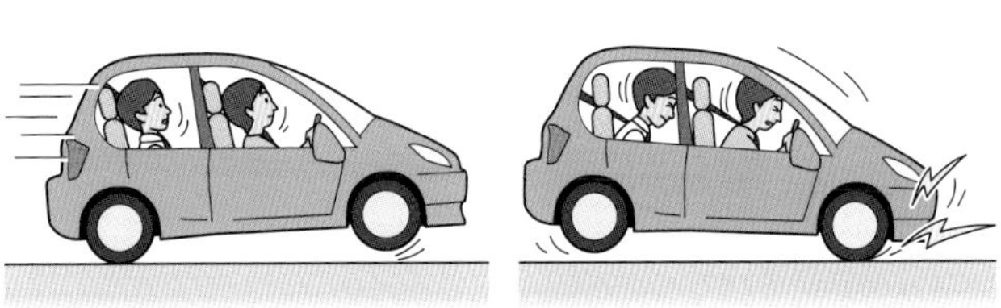
急発進
急ブレーキ

(　　　　)

□(2) 急ブレーキをかけたとき，乗っている人は前のめりになる。その理由を次の㋐～㋓から選びなさい。 (　　　　)

㋐ 静止している物体は，いつまでも静止を続けようとするから。
㋑ 静止している物体は，運動しようとするから。
㋒ 運動している物体は，いつまでも運動を続けようとするから。
㋓ 運動している物体は，静止しようとするから。

□(3) (2)のようなことを何の法則というか。 (　　　　)

□(4) (3)にはある条件がついている。次の㋐，㋑から選びなさい。 (　　　　)

㋐ 外から力を加えない限り。　㋑ 外から力を加える限り。

[2] 2つの物体の間にはたらく力について，次の問題に答えなさい。 ▸▸ [2]

□(1) 図1のようにスケートボードに乗ったA君とB君が向かい合って静止し，A君がB君を押(お)した。その後，A君とB君はどのような運動をするか。次の㋐～㋓から選びなさい。 (　　　　)

㋐ A君もB君も右向きに動く。
㋑ A君もB君も左向きに動く。
㋒ A君は右向きに，B君は左向きに動く。
㋓ A君は左向きに，B君は右向きに動く。

図1

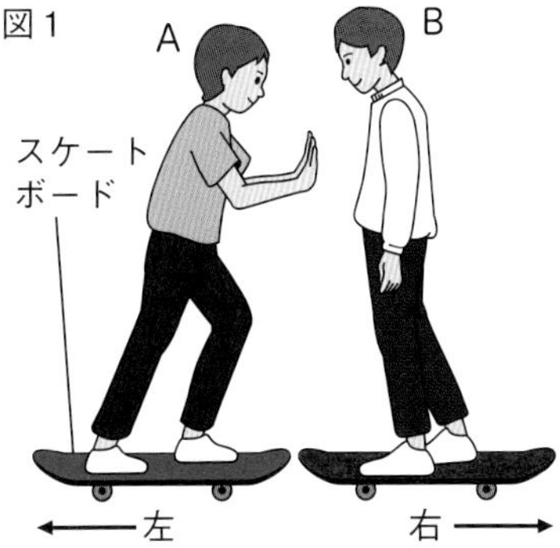
A
B
スケートボード
左
右

□(2) 図2のように，床(ゆか)に置かれた箱があるとき，床と箱にはⓐ～ⓒの力が加わっている。図のⓐ～ⓒの力のうち，作用(さよう)と反作用(はんさよう)の関係にある力はどれとどれか。 (　　　と　　　)

図2

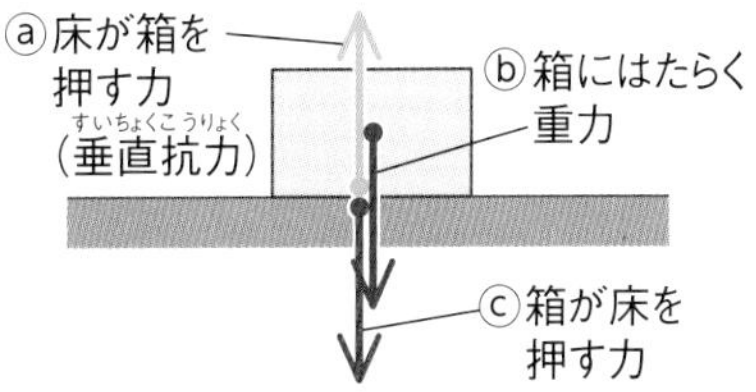
ⓐ床が箱を押す力(垂直抗力(すいちょくこうりょく))
ⓑ箱にはたらく重力
ⓒ箱が床を押す力

ミスに注意 [1] (2) 急ブレーキをかける前は，自動車も人も運動を続けている。

ヒント [2] (2) 作用と反作用の2つの力は，異なる物体に加わっている。

 ① 次の①～③の台車の運動を，記録タイマーを使って記録した。ⓐ～ⓒのテープはこのとき記録されたものである。それぞれの台車の運動を記録したテープはどれか。ⓐ～ⓒから選び，記号で答えなさい。　18点

① 斜面を下る台車の運動

② 斜面を上る台車の運動

③ なめらかな水平面上で，手で軽くポンと押し出したときの台車の運動

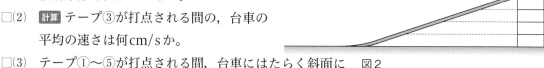

② 図1のように，水平面となめらかにつながった斜面がある。記録テープをつけた台車を斜面に置いて静かに手をはなしたところ，台車は斜面にそって下り始めた。図2は，このときの運動を，1秒間に50打点する記録タイマーを使って記録し，5打点ごとに切り離して順に並べたものである。　30点

☐(1) 図2で，各テープの長さは，何秒ごとの移動距離を表しているか。

 ☐(2) 計算 テープ③が打点される間の，台車の平均の速さは何cm/sか。

☐(3) テープ①～⑤が打点される間，台車にはたらく斜面に平行な力の大きさはどうなっているか。

☐(4) テープ⑥～⑧が打点される間の台車の運動を何というか。

☐(5) 計算 テープ⑥～⑧が打点される間の台車の速さは何cm/sか。

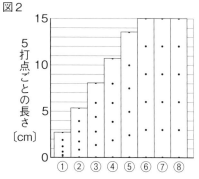

図1

図2

☐(6) 水平面上を運動しているときの台車にはたらく力を適切に示しているのはどれか。次のⓐ～ⓔから選びなさい。ただし，台車にはたらく垂直抗力は，それぞれの車輪にはたらく垂直抗力の合力で表している。思

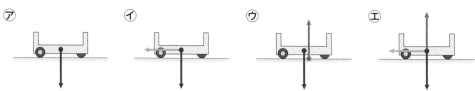

　成績評価の観点　技…観察・実験の技能　思…科学的な思考・判断・表現

3 [計算] 図のように，１秒間に50打点する記録タイマーを使って，おもりを自由落下させたときの運動のようすをテープに記録した。次に，そのテープを５打点ごとに切り離し，順に台紙に貼って，テープの上端を結んだグラフをつくった。このとき，テープ①～③の長さはそれぞれ4.9 cm，14.7 cm，24.5 cmであった。 28点

□(1) テープ②が記録されたときのおもりの平均の速さは何cm/sか。

□(2) テープ④の長さは何cmになっていると考えられるか。

□(3) おもりの速さは，１秒ごとに何cm/sずつ速くなっているか。

[点UP] □(4) おもりは，0.5秒間に何cm落下しているか。

□(5) おもりの質量を大きくして同じ実験を行うと，(3)の値はどうなるか。次の㋐～㋓から選びなさい。

㋐ 大きくなる。　㋑ 小さくなる。　㋒ 変わらない。

㋓ 大きくなる場合も小さくなる場合もある。

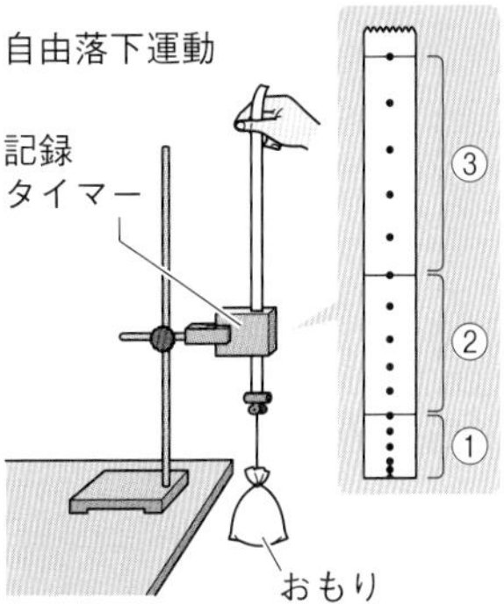

おもりの質量を変えてくり返す。

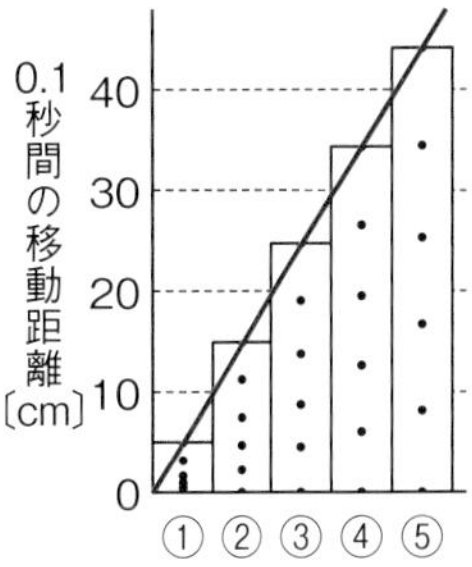

4 □ 図のように，静止した状態で，ローラースケートをはいたA君がB君の背中を押した。A君がB君を押す力をFとするとき，①～④のうち，正しいものには○，まちがっているものには×を書きなさい。 24点

① A君は力Fと同じ大きさで同じ向きの力を受ける。

② A君はⓐの向きに動く。

③ A君は力Fと同じ大きさで逆向きの力を受ける。

④ 力FとA君が受ける力はつり合っている。

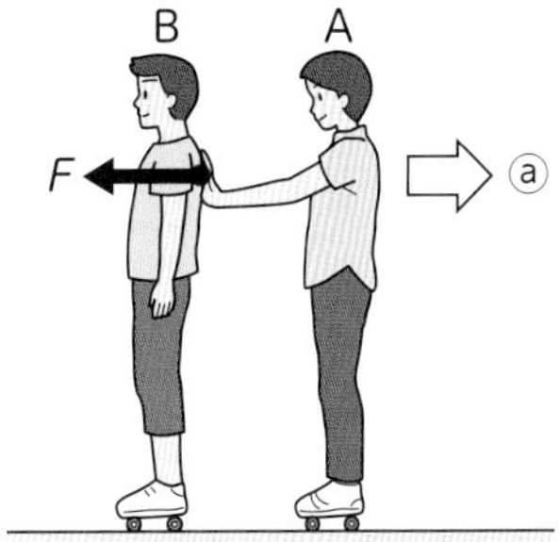

1	① 6点	② 6点	③ 6点
2	(1) 6点	(2) 6点	(3) 4点
	(4) 4点	(5) 6点	(6) 4点
3	(1) 5点	(2) 6点	(3) 6点
	(4) 6点	(5) 5点	
4	① 6点	② 6点	③ 6点 ／ ④ 6点

定期テスト予報 記録テープの打点のようすから，運動のようすを読み取る問題が出るでしょう。打点の間隔から運動の速さの変化を読み取れるようにしておきましょう。

4章　仕事とエネルギー(1)

時間 10分　解答 p.8

(　　)と□にあてはまる語句や数を答えよう。

1 仕事の大きさ

教科書p.50〜51　▸▸❶

□(1) 物体に力を加えて，物体が力の向きに動いたとき，力が物体に対して①(　　　　)をしたという。

□(2) 仕事〔J〕=②(　　　　)の大きさ〔N〕×力の向きに動かした③(　　　　)〔m〕
J →④(　　　　)と読む。

□(3) 図の⑤，⑥

物体を持ち上げるときの仕事を調べる。
（100gの物体にはたらく重力の大きさを1Nとする。）

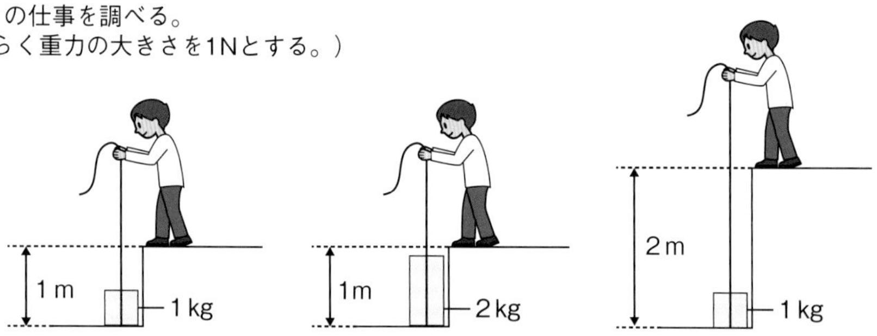

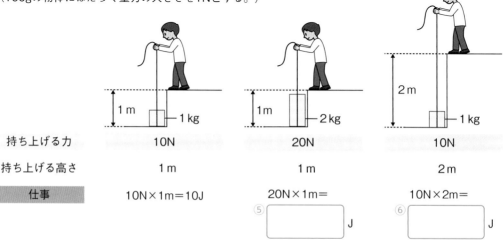

1 m
1 kg
1m
2 kg
2 m
1 kg

持ち上げる力	10N	20N	10N
持ち上げる高さ	1 m	1 m	2 m
仕事	10N×1m=10J	20N×1m=⑤□J	10N×2m=⑥□J

2 いろいろな仕事

教科書p.52　▸▸❶❷

□(1) 物体を持ち上げるときは，物体にはたらく①(　　　　)とつり合う②(　　　　)向きの力を加え続ける必要がある。

□(2) 床(ゆか)の上で物体を動かしている間は③(　　　　)が加わっている。

□(3) 摩擦(まさつ)力に逆らってする仕事
仕事〔J〕=④(　　　　)の大きさ〔N〕×力の向きに動かした⑤(　　　　)〔m〕

□(4) 図の⑥

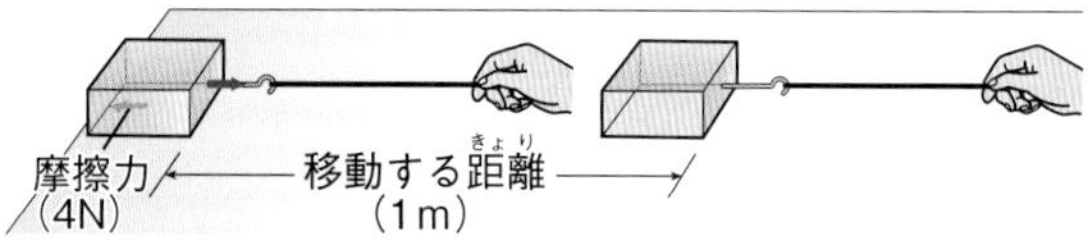

摩擦力
(4N)
移動する距離(きょり)
(1m)

仕事＝4N×1m＝⑥□J

□(5) 物体に力を加えても物体が動かない場合は，仕事の大きさは⑦(　　　　)Jである。

□(6) 物体に加わる力と物体の移動の向きが⑧(　　　　)な場合は，仕事の大きさは0 Jである。

要点　●物体に加えた力の大きさとその向きに物体を動かした距離の積を仕事という。

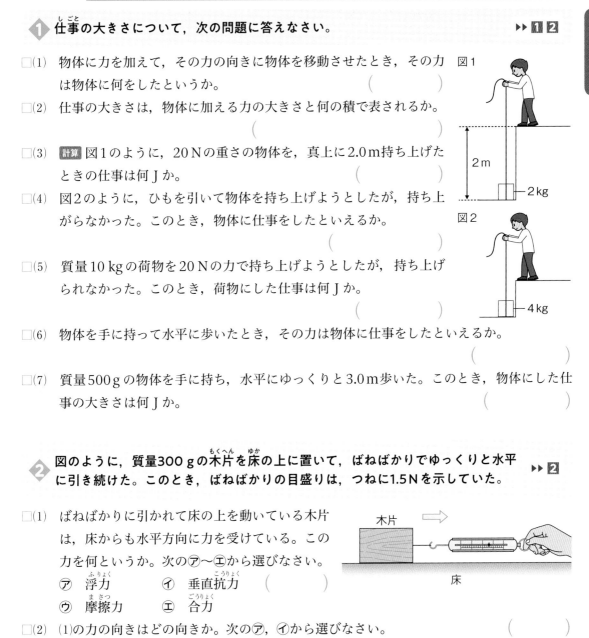

ぴたトレ
2
練習

4章　仕事とエネルギー(1)

時間
15分

解答
p.8

単元1

運動とエネルギー —— 教科書50〜52ページ

1 仕事の大きさについて，次の問題に答えなさい。　▶▶ **1** **2**

□(1) 物体に力を加えて，その力の向きに物体を移動させたとき，その力は物体に何をしたというか。　（　　　　　）

□(2) 仕事の大きさは，物体に加える力の大きさと何の積で表されるか。　（　　　　　）

□(3) 計算 図1のように，20 Nの重さの物体を，真上に2.0 m持ち上げたときの仕事は何Jか。　（　　　　　）

□(4) 図2のように，ひもを引いて物体を持ち上げようとしたが，持ち上がらなかった。このとき，物体に仕事をしたといえるか。　（　　　　　）

□(5) 質量10 kgの荷物を20 Nの力で持ち上げようとしたが，持ち上げられなかった。このとき，荷物にした仕事は何Jか。　（　　　　　）

□(6) 物体を手に持って水平に歩いたとき，その力は物体に仕事をしたといえるか。　（　　　　　）

□(7) 質量500 gの物体を手に持ち，水平にゆっくりと3.0 m歩いた。このとき，物体にした仕事の大きさは何Jか。　（　　　　　）

図1
2 m
2 kg

図2
4 kg

2 図のように，質量300 gの木片を床の上に置いて，ばねばかりでゆっくりと水平に引き続けた。このとき，ばねばかりの目盛りは，つねに1.5 Nを示していた。　▶▶ **2**

□(1) ばねばかりに引かれて床の上を動いている木片は，床からも水平方向に力を受けている。この力を何というか。次の⑦〜⊆から選びなさい。
　⑦ 浮力　　　⑦ 垂直抗力　　（　　　　　）
　⑦ 摩擦力　　⊆ 合力

木片
床

□(2) (1)の力の向きはどの向きか。次の⑦，⑦から選びなさい。　（　　　　　）
　⑦ 木片が動く向きと同じ向き。
　⑦ 木片が動く向きとは反対の向き。

□(3) (1)の力の大きさは何Nか。　（　　　　　）

□(4) 計算 ばねばかりで引いて木片を60 cm移動させたとき，ばねばかりで引く力がした仕事は何Jか。　（　　　　　）

ミスに注意 **1** (6) 力の向きに物体は動いているかを考える。

ヒント **2** (4) 距離(きょり)の単位をメートル(m)になおすこと。

ぴたトレ
1
要点チェック

4章　仕事とエネルギー(2)

時間 10分　解答 p.8

(　　)と［　　］にあてはまる数や語句を答えよう。

1 仕事の原理

教科書p.53～55　▸▸❶

□(1)　図の①～④

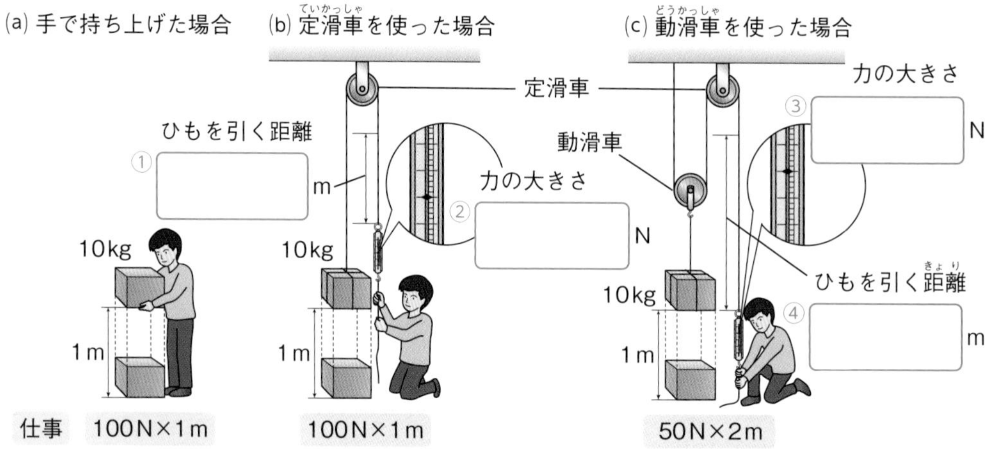

(a) 手で持ち上げた場合
(b) 定滑車を使った場合
(c) 動滑車を使った場合
定滑車
動滑車
ひもを引く距離
① m
力の大きさ
② N
力の大きさ
③ N
ひもを引く距離
④ m
10kg
1m
10kg
1m
10kg
1m
仕事　100N×1m
100N×1m
50N×2m

□(2)　上の(a)～(c)の仕事の大きさは，全て⑤(　　　　　)Jとなる。

□(3)　上の(c)のように，動滑車を使うと物体を持ち上げる力は⑥(　　　　　)なるが，ひもを引く距離は⑦(　　　　　)なり，結果として仕事の大きさは変わらない。このことを，⑧(　　　　　)という。

□(4)　仕事の原理は，斜面やてこを使った仕事でも⑨(　　　　　)。

□(5)　右の図のような角度が30°の斜面では，糸を引く力は⑩(　　　　　)になるが，糸を引き上げる距離は⑪(　　　　　)倍になる。

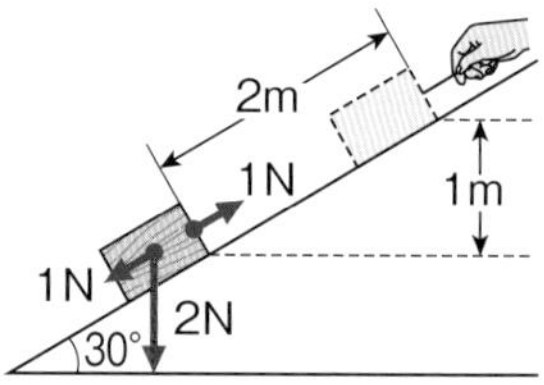

2m
1N
1m
1N
2N
30°

2 仕事率

教科書p.56～57　▸▸❷

□(1)　1秒当たりの仕事の大きさで表される仕事の能率を①(　　　　　)という。

$$仕事率〔W〕= \frac{②(\quad\quad)〔J〕}{仕事に要した③(\quad\quad)〔s〕}$$

□(2)　図の仕事を10秒でしたときの仕事率

仕事 = 10 N × 1 m = 10 J

仕事率 = 10 J ÷ 10 s = ④(　　　　　)W

□(3)　仕事率が大きいほど，能率が⑤(　　　　　)。

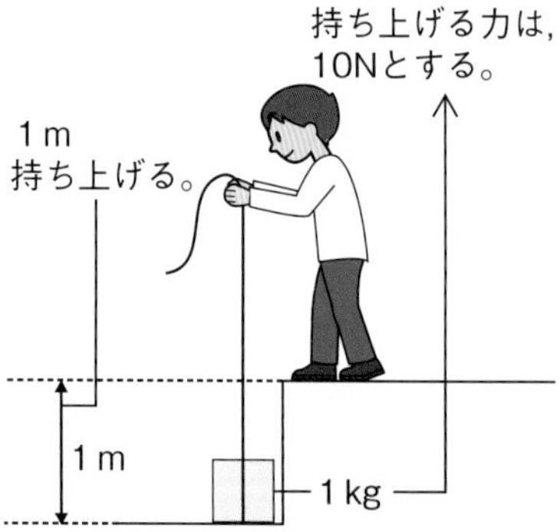

持ち上げる力は，10Nとする。
1m
持ち上げる。
1m
1kg

要点　●道具を使っても，仕事の大きさは変わらないことを仕事の原理という。

4章　仕事とエネルギー(2)

※質量100 gの物体にはたらく重力の大きさを1 Nとする。

1 計算 図1〜3のようにして，質量1 kgのおもりを2 mの高さまで持ち上げた。ただし，動滑車やひもの重さ，摩擦は考えないものとする。　▶▶ **1**

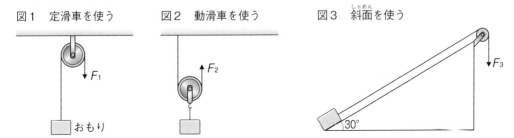

図1　定滑車を使う　　図2　動滑車を使う　　図3　斜面を使う

□(1)　おもりを，道具を使わずにまっすぐ上に，静かに2 m持ち上げたときの仕事は何Jか。

（　　　　　　　）

□(2)　図1で，おもりを引く力F_1は何Nか。（　　　　　　　）

□(3)　図1で，おもりを2 m持ち上げるとき，ひもを引く距離は何mか。（　　　　　　）

□(4)　図1で，おもりを2 m持ち上げたとき，力F_1がした仕事は何Jか。（　　　　　）

□(5)　図2で，ひもを引く力F_2は何Nか。（　　　　　　　）

□(6)　図2で，おもりを2 m持ち上げるとき，ひもを引く距離は何mか。（　　　　　）

□(7)　図2で，おもりを2 m持ち上げたとき，力F_2がした仕事は何Jか。（　　　　　）

□(8)　図3で，おもりを2 m持ち上げるとき，ひもを引く距離は何mか。（　　　　　）

□(9)　図3で，ひもを引く力F_3は何Nか。（　　　　　　　）

□(10)　道具を使っても使わなくても，おもりを同じ高さまで持ち上げる仕事の大きさは変わらないことを，何というか。（　　　　　　　）

2 質量10 kgの荷物を，図1，図2のように3 mの高さまでそれぞれ一定の速さで引き上げた。このとき，図1では30秒かかり，図2では10秒かかった。ただし，　▶▶ **2** 動滑車やひもの重さ，摩擦は考えないものとする。

□(1)　図1，図2で，荷物がされた仕事はそれぞれ何Jか。

図1（　　　　　　）　　図2（　　　　　　）

□(2)　図1，図2で，荷物を引き上げた仕事の仕事率はそれぞれ何Wか。

図1（　　　　　　）　　図2（　　　　　　）

□(3)　能率がよいのは，図1と図2のどちらか。

（　　　　　　　）

図1　　　　　図2

発動機

ミスに注意　**1**　(6)動滑車を使うと，ひもを引く距離は半分になる。

ヒント　**2**　(1)道具を使っても，仕事の大きさは変わらない。

4章 仕事とエネルギー①

時間30分 ／100点 合格70点 解答p.9

※質量100gの物体にはたらく重力の大きさを1Nとする。

1 [計算] **仕事について，次の各問いに答えなさい。ただし，動滑車やひもの重さ，摩擦は考えないものとする。** 30点

図1

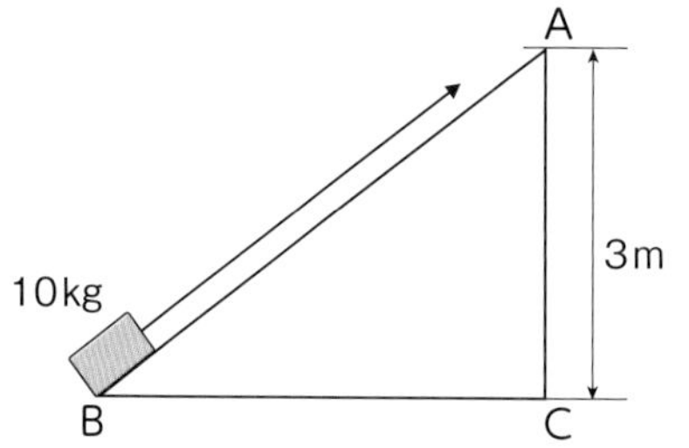

図2

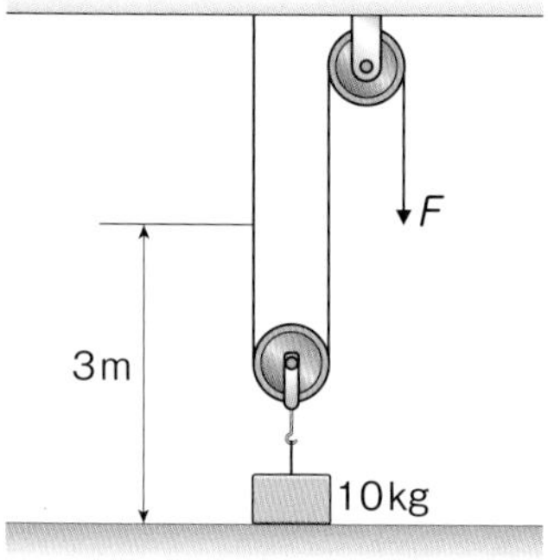

□(1) 図1で，質量10kgの物体を斜面にそって3mの高さに引き上げたときの，仕事の大きさは何Jか。

□(2) 斜面ABの長さが5mのとき，(1)で物体を斜面にそって引き上げた力の大きさは何Nか。

[よく出る] □(3) 図2で，10kgの物体を3m引き上げるとき，ひもを引く力Fの大きさを求めなさい。

□(4) (3)のとき，ひもを引く距離は何mか。

□(5) (3)のとき，手がした仕事は何Jか。

[よく出る] □(6) (5)の仕事を20秒かかって行ったときの，仕事率は何Wか。

2 [計算] **図1のように，ばねと滑車を使ってひもAを引き，質量300gのおもりを静止させた。図2のグラフは，この実験に使ったばねについて，加えた力とばねの長さの関係を示している。ただし，ひもや動滑車の重さ，摩擦は考えないものとする。** 20点

図1

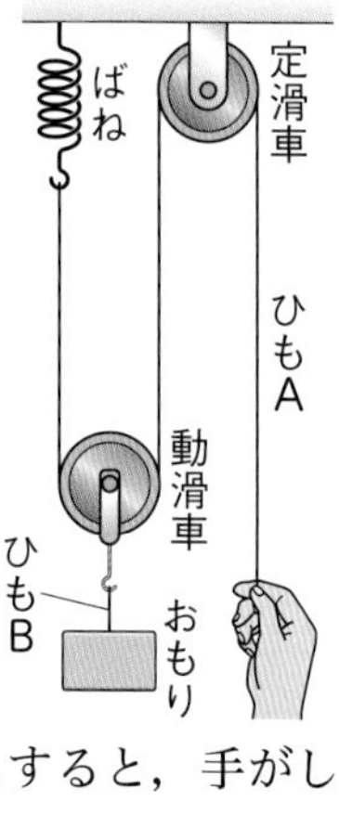

図2

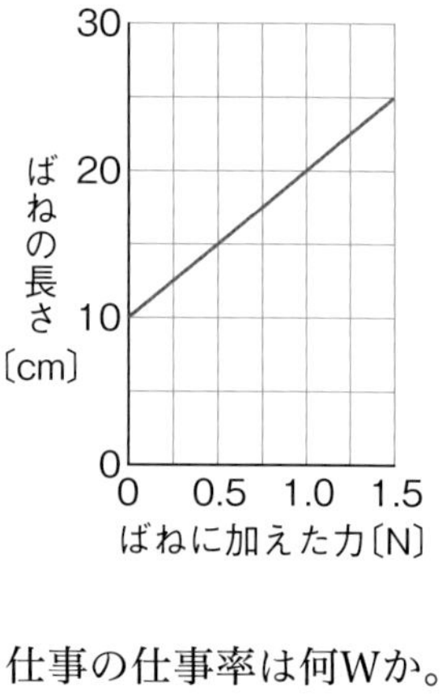

□(1) 図1で，ばねの長さは何cmか。

□(2) 図1で，手がひもAを引く力は何Nか。

□(3) 図1の状態から，さらにひもAをゆっくりと引いておもりを50cm引き上げたとき，ばねの長さは何cmになっているか。次の㋐～㋓から選びなさい。

㋐ 10cm　㋑ 25cm

㋒ 50cm　㋓ 100cm

□(4) (3)のとき，おもりを引き上げたときの仕事は何Jか。

□(5) (3)のとき，ひもAを毎秒1cmの速さで引いたとすると，手がした仕事の仕事率は何Wか。

成績評価の観点 [技]…観察・実験の技能 [思]…科学的な思考・判断・表現

❸ [計算] 図は，質量10 kgの物体を，ひもと動滑車（1個の質量が800 g）を使って引き上げようとしているようすを表している。ただし，ひもの重さや，滑車との間の摩擦は考えないものとする。

30点

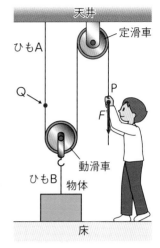

□(1) ひもAのP点を10 Nの力Fで引いたが，物体は持ち上がらなかった。このとき，ひもAのQ点にかかっている力は何Nか。次の㋐〜㋓から選びなさい。

㋐ 0 N　　㋑ 10 N　　㋒ 20 N　　㋓ 30 N

[点UP] □(2) ひもAのP点を静かに引き下げて，物体を50 cm引き上げた。

① ひもBのした仕事は何Jか。

② ひもAのP点を引き下げた距離は何cmか。

③ 力Fのした仕事は何Jか。

④ [記述] ①と③の仕事の大きさがちがっているのはなぜか。簡単に説明しなさい。[思]

❹ 仕事や仕事率について述べた①〜④のうち，正しいものには○，まちがっているものには×を書きなさい。

□ 20点

① 仕事は，仕事率と時間の積で求められる。

② 床（ゆか）の上の物体を水平に押（お）して動かしたときは，摩擦力がはたらくので，押す力が物体にした仕事は0 Jとなる。

③ 物体を真上に持ち上げるとき，その持ち上げる力のした仕事は，重力に逆らってする仕事である。

④ 同じ仕事率でする仕事は，つねに等しい。

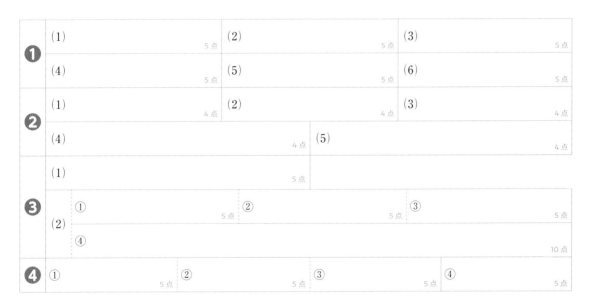

❶	(1) 5点	(2) 5点	(3) 5点	
	(4) 5点	(5) 5点	(6) 5点	
❷	(1) 4点	(2) 4点	(3) 4点	
	(4) 4点	(5) 4点		
❸	(1) 5点			
	(2) ① 5点	② 5点	③ 5点	
	(2) ④ 10点			
❹	① 5点	② 5点	③ 5点	④ 5点

定期テスト予報 重力や摩擦力に逆らってする仕事について問われるでしょう。
→力の大きさが重力や摩擦力と同じであることをおさえておきましょう。

4章　仕事とエネルギー(3)

( ) と □ にあてはまる語句を答えよう。

1 エネルギー

教科書 p.58 ▶▶ ❶

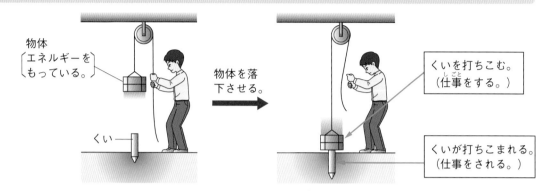

□(1)　ある物体がほかの物体に対して仕事をする能力を①( )という。

□(2)　物体が仕事のできる状態にあるとき，その物体は②( )をもっている，という。

□(3)　エネルギーの単位には，③( )(記号 J)を使う。

2 位置エネルギー

教科書 p.59〜60 ▶▶ ❶ ❷

□(1)　高いところにある物体がもっているエネルギーを①( )という。

□(2)　図の②，③

位置エネルギーの大きさ

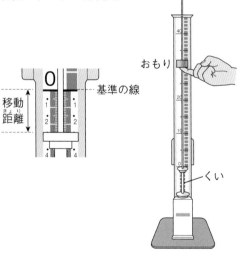

おもりの質量が同じ場合

おもりの高さ[cm]	くいの移動距離[cm]
10	0.40
20	0.77
30	1.25

おもりの位置が②□ ほど大きい。

おもりの高さが同じ場合

おもりの質量[g]	くいの移動距離[cm]
50	0.45
100	1.25
150	2.10

おもりの質量が③□ ほど大きい。

□(3)　物体の位置エネルギーは，物体の位置が高いほど④( )。また，物体の質量が大きいほど⑤( )。

> **要点**　●物体のもつ位置エネルギーは，物体の高さと質量によって決まる。

4章　仕事とエネルギー(3)

時間 15分　解答 p.10

※質量100gの物体にはたらく重力の大きさを1Nとする。

1 次の問いに答えなさい。 ▸▸ 1 2

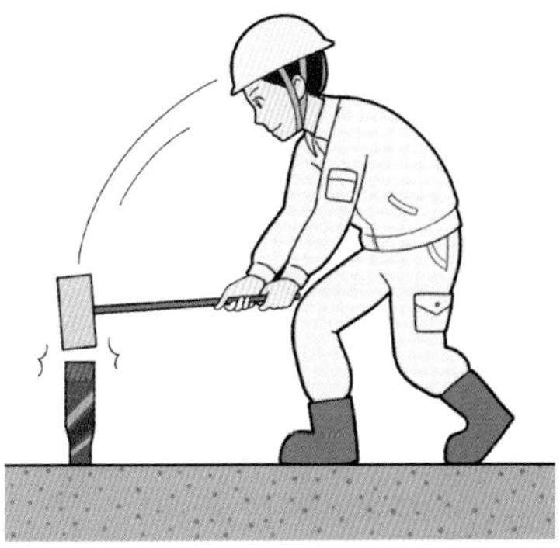

□(1) ある物体が他の物体に対して仕事をする能力を何というか。（　　　　）

□(2) 高いところにある物体がもっているエネルギーを何というか。（　　　　）

□(3) 位置エネルギーの大きさは，何に関係しているか。次の㋐～㋓から全て選びなさい。（　　　　）

㋐ 物体の質量　　㋑ 物体の速さ
㋒ 物体の位置の高さ　　㋓ 物体の体積

□(4) 高さ1mの位置にある，質量100gの物体と質量200gの物体では，位置エネルギーはどちらが大きいか。次の㋐，㋑から選びなさい。（　　　　）

㋐ 質量100gの物体　　㋑ 質量200gの物体

□(5) 質量が200gで，高さ1mにある物体と高さ3mの高さにある物体では，位置エネルギーはどちらが大きいか。次の㋐，㋑から選びなさい。（　　　　）

㋐ 高さ1mにある物体　　㋑ 高さ3mにある物体

2 図は，ソフトボールA，Bと砲丸Cを静かに落下させ，水を含ませた発泡樹脂の上に落とす実験を表している。 ▸▸ 2

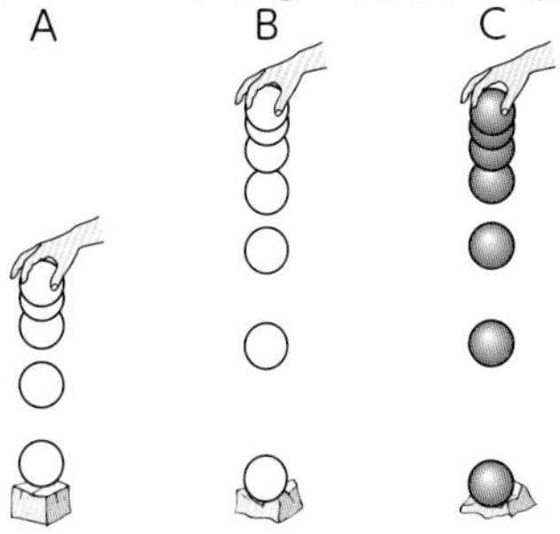

ソフトボール(180g)
砲丸(2.7kg)
A
B
C

□(1) 高いところにある物体が落下してぶつかると，発泡樹脂をへこませるので，仕事をしたことになる。高いところにある物体がもつエネルギーを，何エネルギーというか。（　　　　）

□(2) はじめの位置でもつ(1)のエネルギーが最も大きいのはA～Cのうちどれか。また，最も小さいのはどれか。

最も大きい（　　　　）
最も小さい（　　　　）

□(3) AとBで(1)のエネルギーが異なるのは，何が異なっているからか。（　　　　）

□(4) BとCで(1)のエネルギーが異なるのは，何が異なっているからか。（　　　　）

ヒント 1 (5) 質量が同じとき，位置エネルギーは高さで決まる。
2 (2) 高さが同じとき，位置エネルギーは質量で決まる。

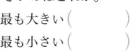

（　　）と□□□にあてはまる語句を答えよう。

1 運動エネルギー

教科書p.61～62　▶▶❶

□(1)　運動している物体がもっているエネルギーを①（　　　　　　　　　　　）という。

下の２つの条件をいろいろと変えて，金属球を運動させて木片に当て，木片の移動距離を調べる。

・金属球の速さ　　・金属球の質量

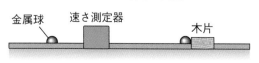

金属球　　速さ測定器　　木片

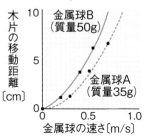

□(2)　物体の運動エネルギーは，運動の速さが大きいほど②（　　　　　　　）。また，物体の質量が大きいほど③（　　　　　　　）。

2 力学的エネルギーの保存

教科書p.64～65　▶▶❷

□(1)　位置エネルギーと運動エネルギーの和を①（　　　　　　　　　　）という。

□(2)　図の②～④

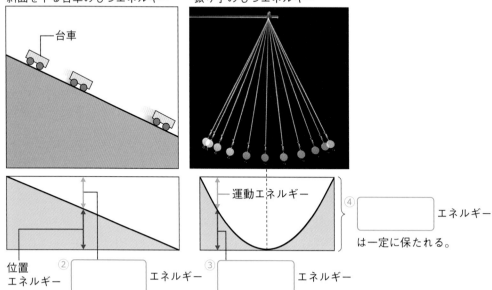

斜面を下る台車のもつエネルギー

台車

振り子のもつエネルギー

運動エネルギー

④　　　　　　　エネルギーは一定に保たれる。

位置エネルギー　②　　　　　　　エネルギー　③　　　　　　　エネルギー

□(3)　力学的エネルギーが一定に保たれることを⑤（　　　　　　　　　　　　　）という。

力学的エネルギー＝位置エネルギー＋⑥（　　　　　　　　　）＝一定

| 要点 | ●物体のもつ運動エネルギーは，物体の速さと質量によって決まる。
●位置エネルギーと運動エネルギーの和は一定に保たれる。 |

1 図のような装置を使って，運動している物体がもつエネルギーについて調べた。　▶▶ **1**

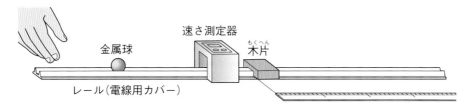

速さ測定器
金属球
木片（もくへん）
レール（電線用カバー）

□(1) 運動している物体がもっているエネルギーを何というか。　　　　　（　　　　　　　）

□(2) 金属球の速さが，1.23 m/sのときと1.90 m/sのときでは，木片の移動距離（きょり）はどちらが大きいか。次の⑦，⑦から選びなさい。　　　　　　　（　　　　　）

　　⑦　1.23 m/sのとき　　　⑦　1.90 m/sのとき

□(3) 金属球の質量が33 gのときと49 gのときでは，木片の移動距離はどちらが大きいか。次の⑦，⑦から選びなさい。　　　　　　　　　　　　　　（　　　　　）

　　⑦　33 gのとき　　　⑦　49 gのとき

□(4) 運動（うんどう）エネルギーの大きさは，何に関係しているか。次の⑦〜エから全て選びなさい。

　　⑦　物体の質量　　　　　　⑦　物体の速さ　　　　（　　　　　）
　　⑦　物体の位置の高さ　　　エ　物体の体積

2 右の図は，振（ふ）り子がAとCの位置の間を運動するようすを表したものである。　▶▶ **2**

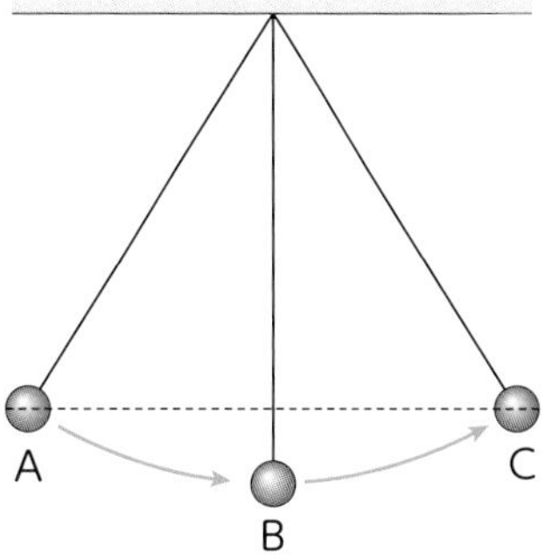

□(1) おもりのもつ位置（いち）エネルギーが最大になるのはどの位置か。
　　A〜Cから全て選びなさい。　　　　（　　　　　）

□(2) おもりのもつ位置エネルギーが最小になるのはどの位置か。
　　A〜Cから選びなさい。　　　　　　（　　　　　）

□(3) おもりのもつ運動エネルギーが最大になるのはどの位置か。
　　A〜Cから選びなさい。　　　　　　（　　　　　）

□(4) おもりのもつ運動エネルギーが0 Jになるのはどの位置か。
　　A〜Cから全て選びなさい。　　（　　　　　）

□(5) 位置エネルギーと運動エネルギーの和を何というか。　　（　　　　　　　）

□(6) おもりがA→B→Cと移動するとき，(5)のエネルギーの大きさはどうなっているか。次の⑦〜⑦から選びなさい。　　　　　　　　　　　　　（　　　　　）

　　⑦　Bまでは減少して，その後増加する。　　　⑦　Bまで増加して，その後減少する。
　　⑦　一定で変化しない。

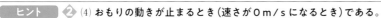

ヒント **2** (4) おもりの動きが止まるとき（速さが0 m/sになるとき）である。

ミスに注意 **2** (6) 位置エネルギーが減ると，その分運動エネルギーが増える。

ぴたトレ
3
確認テスト

4章　仕事とエネルギー②

時間30分　／100点
合格70点
解答 p.10

※質量100gの物体にはたらく重力の大きさを１Nとする。

❶ 質量１kgの物体が床の上に静止している。この物体を図１のように，ゆっくりと１m持ち上げて静止させたときと，図２のように，摩擦力に逆らって水平な床の上で一定の速さで動かしているときのエネルギーについて，次の問いに答えなさい。

30点

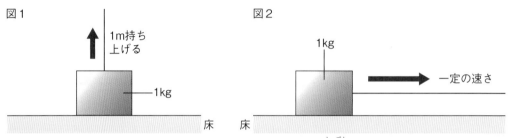

図１

↑ 1m持ち上げる

1kg

床

図２

1kg

→ 一定の速さ

床

□(1) 計算 図１で，物体を静かに１m持ち上げるためにした仕事は何Jか。

□(2) 図１で，物体を持ち上げた仕事は，「ある力」に逆らってした仕事と考えられる。このときの「ある力」とは何か。

□(3) 図１で，物体は仕事をされてエネルギーをたくわえたといえる。このエネルギーは何エネルギーか。

□(4) 図２の物体のもつ①位置エネルギーと②運動エネルギーの大きさはどうなっているか。それぞれ⑦〜⑦から選びなさい。思

　⑦　増加している。　　　⑦　減少している。　　　⑦　一定である。

❷ カーテンレールでつくった斜面を固定し，その上で金属球を転がした。図は，金属球を⑧の位置から転がしたときの運動のようすを，模式的に表している。ただし，(1)〜(4)では，摩擦や空気の抵抗は考えないものとする。

33点

□(1) 金属球を⑧の位置から転がしたとき，反対側の斜面ではどこまで上がるか。最も適切なものを⑪〜⑧から選びなさい。

□(2) 金属球の運動エネルギーが最大になるのは，⑧〜⑧のどの位置か。記号で答えなさい。

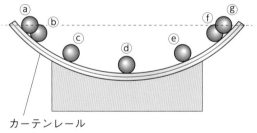

カーテンレール

□(3) 金属球の位置エネルギーが最小になるのは，⑧〜⑧のどの位置か。記号で答えなさい。

□(4) 位置エネルギーと運動エネルギーの和を何というか。

点UP □(5) 記述 実際には，金属球はレールの上で往復運動をくり返しながら，しだいに速さが遅くなっていく。その理由を簡単に説明しなさい。思

成績評価の観点　技…観察・実験の技能　思…科学的な思考・判断・表現

❸ 糸の一端を○点に固定し，他端におもりをつるして振り子をつくり，Aの位置から静かに振らせた。図は，このときのようすを表していて，おもりの位置が最も低いB点の高さを基準とした場合，A点とC点の高さはB点から20cmで同じであった。摩擦や空気の抵抗は考えないものとする。 37点

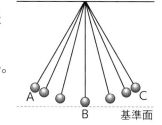

□(1) おもりの重さが1Nのとき，おもりをB点からA点と同じ高さまで真上に静かに持ち上げたとき，その力がおもりにした仕事は何Jか。

□(2) (1)のとき，おもりにした仕事は，おもりの何に移り変わったか。次の㋐，㋑から選びなさい。

㋐ 位置エネルギー　　㋑ 運動エネルギー

□(3) おもりがA点からC点まで移動する間，おもりのもつ位置エネルギーはどのように変化するか。そのようすを示すグラフを，次の㋐〜㋓から選びなさい。

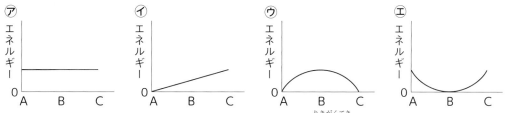

□(4) おもりがA点からC点まで移動する間，おもりのもつ力学的エネルギーはどのように表されるか。そのようすを示すグラフを，(3)の㋐〜㋓から選びなさい。

[点UP] □(5) [記述] (4)のグラフを選んだ理由を，簡単に説明しなさい。[思]

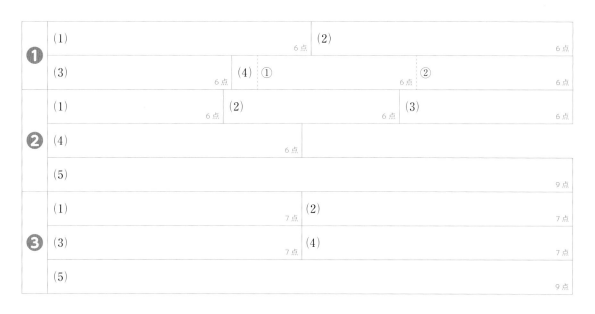

❶	(1) 6点	(2) 6点	
	(3) 6点	(4) ① 6点	② 6点
❷	(1) 6点	(2) 6点	(3) 6点
	(4) 6点		
	(5) 9点		
❸	(1) 7点	(2) 7点	
	(3) 7点	(4) 7点	
	(5) 9点		

定期テスト予報 位置エネルギーと運動エネルギーの移り変わりについて問われるでしょう。力学的エネルギーの保存をもとに理解しておきましょう。

4章　仕事とエネルギー(5)

時間 10分　解答 p.11

(　　)にあてはまる語句を答えよう。

1 いろいろなエネルギー

教科書p.66～68　▶▶❶

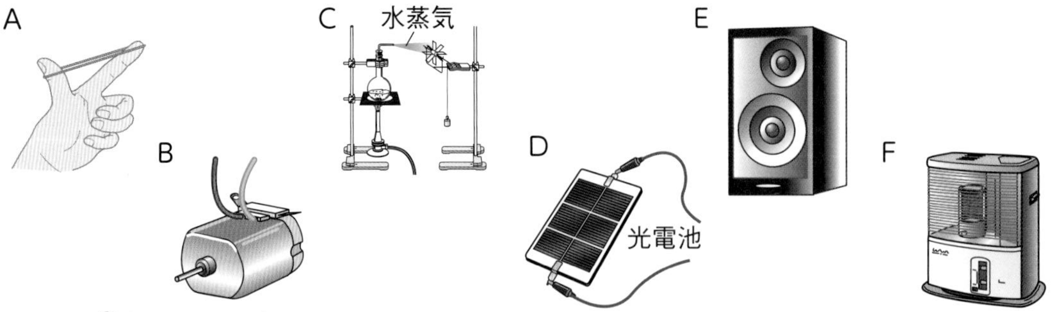
A
B
C
水蒸気
D
光電池
E
F

□(1)　A：①(　　　　)エネルギー　→　変形したゴムやばねがもつエネルギー。

□(2)　B：②(　　　　)エネルギー　→　電気がもつエネルギー。

□(3)　C：③(　　　　)エネルギー　→　熱がもつエネルギー。

□(4)　D：④(　　　　)エネルギー　→　光がもつエネルギー。

□(5)　E：⑤(　　　　)エネルギー　→　音の波がもつエネルギー。

□(6)　F：⑥(　　　　)エネルギー　→　物質がもっているエネルギー。

□(7)　物質をつくっている原子には原子核(げんしかく)がある。この原子核から発生するエネルギーを⑦(　　　　)エネルギーという。

□(8)　エネルギーの単位は全て⑧(　　　　)である。

2 エネルギーの移り変わり

教科書p.69～71　▶▶❶❷

A 発光ダイオードをつないだ発電用モーターのプロペラに風をあてる。　B 火起こし器を動かす。　C 化学反応で発光する。　D 化学反応であたためる。

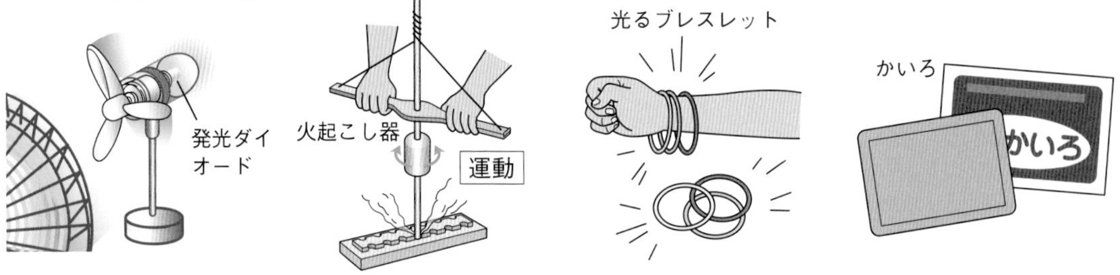
発光ダイオード
火起こし器
運動
光るブレスレット
かいろ
かいろ

□(1)　Aは，運動(うんどう)エネルギーが，①(　　　　)エネルギーに移り変わる。

□(2)　Bは，運動エネルギーが，②(　　　　)エネルギーに移り変わる。

□(3)　Cは，化学(かがく)エネルギーが，③(　　　　)エネルギーに移り変わる。

□(4)　Dは，化学エネルギーが，④(　　　　)エネルギーに移り変わる。

要点　●エネルギーは互(たが)いに移り変わる。

4章　仕事とエネルギー(5)

1 次のようにエネルギーを変換（へんかん）しているものを，A〜Eからそれぞれ選びなさい。ただし，A，C，Dは，プラグをコンセントにさして使っている。　▶▶**1** **2**

□(1)　運動（うんどう）エネルギー　→　電気（でんき）エネルギー　→　光（ひかり）エネルギー　（　　　）

□(2)　電気エネルギー　→　音（おと）エネルギー　（　　　）

□(3)　化学（かがく）エネルギー　→　運動エネルギー　（　　　）

□(4)　電気エネルギー　→　光エネルギー　（　　　）

A　扇風機（せんぷうき）　

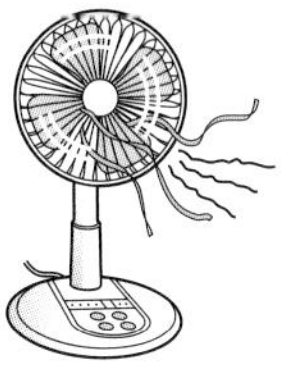

B　自動車（ガソリンで走る）　

C　照明器具　
電球 

D　オーディオ機器　

E　自転車のライト　
（ペダルをこぐ）

2 エネルギーの移り変わりについて、次の問いに答えなさい。　▶▶**2**

□(1)　弓道では，図1のように引き絞（しぼ）った弓がもつエネルギーを使って矢を飛ばす。弓を引きしぼることで弓にたくわえられるエネルギーは何エネルギーか。次の⑦〜①から選びなさい。　（　　　）

　⑦　運動エネルギー　　　①　化学エネルギー
　⑦　弾性（だんせい）エネルギー　　　①　音エネルギー

図1

□(2)　図2は，電球の光を光電池に当て，モーターを回しているようすを表している。このとき，エネルギーはどのように移り変わっているか。次の⑦〜①から選びなさい。　（　　　）

　⑦　電気エネルギー→運動エネルギー→光エネルギー
　①　電気エネルギー→光エネルギー→運動エネルギー
　⑦　光エネルギー→運動エネルギー→電気エネルギー
　①　光エネルギー→電気エネルギー→運動エネルギー

図2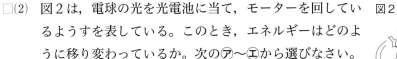

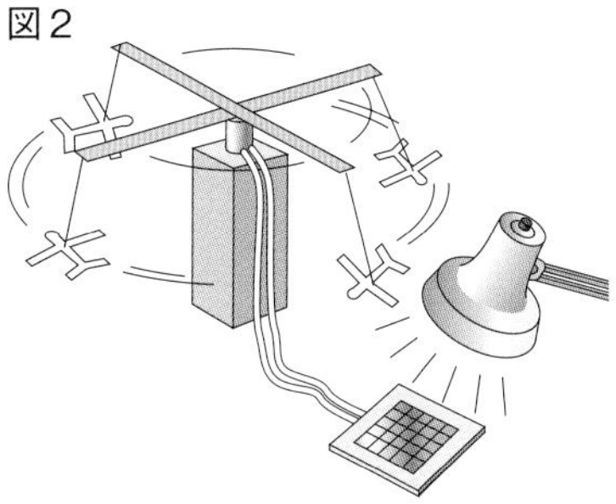

□(3)　石油ストーブは，燃料として灯油を使い，灯油を燃焼（ねんしょう）させて部屋などをあたためる。灯油を燃焼させるとき，エネルギーはどのように移り変わっているか。次の（　　）に適する語句を入れなさい。

「化学エネルギー　→　（　　　　　）エネルギー」

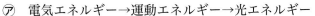

─────────────────────────────

ミスに注意　**1** Eは，ペダルをこいで発電機を回し，電気エネルギーをつくり出し，ライトをつけている。

ヒント　**2** (1) 弓を引き絞って変形させると，もとに戻ろうとして矢に力が加わり，矢が飛んでいく。

（　）と　　　にあてはまる語句を答えよう。

1 エネルギーの保存

教科書p.72〜73 ▶▶①

□(1) 消費したエネルギーに対する利用できるエネルギーの割合を①（　　　　　　　　）という。

□(2) 白熱電球とLED電球では，LED電球の方がエネルギー変換効率が②（　　　　　　　）。

熱　消費したエネルギーのほとんどが，熱になる。
光　白熱電球

消費したエネルギーのうち，熱に変換する分が少ない。
LED電球　熱　光

□(3) 右の図のように，力学的エネルギーが保存されない場合でも，熱や音のエネルギーを含めた総量は変換の前後で③（　　　　　　　）である。

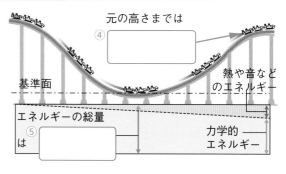

④　元の高さまでは
基準面
⑤　エネルギーの総量は
熱や音などのエネルギー
力学的エネルギー

□(4) 図の④，⑤

□(5) エネルギーが移り変わる前後で，エネルギーの総量が常に一定に保たれることを⑥（　　　　　　　　　　）という。

2 熱エネルギーとその利用

教科書p.74〜75 ▶▶②

□(1) 図の①，②

熱の伝わり方

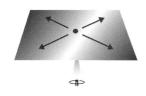

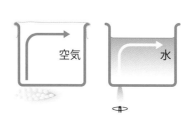

空気　水

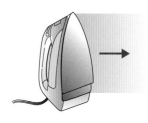

アイロンからの赤外線が届いてあたたかくなる。

熱の伝わりやすさは物質によって①　　　　　　

あたたまった空気や水は，②　　　　　　　　へ移動する。

□(2) Aのように，高温の部分から低温の部分に熱が移動して伝わる現象 → ③（　　　　　　　）

□(3) Bのように，液体や気体の移動によって熱が伝わる現象 → ④（　　　　　　）

□(4) Cのように，物体の熱が光として放出される現象 → ⑤（　　　　　）

要点 ●エネルギーが移り変わる前後で，エネルギーの総量は一定である。

4章　仕事とエネルギー(6)

時間 15分　解答 p.11

[1] エネルギーの移り変わりについて，次の問題に答えなさい。　▶▶ [1]

□(1) 図1のような，明るさが同じ程度の白熱電球とLED電球について，次の問いに答えなさい。

① 消費したエネルギーのうち，熱に変換する分が少ないのはどちらか。（　　　）

② 消費したエネルギーに対する利用できるエネルギーの割合を何というか。（　　　）

図1

□(2) 図2のようなジェットコースターは，動力なしでは動き出す前の高さまで戻れない。この理由を正しく述べているものはどれか。次の㋐～㋒から選びなさい。（　　　）

図2

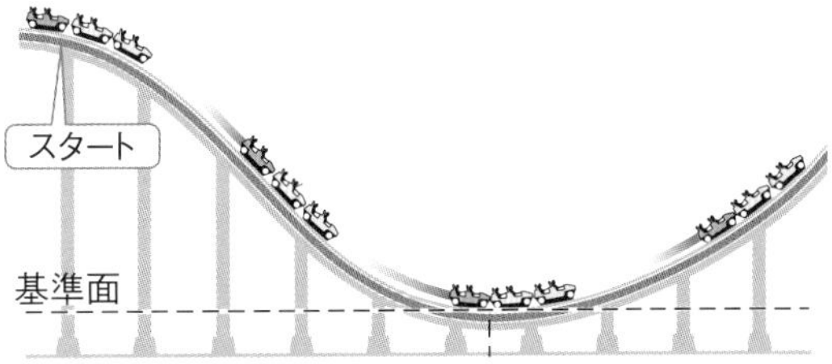

㋐ 重力がはたらくときは，力学的エネルギーが保存されないから。

㋑ 摩擦力や空気の抵抗などのため，エネルギーが少し増えるから。

㋒ 摩擦力や空気の抵抗などのため，エネルギーの一部が逃げてしまうから。

□(3) 図2のジェットコースターのように，力学的エネルギーが保存されない場合，熱や音のエネルギーを含めた総量は変換される前後でどうなっているか。（　　　）

□(4) (3)のようなことを何というか。（　　　）

[2] 図は，金属板の中心を下から熱しているようすである。　▶▶ [2]

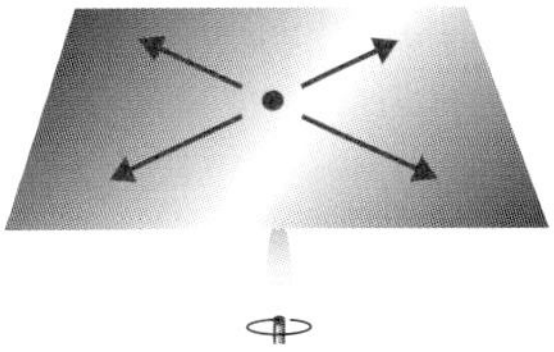

□(1) 金属板を熱すると，温度の高い方から低い方へ熱が移動する。このような熱の伝わり方を何というか。次の㋐～㋒から選びなさい。（　　　）

㋐ 伝導　　㋑ 対流　　㋒ 放射

□(2) (1)の例を，次の㋐～㋒から選びなさい。（　　　）

㋐ たき火の火に手をかざすと，手が熱くなった。

㋑ エアコンから出る温風を下に向けると，部屋全体があたたまった。

㋒ 熱いお茶をコップに入れると，コップが熱くなった。

[ミスに注意] [1] (2) 力学的エネルギーが保存されるのは，摩擦力や空気の抵抗などがないときである。

[ヒント] [2] (2) 温度の異なる物体が接触しているものを選ぶ。

❶ エネルギーの移り変わりについて，次の問いに答えなさい。 52点

□(1) 私たちの生活の中で使われているA〜Dの器具がある。

A
照明器具

B
アイロン

C
スピーカー

D
扇風機（せんぷうき）

① A〜Dは，何エネルギーをもとにして使われる器具か。

② A〜Dは，①のエネルギーをおもに何エネルギーに変えて使われるか。それぞれ次の㋐〜㋔から選びなさい。

　㋐ 弾性（だんせい）エネルギー　　㋑ 熱（ねつ）エネルギー　　㋒ 化学（かがく）エネルギー

　㋓ 光（ひかり）エネルギー　　㋔ 音（おと）エネルギー　　㋕ 運動（うんどう）エネルギー

□(2) 右の図のような装置で，光電器に光を当ててモーターを動かし，物体を引き上げた。これについて述べた次の文の①〜③にあてはまる適切な語句を答えなさい。

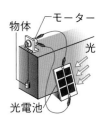
物体　モーター　光　光電池

光電池は（　①　）エネルギーを（　②　）エネルギーに変え，モーターは（　②　）エネルギーを運動エネルギーに変え，さらに物体の運動エネルギーと（　③　）エネルギーを変化させている。

❷ 図のように，2個の手回し発電機A，Bをつないだ。 25点

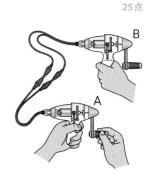
B　A

□(1) 発電機Aを回転させると，発電機Bが回転する。このとき，エネルギーはどのように移り変わるか。次の㋐〜㋓から選びなさい。

　㋐ 運動エネルギー ⇒ 電気エネルギー ⇒ 音エネルギー

　㋑ 運動エネルギー ⇒ 化学エネルギー ⇒ 運動エネルギー

　㋒ 運動エネルギー ⇒ 電気エネルギー ⇒ 運動エネルギー

　㋓ 電気エネルギー ⇒ 運動エネルギー ⇒ 電気エネルギー

□(2) 発電機Aを20回転させると，発電機Bの回転数はどうなるか。次の㋐〜㋒から選びなさい。

　㋐ 同じ20回転になる。　　㋑ 20回転より多くなる。

　㋒ 20回転より少なくなる。

□(3) (2)のようになる理由を，次の㋐〜㋒から選びなさい。

　㋐ エネルギーの一部が熱エネルギーなどとして放出され，減少するから。

　㋑ エネルギーは他のエネルギーに移り変わると大きくなるから。

　㋒ エネルギーは他のエネルギーに移り変わっても，増えたり減ったりしないから。

□(4) エネルギーが移り変わる前後で，エネルギーの総量は常に一定に保たれることを何というか。

❸ 熱の伝わり方と熱エネルギーについて，次の問いに答えなさい。 23点

□(1) 図のような水筒（すいとう）には，熱を逃（に）がさないための工夫（くふう）がいろいろ見られる。

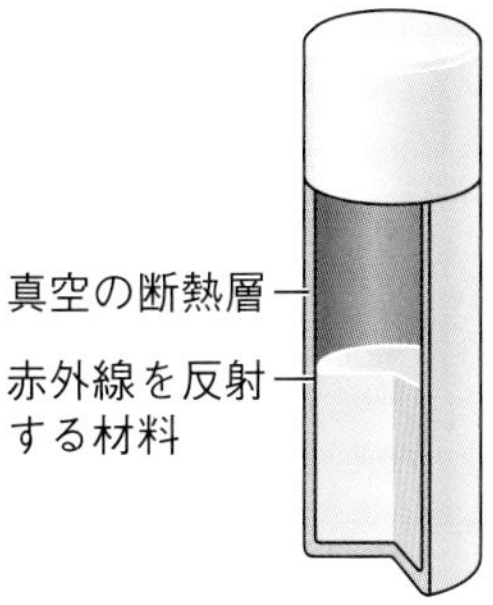

① 内側が赤外線を反射する材料になっているのは，何という熱の伝わり方を防ぐ工夫か。次の⑦〜⑨から選びなさい。
⑦ 伝導（でんどう）　　　⑦ 対流（たいりゅう）　　　⑨ 放射（ほうしゃ）

② 内側と外側の筒の間は真空になっている。これは何という熱の伝わり方を防ぐ工夫か。次の⑦，⑦から選びなさい。
⑦ 伝導　　　⑦ 放射

□(2) 記述 ストーブは床（ゆか）の近くに，クーラーは天井の近くに設置する場合が多いのはなぜか。その理由を，空気の熱の伝わり方に着目して簡単に説明しなさい。思

真空の断熱層

赤外線を反射する材料

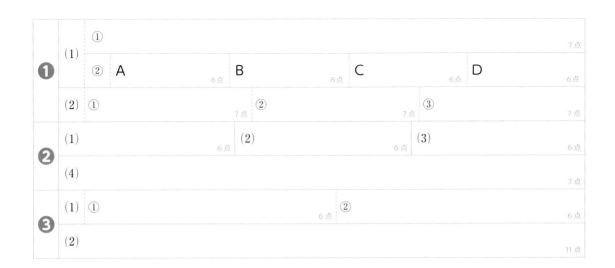

❶	(1)	①					7点
		②	A	B 6点	C 6点	D 6点	6点
	(2)	①		7点	②	7点	③ 7点
❷	(1)		6点	(2)	6点	(3)	6点
	(4)						7点
❸	(1)	①		6点	②		6点
	(2)						11点

定期テスト
予報　エネルギーの種類とその移り変わり方の具体例が出題されやすいでしょう。エネルギーの利用のしかたを，器具の具体例とともにおさえておきましょう。

ぴたトレ 1

要点チェック

1章　生物の成長とふえ方(1)

時間 10分　解答 p.12

(　　)と［　　］にあてはまる語句を答えよう。

1 生物の成長のしくみ

教科書p.88〜90 ▸▸1

□(1) 1つの細胞(さいぼう)が2つの細胞に分かれることを①(　　　　)という。

□(2) 生物が成長するのは，次の2つのことが起こるからである。

- 細胞分裂(さいぼうぶんれつ)によって体の中の細胞の数が②(　　　　)こと。
- 分裂した細胞が，それぞれ③(　　　　)なること。

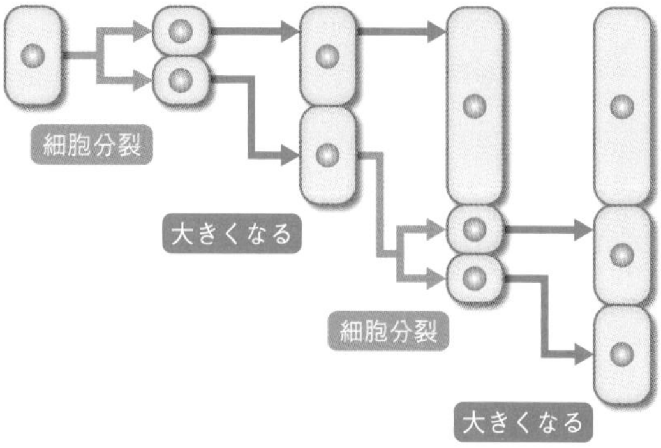

2 細胞分裂

教科書p.91〜93 ▸▸2

□(1) 細胞分裂が起こるときに細胞内で見られるひも状のものを①(　　　　)という。

□(2) 生物のいろいろな特徴(とくちょう)を②(　　　　)といい，染色体(せんしょくたい)には，生物の②を表すもとになる③(　　　　)が存在する。

□(3) 細胞が分かれる前に，染色体の数が2倍になることを，染色体の④(　　　　)という。

□(4) 新しい2つの細胞の核(かく)にある染色体の数が，もとの細胞と同じになるような細胞のふえ方を⑤(　　　　)という。

□(5) 図の⑥，⑦

植物と動物の体細胞分裂(たいさいぼうぶんれつ)

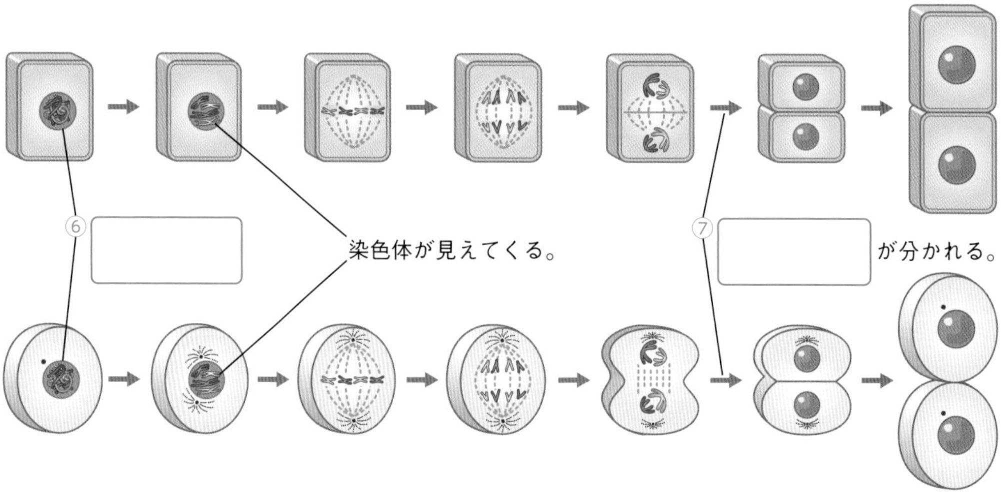

要点

●細胞分裂で細胞の数がふえ，その細胞が大きくなることで生物は成長する。
●細胞分裂のときに見られる染色体の中には形質(けいしつ)を表す遺伝子(いでんし)が存在する。

1章　生物の成長とふえ方(1)

❶ 図1はソラマメの根の成長のようす，図2は根の細胞を顕微鏡で観察した模式図である。　▶▶ **1**

- □(1) 3日後の根の各部分（㋐，㋑，㋒）を顕微鏡で調べた。図2が観察されたのは，図1の㋐～㋒のどの部分か。記号で書きなさい。

　（　　　　　）

- □(2) 図2の@を何というか。漢字で書きなさい。（　　　　　）

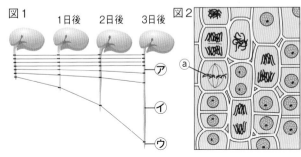

図1　1日後　2日後　3日後　図2

❷ タマネギの種子を発芽させて根が5～15mmに成長したものを，図1のように処理し，細胞のようすを顕微鏡で観察した。図2はそのときのようすである。　▶▶ **2**

図1

①根が5～15mmに成長したタマネギの種子を，Ｘ液と染色液の混合液に入れ，しばらくおく。

②根の先端部分や根の先端から離れた部分を，1～2mm切りとり，スライドガラスにのせて，カバーガラスをかける。

③カバーガラスの上にろ紙をのせ，ずらさないように指の腹で垂直に押しつぶしてから，顕微鏡で観察する。

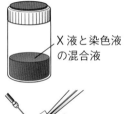

Ｘ液と染色液の混合液

ろ紙

図2

A

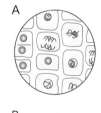

B

- □(1) 図1の手順①で用いたＸ液とは何か。　（　　　　　）
- □(2) 図2のスケッチA，Bのうち，根の先端部分を観察したものはどちらか。　（　　　　　）
- □(3) 次の図は，植物の細胞分裂のいろいろな段階を模式的に表している。@を最初として分裂の正しい順に並べ，記号で答えなさい。

（ @→　　　→　　　→　　　→　　　→　　　）

@　　　ⓑ　　　ⓒ　　　ⓓ　　　ⓔ　　　ⓕ

ヒント ❶ (1) 細胞分裂の途中（とちゅう）の細胞が多く見られることから考える。

ミスに注意 ❷ (3) 細胞分裂のとき，染色体（せんしょくたい）は新しい2つの細胞に分かれて入る。

ぴたトレ 1
要点チェック

1章　生物の成長とふえ方(2)

時間 10分　解答 p.12

(　　)と□にあてはまる語句を答えよう。

1 無性生殖

教科書p.94〜97 ▸▸❶

□(1) 生物が新しい個体をつくることを①(　　　　　)という。

□(2) 生殖には，体細胞分裂で新しい個体をつくる②(　　　　　　　)と，生殖細胞によって新しい個体をつくる③(　　　　　　)がある。

□(3) ジャガイモやセイロンベンケイなどは，体の一部から新しい個体をつくる。植物が行うこのような生殖を④(　　　　　　)という。

無性生殖の例

ミカヅキモ…分裂して新しい個体をつくる。

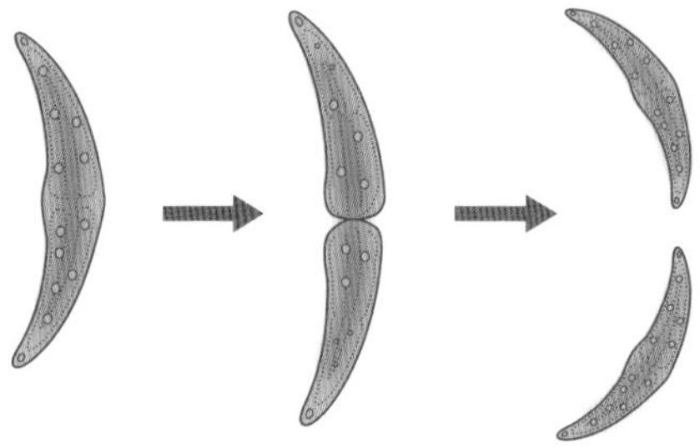

ジャガイモ…体の一部から新しい個体をつくる。

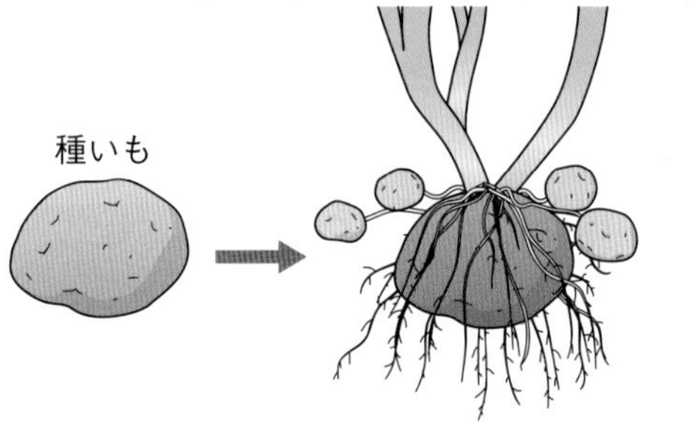
種いも

2 植物の有性生殖

教科書p.98〜100 ▸▸❷

□(1) 図の①，②

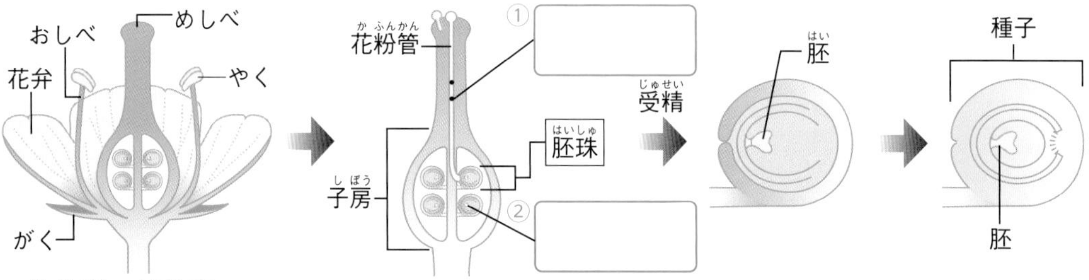
めしべ
おしべ
花弁
やく
がく
花粉管
①
胚珠
子房
②
受精
胚
種子
胚

□(2) 精細胞や卵細胞などの，有性生殖を行う特別な細胞を③(　　　　　　　)という。

□(3) 花粉がめしべの柱頭につくとのびる管を④(　　　　　　)という。

□(4) 花粉管の中を通って移動してきた精細胞と，胚珠の中の卵細胞の核が合体して1つの細胞になることを，⑤(　　　　　)という。

□(5) 卵細胞と精細胞の核が合体してできた細胞を⑥(　　　　　　)という。

□(6) 受精卵は分裂して⑦(　　　　)になり，⑦を含む胚珠全体は種子になる。

□(7) 胚はやがて成長して親と同じような植物の体をつくる。この過程を⑧(　　　　　)という。

要点
- 体細胞分裂によって新しい個体をつくる生殖を無性生殖という。
- 植物は，花粉管の中の精細胞と胚珠の中の卵細胞が受精する有性生殖を行う。

❶ **図1，2は，生物が体細胞分裂(たいさいぼうぶんれつ)によって新しい個体をつくる例である。** ▶▶ ❶

図1

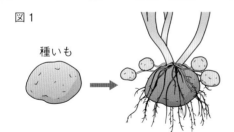

種いも

図2

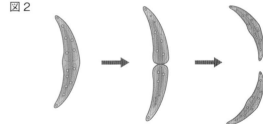

□(1) 図1，2の生物の名称(めいしょう)を答えなさい。

図1 (　　　　　　　) 図2 (　　　　　　　)

□(2) 図1，2のようなふえ方は，有性生殖(ゆうせいせいしょく)と無性生殖(むせいせいしょく)のどちらか。 (　　　　　　　)

□(3) (2)によるふえ方を，次の⑦〜⊕から選びなさい。 (　　　　　　　)

　⑦ セイロンベンケイの葉からなかまがふえる。

　④ ネコが子を産んでふえる。

　⑦ ホウセンカが果実の中にできた種子でふえる。

　⊕ アマガエルが卵(らん)からかえってなかまをふやす。

❷ **図は，被子植物の花のつくりを模式的(ひし)に表したものである。** ▶▶ ❷

□(1) 図のような花のつくりをもつ植物を，次の⑦〜⊕から選び
なさい。 (　　　　)

　⑦ イチョウ　　　④ マツ

　⑦ ソテツ　　　⊕ アブラナ

□(2) 花粉がつくられるのはどの部分か。図の@〜fから選び，
記号で答えなさい。 (　　　　)

□(3) めしべの先についた花粉は，その後どうなるか。次の⑦〜
⊕から選びなさい。 (　　　　)

　⑦ 花粉管がのびて胚珠(はいしゅ)に達し，花粉管の中を卵細胞(らんさいぼう)が通
って胚珠の精細胞(せいさいぼう)と受精(じゅせい)する。

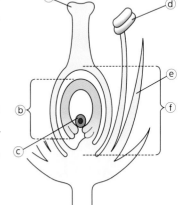

　④ 花粉管がのびて胚珠に達し，花粉管の中を精細胞が通って胚珠の卵細胞と受精する。

　⑦ 花粉管がのびて柱頭(ちゅうとう)に達し，花粉管の中を卵細胞が通って柱頭の精細胞と受粉する。

　⊕ 花粉管がのびて柱頭に達し，花粉管の中を精細胞が通って柱頭の卵細胞と受精する。

□(4) 花粉管の中を通ってきた細胞とⓒの細胞の核(かく)が合体した後，図のⓑは細胞分裂をくり返し
て何になるか。名前を答えなさい。 (　　　　　　　)

ヒント　❷(1) 植物は，子房(しぼう)の有無によって被子植物と裸子(らし)植物に分けられる。

　　　　❷(2) 花粉はやくとよばれる部分でつくられる。

1章　生物の成長とふえ方(3)

時間 10分　解答 p.13

(　　)と［　　］にあてはまる語句を答えよう。

1 動物の有性生殖

教科書p.101〜102　▶▶1

□(1) 動物の生殖細胞には，雌がつくる①(　　　)と，雄がつくる②(　　　)がある。

□(2) 卵は雌の③(　　　)で，精子は雄の④(　　　)でつくられる。

□(3) 動物の有性生殖で，精子が卵に出会い，1つの細胞になることを⑤(　　　)という。

□(4) 図の⑥，⑦

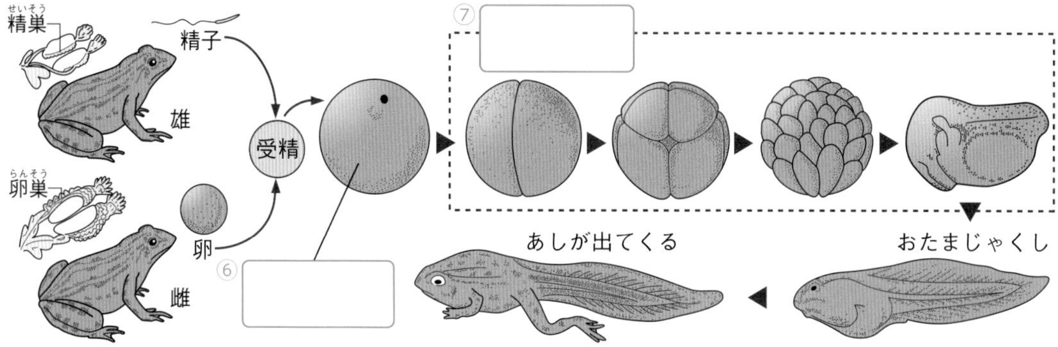
精巣
精子
雄
受精
卵巣
卵
雌
⑥
⑦
あしが出てくる
おたまじゃくし

□(5) 受精卵が分裂を繰り返して，親と同じような形へ成長する過程を⑧(　　　)という。

2 染色体の受け継がれ方

教科書p.103〜104　▶▶2

□(1) 有性生殖で生殖細胞がつくられるときには，①(　　　)という特別な細胞分裂が行われ，生殖細胞の染色体の数は分裂前の②(　　　)になる。

□(2) 雌と雄の生殖細胞から受精卵ができると，染色体の数はもとに戻る。受精卵は③(　　　)を繰り返して，体をつくる。

□(3) 有性生殖では，異なる2つの生殖細胞から受精卵がつくられるので，両親と④(　　　)細胞で体がつくられる。

□(4) 無性生殖で新しくできた子の細胞は，親の細胞と⑤(　　　)である。

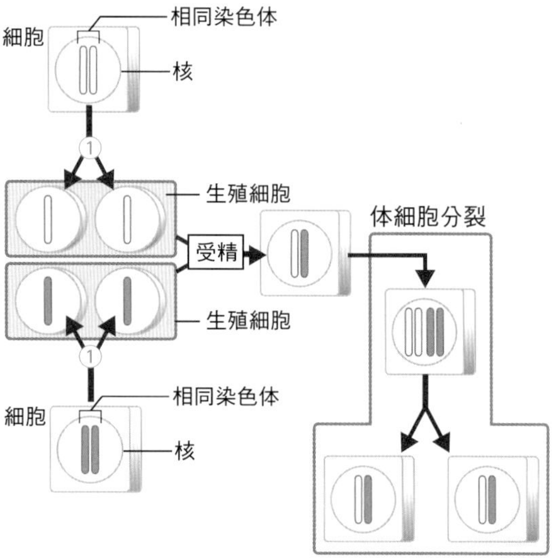
細胞
相同染色体
核
①
生殖細胞
受精
体細胞分裂
生殖細胞
①
細胞
相同染色体
核

要点
- ●有性生殖を行う動物では，雌の卵と雄の精子が受精して受精卵ができる。
- ●生殖細胞は減数分裂でつくられ，染色体の数はもとの細胞の半分である。

1章　生物の成長とふえ方(3)

時間 15分　解答 p.13

1 図は，ヒキガエルの受精卵が育つようすを表したものである。 ▶▶ 1

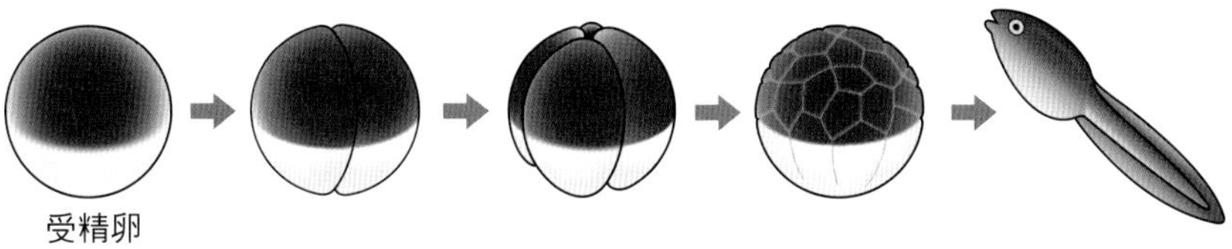

□(1) 受精卵について述べた次の文の，[あ]，[い]に適切な語句を入れなさい。
「動物の場合，雄の生殖細胞である[あ]の核と，雌の生殖細胞である[い]の核が合体して受精卵となる。」　[あ]（　　　）[い]（　　　）

□(2) (1)の[あ]，[い]はそれぞれどこでつくられるか。
[あ]（　　　）[い]（　　　）

□(3) 親の染色体の数を x 本とすると，[あ]の染色体の数は，どのように表せるか。次の㋐～㋒から選びなさい。（　　　）

㋐ $2x$ 本　㋑ x 本　㋒ $\frac{x}{2}$ 本

□(4) 動物の場合，受精卵が分裂を繰り返して成長し，自分で食物をとり始めるまでの間の子のことを何というか。（　　　）

□(5) 上の図に示した過程を何というか。（　　　）

2 図1，2は，生物のふえ方と染色体の受け継がれ方を表したものである。 ▶▶ 2

図1

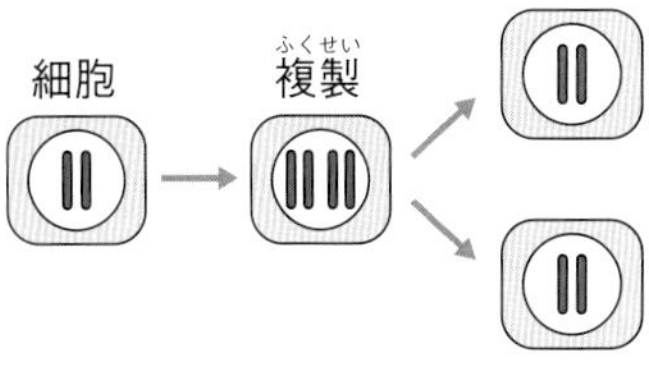

図2

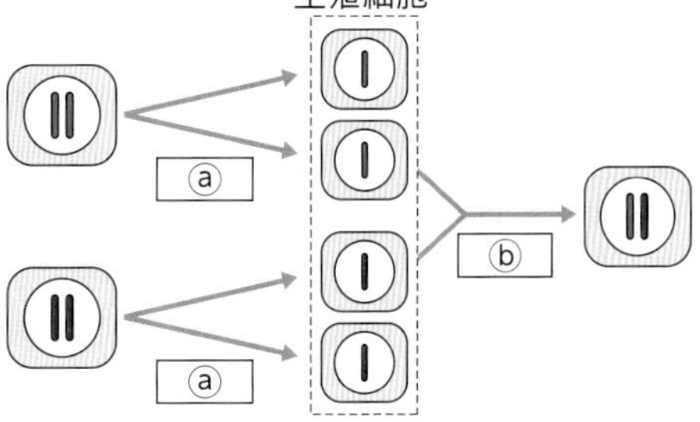

□(1) 図1のようなふえ方を何というか。（　　　）

□(2) 図1のふえ方で行われる細胞分裂を何というか。（　　　）

□(3) 図2のようなふえ方を何というか。（　　　）

□(4) 図2のⓐ，ⓑにあてはまる言葉を答えなさい。ⓐ（　　　）ⓑ（　　　）

□(5) 染色体に含まれていて，生物の形質を決めるものを何というか。（　　　）

□(6) 遺伝子の組み合わせが親と子で同じであるのは，図1，図2のどちらか。（　　　）

[ミスに注意] 1 (3) 減数分裂（げんすうぶんれつ）で染色体の数がどうなるかに着目する。

[ヒント] 2 (6) 染色体の組み合わせが同じであるものがどちらかを考える。

1章　生物の成長とふえ方

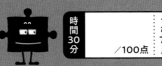

時間30分　／100点　合格70点　解答 p.13

1 図は，ある植物の根の先端付近を拡大してスケッチしたものである。　18点

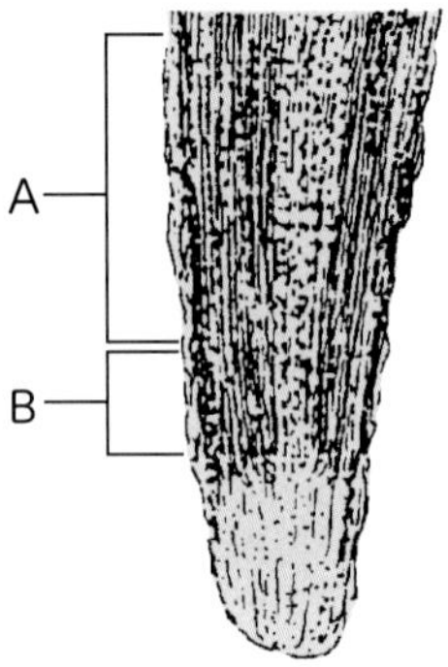

[よく出る] □(1) 生物の体は，次の①，②が起こることで成長する。①，②のことがおもに起こっているのはどの部分か。図のA，Bからそれぞれ選びなさい。

① 細胞の1つ1つが大きくなっていく。

② 細胞の数がふえていく。

□(2) [記述] 細胞分裂の観察には，根の先端部分がよく使われる。その理由を簡単に説明しなさい。[思]

□(3) 細胞分裂でできたばかりの細胞の大きさは，細胞分裂前の細胞の大きさと比べるとどのようになっているか。次の㋐〜㋒から選びなさい。

㋐ 大きい。　㋑ 小さい。　㋒ 同じである。

2 図は，植物の細胞分裂のある段階を示す模式図である。　26点

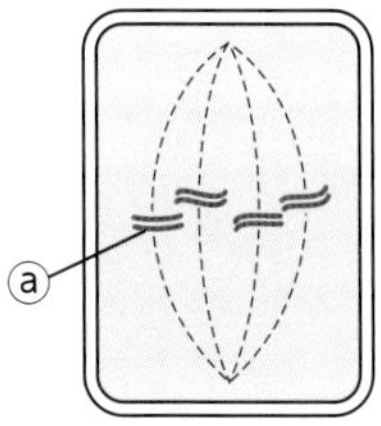

[よく出る] □(1) 図のⓐが示しているものを何というか。

□(2) 図の段階に続く，次の段階の細胞のようすはどれか。次の㋐〜㋓から選びなさい。

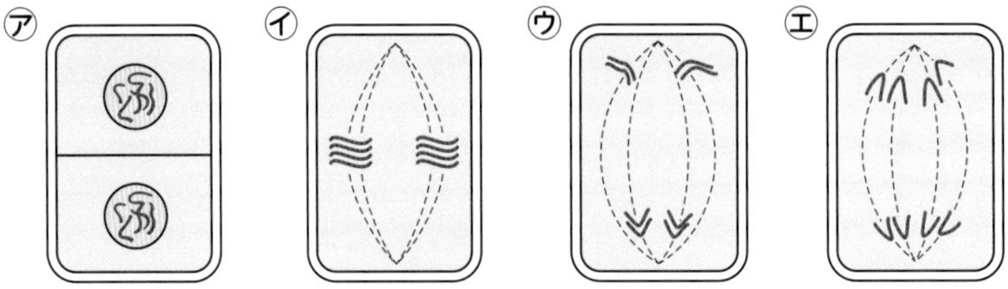

[点UP] □(3) [記述] 細胞分裂のようすを顕微鏡で観察するときには，試料をうすい塩酸にしばらくひたしてから行う。その理由を簡単に説明しなさい。[技]

□(4) 細胞分裂について述べた次の㋐〜㋔の文のうち，正しいものを2つ選びなさい。

㋐ 生物の体のあらゆる部分で細胞分裂のようすが観察できる。

㋑ はじめに細胞質が二分されてから，核が分裂する。

㋒ 核の中のひものようなものが二分され，両側に同じように分かれる。

㋓ 分裂が終わった細胞でも，核の中のひものようなものははっきりと見える。

㋔ 分裂が終わった細胞は，やがて分裂前の大きさまで大きくなる。

[点UP] □(5) 核の中のひものようなものは，細胞分裂の過程で複製される。どの時期に複製されるか。次の㋐〜㋓から選びなさい。

㋐ 分裂する前　㋑ 分裂している途中

㋒ 分裂したばかりのとき　㋓ とくに決まっていない

成績評価の観点　[技]…観察・実験の技能　[思]…科学的な思考・判断・表現

❸ 図は，ある花のつくりと受精のようすを模式的に表したものである。 46点

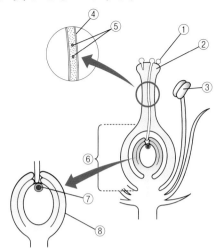

□(1) 図の①〜⑧の部分の名前をそれぞれ答えなさい。

□(2) 記述 植物の受精とはどのようなことか。簡単に説明しなさい。 思

□(3) 受精後，⑦は細胞分裂を繰り返して何になるか。

□(4) サツマイモは，種いもを植えることで新しい個体をふやすことができる。このように，植物が体の一部から新しい個体をつくる無性生殖のしかたを何というか。

□(5) 有性生殖と無性生殖で，親と子，子どうしの間において形質のちがいが生まれることがあるのはどちらか。

単元2

生命のつながり─教科書88〜104ページ

❹ 図は，生殖細胞と染色体の関係を模式的に表したものである。 10点

 点UP

□(1) 図の細胞分裂Aでは，染色体の数がもとの半分になっている。このような細胞分裂を何というか。

□(2) 作図 図のBでは，ⓐとⓑが合体してⓒができる。ⓒの細胞の染色体のようすをかきなさい。

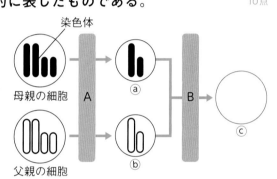

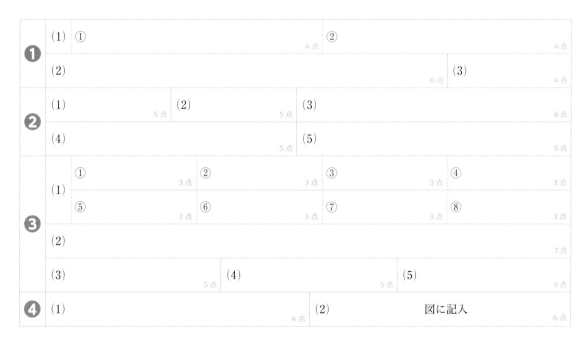

❶	(1)	①	4点	②			4点
	(2)			6点	(3)		4点
❷	(1)	5点	(2)	5点	(3)		6点
	(4)	5点	(5)				5点
❸	(1)	① 3点	② 3点	③ 3点	④ 3点
		⑤ 3点	⑥ 3点	⑦ 3点	⑧ 3点
	(2)				7点
	(3)	5点	(4)	5点	(5)	5点
❹	(1)	4点	(2)	図に記入	6点

定期テスト予報 細胞が分裂するときの順序・ようすや受精卵の変化について出題されやすいでしょう。
細胞分裂の順序，被子植物の受精，生殖細胞と染色体の関係を理解し覚えておきましょう。

2章　遺伝の規則性と遺伝子(1)

（　　）と⬚にあてはまる語句や記号を答えよう。

1 遺伝

教科書p.106〜108　▶▶❶

□(1)　親の形質が子や孫に伝わることを①（　　　　　　　）という。

□(2)　形質を表すもとになるものを②（　　　　　　　）といい，細胞の核の中の染色体にある。

□(3)　親，子，孫と代をいくつ重ねても，その形質が全て親と同じである場合，これらを
③（　　　　　　　）という。

□(4)　どちらか一方しか現れないような，対をなす形質どうしを④（　　　　　　　）という。

□(5)　花粉が同じ個体のめしべについて受粉することを⑤（　　　　　　　）という。

□(6)　図の⑥

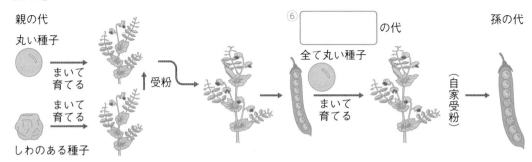

2 メンデルが行った実験（子の代）

教科書p.108〜110　▶▶❷

□(1)　図の①

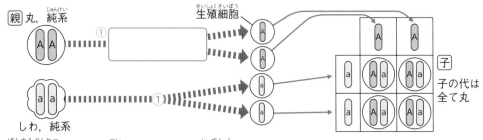

□(2)　減数分裂のとき，対になっている遺伝子は分かれて別々の生殖細胞に入る。このことを
②（　　　　　　　）の法則という。

□(3)　丸い種子の形を伝える遺伝子をA，しわのある種子の形を伝える遺伝子をaとすると，丸
の純系の遺伝子は③（　　　　　　　），しわの純系の遺伝子はａａと表せる。丸の純系としわ
の純系の子の代では全て④（　　　　　　　）になり，丸の形質しか現れない。

□(4)　(3)で子に現れる形質を⑤（　　　　　　）の形質，現れない形質を⑥（　　　　　　）の形質という。

要点	●分離の法則：対をなす遺伝子が，減数分裂により別の生殖細胞に入ること。 ●エンドウの種子の形では，丸は顕性の形質，しわは潜性の形質である。

2章　遺伝の規則性と遺伝子(1)

時間 15分　解答 p.14

1 有性生殖では，両親の染色体が半分ずつ子に受け渡される。 ▶▶ [1]

□(1) 生物のもつ形や性質を何というか。（　　　　）

□(2) 親がもつ特徴が子に伝わることを何というか。（　　　　）

□(3) 親がもつ特徴を子に伝えるものを何というか。（　　　　）

□(4) エンドウの種子の「丸い」という形質について，対立形質はどれか。次の㋐〜㋓から選びなさい。（　　　　）

㋐ 種子の色の「黄色」　㋑ 種子の形の「しわ」

㋒ 種子の「大きさ」　㋓ 種子の「重さ」

2 エンドウの種子の形には丸としわがあり，丸はしわに対して顕性である。丸を伝える遺伝子をＡ，しわを伝える遺伝子をａとするとき，次の問いに答えなさい。 ▶▶ [2]

□(1) エンドウの生殖細胞がつくられるとき，染色体の数が半分になる細胞分裂が起こる。このような細胞分裂を何というか。（　　　　）

□(2) (1)のとき，対になっている遺伝子が分かれて，別々の生殖細胞に入る。このことを何の法則というか。（　　　　）

□(3) 右の図は，丸い種子をつける純系の株としわのある種子をつける純系の株の間で掛け合わせを行ったときの，子のもつ遺伝子の組み合わせを調べる方法を表している。

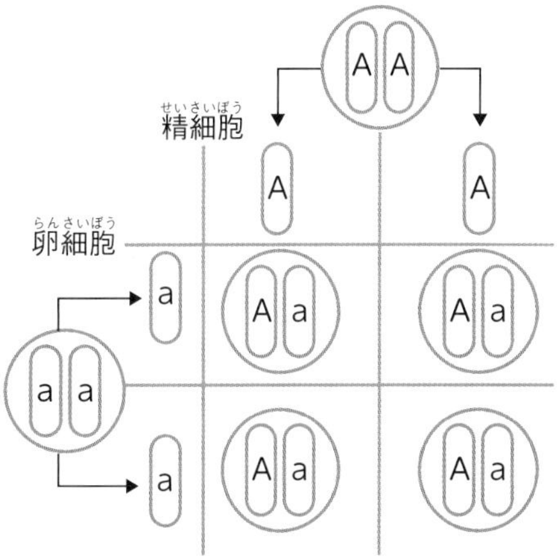

① 子の遺伝子の組み合わせは，全てＡａとなった。この種子の形質は，丸，しわのどちらか。次の㋐〜㋓から選びなさい。（　　　　）

㋐ 全て丸　㋑ 全てしわ

㋒ 丸としわが1：1

㋓ 丸としわが3：1

② Ａａの遺伝子の組み合わせをもつ子を自家受粉させてできた種子をまいて育てると，得られる種子の形質はどうなるか。次の㋐〜㋓から選びなさい。（　　　　）

㋐ 全て丸　㋑ 全てしわ

㋒ 丸：しわ＝1：3　㋓ 丸：しわ＝3：1

ヒント　1 (4) 対立形質は，どちらか一方しか現れないような，対をなす形質である。

ミスに注意　2 (3) ②ＡＡとＡａの種子は丸，ａａの種子はしわであることに注意する。

単元2　生命のつながり ─ 教科書106〜110ページ

（　）と□□にあてはまる記号や語句，数を答えよう。

1 孫の代への形質の伝わり方

教科書p.111～113　▶▶**①②**

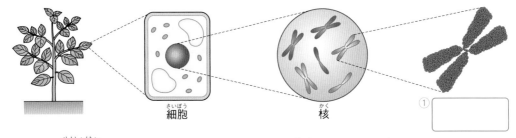

□(1)　子の遺伝子の組み合わせが全てＡａになるとき，自家受粉でできる孫の遺伝子の組み合わせは，①（　　　　　　　），②（　　　　　　　），ａａの3通りになる。

□(2)　ＡＡ，Ａａの遺伝子をもつ種子の形はどちらも③（　　　　　　　）となり，ａａの遺伝子をもつ種子の形は④（　　　　　　　）となる。

□(3)　(1)の孫の代では，顕性の形質と潜性の形質の数の比は，およそ⑤（　　　　　　　）：1となる。

2 遺伝子

教科書p.114～117　▶▶**②**

□(1)　図の①

細胞　　核　　①□□□□

□(2)　遺伝子は染色体の中に存在していて，その本体は②（　　　　　　　）という物質である。

□(3)　遺伝子は親から子，子から孫へと受け継がれて伝わっていくが，長い間には遺伝子に変化が起こり，③（　　　　　　）が変わることがある。

□(4)　近年では，④（　　　　　　）を変化させる技術を使って，自然界には見られない性質をもつ生物をつくり出すことができるようになった。

□(5)　遺伝子を扱う技術は，食料・環境・医療・産業など，あらゆる分野で幅広く応用され，さまざまな恩恵をもたらしている。一方で，過去に経験のない新しい技術には，環境保護，⑤（　　　　　　），生命の尊重，個人情報保護などの観点での議論や理解が必要である。

要点	●対立形質をもつ純系どうしの子を自家受粉させた孫の代では， 顕性の形質：潜性の形質＝3：1　で現れる。

2章　遺伝の規則性と遺伝子(2)

時間 15分　解答 p.15

[1] 子の代から孫の代への形質の伝わり方を調べるために，次のようなモデル実験を行った。 ▸▸ [1]

[実験] 1．右の図のように，黒と赤でＡａと書いた割りばしを同じ数用意し，精細胞の遺伝子は黒，卵細胞の遺伝子は赤の文字で表すものとする。

2．割りばしを割ってＡとａに分け，色別に袋に入れる。

3．黒の袋と赤の袋から同時に１本ずつ割りばしをとり出し，ＡＡ，Ａａ，ａａのどの組み合わせかを記録する。記録した割りばしをもとの袋に戻す。この操作を50回繰り返す。

4．このモデル実験を何度か繰り返し，結果を表にまとめた。

	ＡＡ	Ａａ	ａａ
1回目	12	25	13
2回目	14	26	10
⋮	⋮	⋮	⋮
計	122	251	127

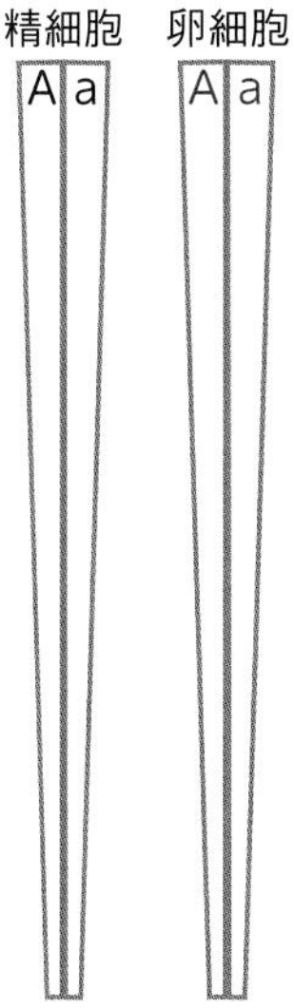

□(1) 割りばしに書いた遺伝子Ａが伝えるのが顕性の形質，遺伝子ａが伝えるのが潜性の形質であるとすると，ＡＡ，Ａａ，ａａの遺伝子の組み合わせのうち，潜性の形質を表すものはどれか。（　　　）

□(2) 実験の結果から，3つの遺伝子の組み合わせの比を，最も簡単な整数の比で表しなさい。
（ＡＡ：Ａａ：ａａ＝　　：　　：　　）

[2] 丸い種子，しわのある種子をつくるエンドウの純系を親として掛け合わせると，子には丸い種子ばかりできた。次に，子を自家受粉させると，孫には丸い種子としわのある種子ができた。図は，種子の形の遺伝のようすを模式的に表したものである。このとき，丸い種子をつくる遺伝子をＡ，しわのある種子をつくる遺伝子をａとする。 ▸▸ [1] [2]

□(1) しわのある種子のもつ遺伝子の組み合わせを，遺伝子の記号で書きなさい。（　　　）

□(2) [計算] 孫の代の種子（子のつくった種子）の形と数を調べたところ，丸い種子は5474個，しわのある種子は1850個であった。孫の代の種子の中で，Ａａという遺伝子の組み合わせをもつ種子は何個になるといえるか。最も近いものを次の㋐～㋓から選びなさい。（　　　）

㋐　1850個　　㋑　2725個
㋒　3750個　　㋓　5550個

□(3) 遺伝子の本体は，何という物質か。アルファベット３文字で答えなさい。（　　　）

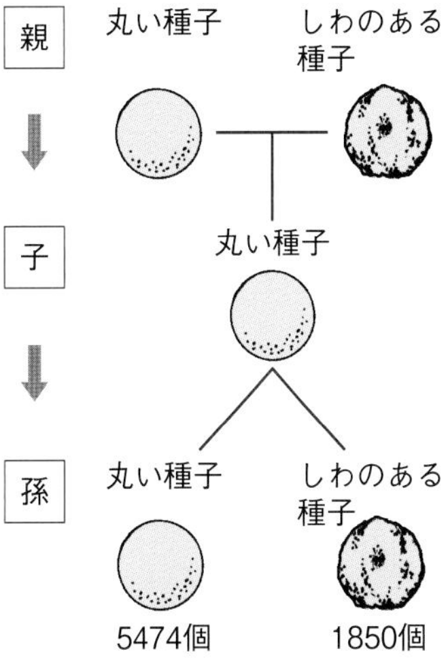

[ヒント] [1] (1) 対立形質（たいりつけいしつ）をもつ純系どうしの子に現れない形質が，潜性の形質である。

[ミスに注意] [2] (2) 孫の代での，ＡＡ：Ａａ：ａａの比を考える。

2章　遺伝の規則性と遺伝子

時間 30分　／100点　合格 70点　解答 p.15

❶ エンドウの丸い種子をつくる純系の親がもっている遺伝子の組み合わせをＡＡ，しわのある種子をつくる純系の親がもっている遺伝子の組み合わせをａａとするとき，これらを掛け合わせた子に受け継がれる遺伝子の組み合わせは，表1のようになる。

48点

□(1) 表1の子は全て丸い種子であった。種子の形の丸としわのように，どちらか一方だけが現れる形質どうしを何というか。

□(2) 記述 丸としわの形質で，顕性の形質はどちらか。また，その理由を答えなさい。思

□(3) Ａａの遺伝子の組み合わせをもつ子どうしを掛け合わせた場合，孫に受け継がれる遺伝子の組み合わせは，表2のようになる。(あ)，(い)にあてはまる遺伝子の組み合わせを，記号で書きなさい。

□(4) 表3は，(3)の結果をまとめたものである。(う)〜(か)にあてはまる言葉や数を答えなさい。

□(5) 孫の代（子のつくった種子）では，丸い種子としわのある種子の現れる数の比はどうなるか。最も簡単な整数の比で答えなさい。

表1

丸い種子をつくる。 AA

しわのある種子をつくる。 aa

精細胞の遺伝子＼卵細胞の遺伝子	A	A
a	A a	A a
a	A a	A a

表2

子の遺伝子 Aa

子の遺伝子 Aa

精細胞の遺伝子＼卵細胞の遺伝子	A	a
A	A A	(あ)
a	A a	(い)

表3

遺伝子の組み合わせ	形質	割合
A A	丸い種子	1
A a	(う)	(え)
a a	(お)	(か)

□(6) 次の文の(①)，(②)にあてはまる語句や数を答えなさい。
「顕性の形質をもつ純系の親と，潜性の形質をもつ純系の親をかけ合わせたとき，子は全て(①)の形質を示し，孫の代には顕性と潜性の形質が(②)の比で現れる。」

❷ 下の図のように，メダカにはいろいろな体色のものがある。

18点

クロメダカ

ヒメダカ

シロメダカ

□(1) メダカの体色を決める遺伝子は，細胞の何というつくりに含まれているか。

□(2) 遺伝子の本体を何というか。

□(3) メダカの体色を決める遺伝子は対になって存在するが，精子や卵ができるときには分かれて，それぞれ別々の生殖細胞に入る。このことを表す法則を何というか。

　成績評価の観点　技…観察・実験の技能　思…科学的な思考・判断・表現

❸ 表は，メンデルが行ったエンドウの交配実験の結果の一部である。表の「親の形質の組み合わせ」とは，各形質で純系の親どうしを交配することを示している。 34点

形質	親の形質の組み合わせ	子の形質	孫の形質と個体数
種子の形	丸×しわ	丸	丸5474　しわ1850
子葉の色	黄色×緑色	黄色	黄色6022　緑色2001
花のつき方	葉のつけ根×茎の先端	葉のつけ根	葉のつけ根651　茎の先端207
草たけ	高い×低い	高い	高い（X）　低い277

□(1) 種子の形が丸くなる遺伝子をA，しわの形になる遺伝子をaとするとき，種子の形が丸い純系の個体の生殖細胞の遺伝子として適切なものを，次のⓐ～ⓔから選びなさい。

　　ⓐ A　　　ⓑ a　　　ⓒ AA　　　ⓓ Aa　　　ⓔ aa

□(2) 計算 表の（X）にあてはまる個体数はおよそいくつと考えられるか。最も適切なものを次のⓐ～ⓔから選びなさい。なお，草たけについても，表のほかの形質と同じ規則性をもって遺伝することがわかっている。

　　ⓐ 200　　　ⓑ 400　　　ⓒ 600　　　ⓓ 800　　　ⓔ 1000

□(3) 子葉の色を表す遺伝子の組み合わせがわからないエンドウの個体Yがある。個体Yに子葉の色が緑色の個体から成長したエンドウを交配したところ，子葉の色が黄色の個体と，緑色の個体がほぼ同数できた。ただし，黄色にする遺伝子をB，緑色にする遺伝子をbとする。

　① 個体Yの子葉の色を表す遺伝子の組み合わせを，遺伝子の記号で書きなさい。思

　② 作図 交配の結果と①から，遺伝子の組み合わせを図で示したい。右の図で，染色体を表すだ円の中に遺伝子の記号を書きなさい。

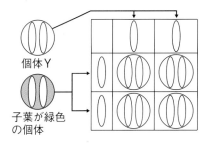

個体Y

子葉が緑色の個体

□(4) 計算 孫の丸い種子のうち，遺伝子の組み合わせがAaのものは何％か。四捨五入して，整数で答えなさい。

❶	(1)			3点	(2)	形質		3点	理由		6点
	(3)	(あ)	4点	(い)	4点						
	(4)	(う)	4点	(え)	4点	(お)	4点	(か)	4点		
	(5)	：		4点	(6)	①	4点	②	4点		
❷	(1)		6点	(2)		6点	(3)		6点			
❸	(1)		6点	(2)		6点	(3)	①		6点		
	(4)		8点			②	図に記入	8点				

定期テスト 予報 純系の親からできる子，孫の遺伝子の組み合わせと形質について出題されやすいでしょう。生殖細胞のでき方と遺伝子の組み合わせ方を，しっかり理解しておきましょう。

3章　生物の種類の多様性と進化

時間 10分　解答 p.15

（　　）と［　　］にあてはまる語句を答えよう。

1 生物の種類の多様性と進化

教科書p.118〜126　▸▸ 1 2

□(1) 生物が，長い時間をかけて，多くの代を重ねる間に変化することを①（　　　　　）という。

□(2) 同じものから変化したと考えられる体の部分を②（　　　　　）という。

□(3) 図の③，④

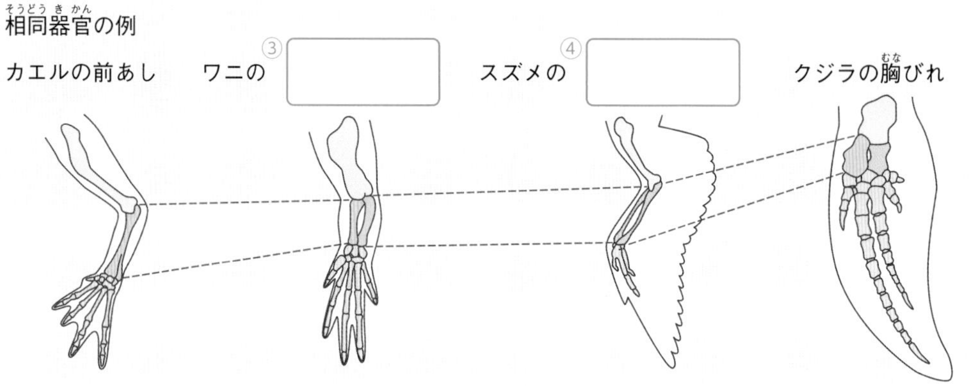
相同器官の例
カエルの前あし
ワニの③
スズメの④
クジラの胸びれ

□(4) ドイツ南部の1億5千万年前の地層から発見された動物の化石は，最も原始的な鳥類として⑤（　　　　　）と名づけられ，⑥（　　　　　）類と鳥類の中間の生物であると考えられている。

□(5) 図の⑦〜⑩

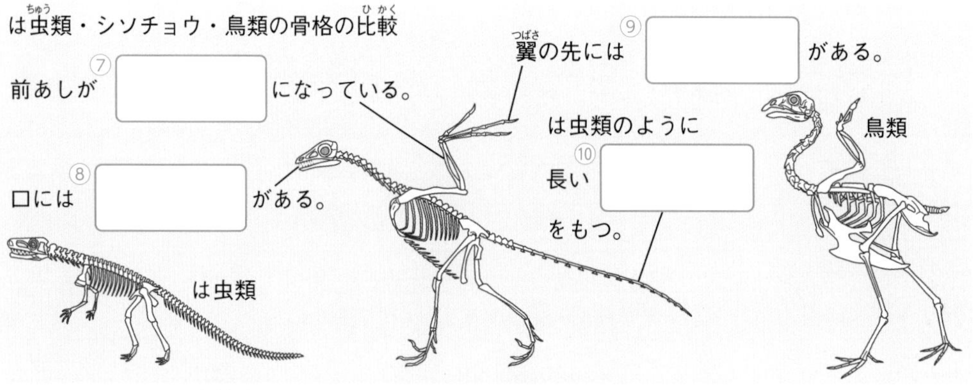
は虫類・シソチョウ・鳥類の骨格の比較
前あしが⑦　　になっている。
翼の先には⑨　　がある。
口には⑧　　がある。
は虫類のように⑩長い　　をもつ。
は虫類
鳥類

□(6) 生物がもつ，ある環境の中で生活するのに役立つ形質は，⑪（　　　　　）と深くつながっている。

□(7) 脊椎動物は，魚類，両生類，は虫類，鳥類，哺乳類の順に，⑫（　　　　　）の生活から⑬（　　　　　）の生活に適したものになっていると考えられている。

□(8) 植物は，コケ植物，シダ植物，種子植物の順に，⑭（　　　　　）の生活から⑮（　　　　　）の生活に適したものになっていると考えられている。

要点　●生物が長い時間をかけて，多くの代を重ねる間に変化することを進化という。

3章　生物の種類の多様性と進化

❶ **図は，脊椎動物の前あしや翼などの部分を表したものである。** ▶▶ 1

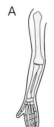 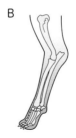 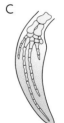 

A　　B　　C　　D

□(1) 次の①，②に適したつくりを，それぞれA〜Dから選びなさい。
　　① 空中を飛ぶのに適している。
　　（　　　　）
　　② 水中を泳ぐのに適している。
　　（　　　　）

□(2) コウモリの翼，クジラの胸びれ，ヒトの腕はどれか。A〜Dからそれぞれ選びなさい。
　　コウモリの翼（　　　　）　クジラの胸びれ（　　　　）　ヒトの腕（　　　　）

□(3) A〜Dは，外形が異なっていても，もとは同じでそれが変化したものだと考えられる。このような体の部分を何というか。　　　　　　　　　（　　　　）

□(4) 生物が，長い時間をかけて，多くの代を重ねる間に変化することを何というか。
　　　　　　　　　　　　　　　　　　　　　　　　　　　（　　　　）

❷ **右の図は，は虫類，シソチョウ（始祖鳥），鳥類の骨格を模式的に表したものである。** ▶▶ 1

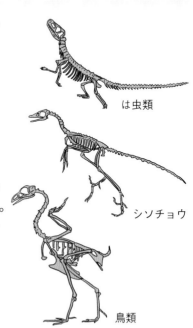

は虫類

シソチョウ

鳥類

□(1) 次のシソチョウがもつ特徴①〜⑤について，は虫類の特徴には△，鳥類の特徴には○をかきなさい。
　　① 長い尾をもつ。（　　　　）
　　② 体全体が羽毛で覆われている。（　　　　）
　　③ 前あしが翼になっている。（　　　　）
　　④ 前あしの先に爪がある。（　　　　）
　　⑤ 口に歯がある。（　　　　）

□(2) 脊椎動物の5つのなかまの化石が最初に出現する年代は，魚類，両生類，は虫類，哺乳類，鳥類の順になっている。このこととシソチョウの化石から，どのようなことが考えられるか。次の㋐〜㋔から選びなさい。（　　　　）
　　㋐ は虫類は，両生類から変化してきた。
　　㋑ は虫類は，鳥類から変化してきた。
　　㋒ 鳥類は，は虫類から変化してきた。
　　㋓ 鳥類は，哺乳類から変化してきた。
　　㋔ 哺乳類は，鳥類から変化してきた。

ヒント 　❷(2) シソチョウは，は虫類と鳥類の中間の生物であると考えられている。

ぴたトレ 3
確認テスト

3章　生物の種類の多様性と進化

時間30分　／100点　合格70点　解答 p.16

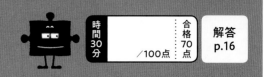

❶ 図は，脊椎動物の5つのなかまの化石が出現した年代を表したものである。　50点

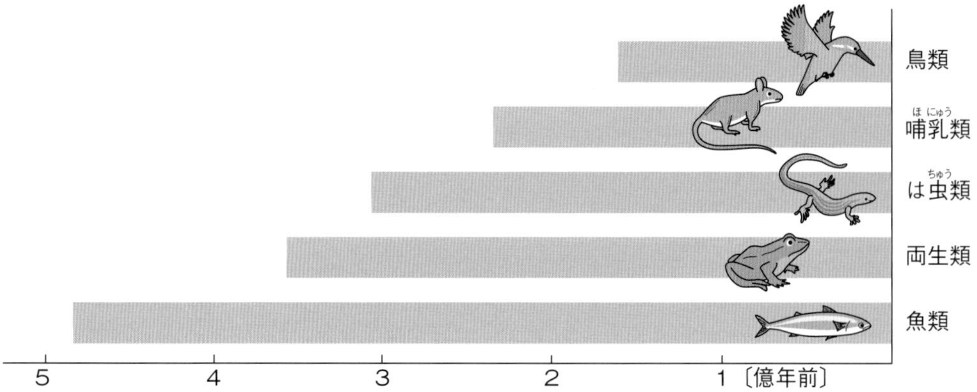

鳥類
哺乳類
は虫類
両生類
魚類
5
4
3
2
1〔億年前〕

□(1)　地球上に最初に現れた脊椎動物は何類か。

[よく出る] □(2)　次の文の□にあてはまる語句を書きなさい。
脊椎動物のなかまは，長い年月の間に，［ ① ］で生活するものから［ ② ］で生活するものへと進化してきた。

□(3)　両生類とは虫類では，どちらの方が陸上の生活に適しているか。

□(4)　[記述] (3)のようにいえるのはなぜか。体の表面のようすに着目して，簡単に書きなさい。

□(5)　鳥類は何類から変化して現れたと考えられているか。

[よく出る] □(6)　(5)のことを示す証拠の1つと考えられている動物を，次の㋐～㋓から選びなさい。
㋐　スズメ　　㋑　シソチョウ　　㋒　コウモリ　　㋓　サンヨウチュウ

❷ 図は，「生きている化石」といわれるシーラカンスの体のようすを表したものである。　14点

□(1)　シーラカンスの胸びれの相同器官と考えられているものを，次の㋐～㋓から全て選びなさい。
㋐　ヒトの手と腕
㋑　クジラの尾びれ
㋒　チョウのはね
㋓　コウモリの翼

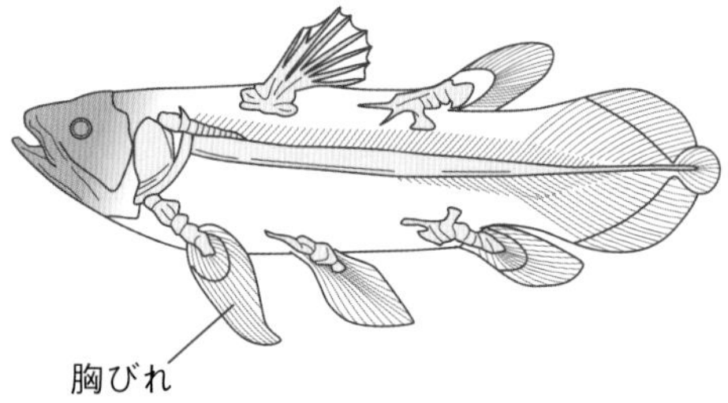

胸びれ

[点UP] □(2)　シーラカンスはどのような動物だと考えられているか。次の㋐～㋓から選びなさい。
㋐　魚類がは虫類へと変化する初期の段階を現している動物である。
㋑　は虫類が魚類へと変化する初期の段階を現している動物である。
㋒　魚類が両生類へと変化する初期の段階を現している動物である。
㋓　両生類が魚類へと変化する初期の段階を現している動物である。

成績評価の観点　[技]…観察・実験の技能　[思]…科学的な思考・判断・表現

❸ 図は，植物の特徴をまとめたものである。なお，藻類は水中で生活して光合成を行い，胞子でふえる生物で，植物は藻類から進化したと考えられている。 36点

□(1) コケ植物とシダ植物では，どちらの方が陸上の生活に適しているといえるか。

点UP □(2) 記述 (1)のようにいえる理由を，簡単に書きなさい。

□(3) 次の文の□□にあてはまる語句を書きなさい。

　□①□でふえるシダ植物と

　□②□でふえる種子植物では，

　□③□の方が陸上の生活に適しているといえる。

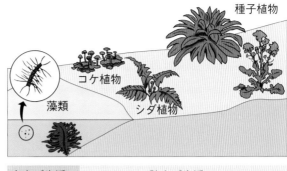

水中で生活	陸上で生活
維管束がない 体の表面から水をとり入れる	維管束がある 根から水を吸収
胞子でふえる	種子でふえる

単元2　生命のつながり——教科書118〜126ページ

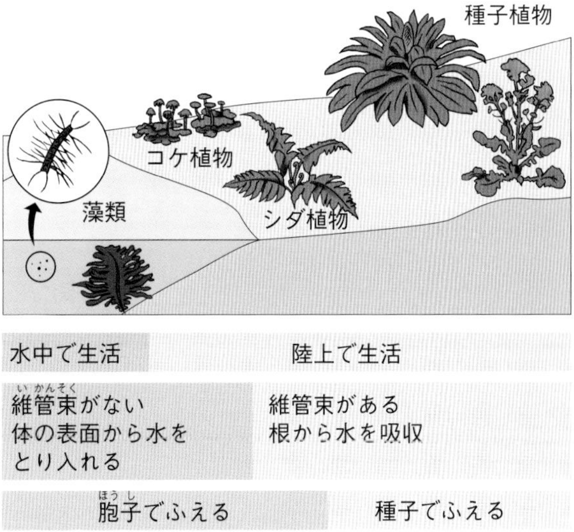

❶	(1)			7点
	(2) ①	7点	②	7点
	(3)			7点
	(4)			8点
	(5)	7点	(6)	7点
❷	(1)	7点	(2)	7点
❸	(1)		7点	
	(2)			8点
	(3) ①	7点	②	7点　③　7点

定期テスト予報 生物の進化の証拠には，どのようなものがあるかが問われるでしょう。相同器官がどのようなものなのかをしっかり理解し，シソチョウの特徴も覚えておきましょう。

1章　生物どうしのつながり

（　）と□□□にあてはまる語句や記号を答えよう。

1 生物どうしのつながり

教科書p.140〜144　▶▶ 1 2

□(1) ある環境と，そこにすむ生物とを1つのまとまりと見たとき，これを①（　　　　　）という。

□(2) 生物の食べたり，食べられたりする関係を線でつないでいくと，網のようになっている。このつながりを②（　　　　　）といい，②の中で，1対1の関係で順番に結んだものを③（　　　　　）という。

□(3) 植物のように無機物から有機物をつくり出す生物を④（　　　　　）といい，④がつくり出した有機物を食べる生物を⑤（　　　　　）という。

□(4) 生物から出された死がいやふんなどの有機物を無機物にまで分解する，土や水の中にいる生物を⑥（　　　　　）という。

食物連鎖の例

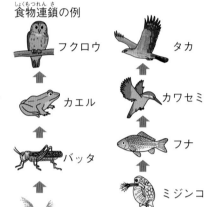

フクロウ　タカ
カエル　カワセミ
バッタ　フナ
ススキ　ミジンコ
ケイソウ

2 生物どうしのつり合い

教科書p.145〜146　▶▶ 2

□(1) 図の①〜⑥

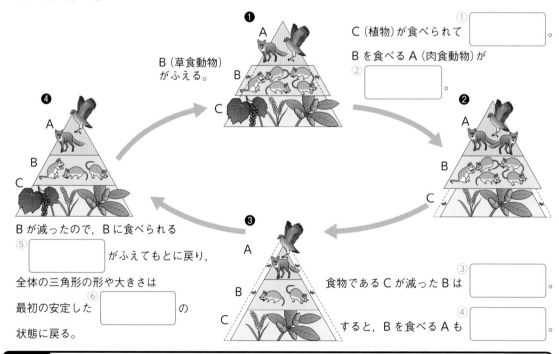

❶
A
B（草食動物）がふえる。
B
C

C（植物）が食べられて ①[　　　]。
Bを食べるA（肉食動物）が ②[　　　]。

❷
A
B
C

食物であるCが減ったBは ③[　　　]。
すると，Bを食べるAも ④[　　　]。

❸
A
B
C

❹
A
B
C

Bが減ったので，Bに食べられる ⑤[　　　]がふえてもとに戻り，全体の三角形の形や大きさは最初の安定した ⑥[　　　]の状態に戻る。

要点　●有機物をつくり出す生物が生産者，有機物を食べる生物が消費者。

1章　生物どうしのつながり

❶ 生物どうしのつながりについて，次の問いに答えなさい。　▶▶ 1

□(1) 生物の「食べる・食べられる」の関係を1対1で順に結んだつながりを，何というか。
（　　　　　　　　　）

□(2) ⑴の関係にあるものを，㋐〜㋕から全て選び，記号で答えなさい。ただし，X→Yは，X がYに食べられることを示すものとする。（　　　　　　　　　）

㋐　キャベツ → アオムシ → モンシロチョウ

㋑　イネ → クモ → バッタ

㋒　枯れ葉 → ミミズ → モグラ

㋓　ミジンコ → ミカヅキモ → メダカ

㋔　ケイソウ → ミジンコ → フナ

㋕　イワシ → マグロ → サンマ

❷ ある大きな池とその周辺で，植物プランクトン，動物プランクトン，魚，魚 を食べるカワセミの間に，「食べる・食べられる」の関係が見られた。図は， この池にすむ生物とカワセミについて数量の関係を表している。　▶▶ 1 2

□(1) 図のBにあてはまる生物はどれか。次の㋐〜㋓から選びなさい。
㋐　植物プランクトン　　　　　　　　（　　　　　）
㋑　動物プランクトン
㋒　魚
㋓　カワセミ

（図　Dが最上段，以下C，B，Aの順に大きくなるピラミッド）

□(2) Aにあてはまる生物は，自ら有機物をつくっている。このことからAの生物は自然界のつ ながりの中で何といわれているか。次の㋐〜㋒から選びなさい。（　　　　　）
㋐　生産者　　　㋑　消費者　　　㋒　分解者

□(3) B，C，Dの生物は，Aがつくった有機物を直接または間接に食べることから，自然界の つながりの中で何といわれているか。次の㋐〜㋒から選びなさい。（　　　　　）
㋐　生産者　　　㋑　消費者　　　㋒　分解者

□(4) A〜Dの生物のうち，何らかの原因でBの生物の数量が減ると，A，Cの生物の数量はど うなるか。次の㋐〜㋒からそれぞれ選びなさい。　　　A（　　　　）　C（　　　　）
㋐　一時的にふえる。　　㋑　一時的に減る。　　㋒　変わらない。

□(5) 「食べる・食べられる」の関係が複雑に入り組んでいるようすを表して，何というか。
（　　　　　　　　　）

ミスに注意 ❶ ⑵水中での食物連鎖（しょくもつれんさ）の始まりは，植物プランクトンである。

ヒント ❷ ⑸複雑に入り組んでいて，網（あみ）の目のようになっている。

2章　自然界を循環する物質

時間 10分　解答 p.17

(　　)と□にあてはまる語句を答えよう。

1 微生物による物質の分解

教科書p.148～153　▶▶1

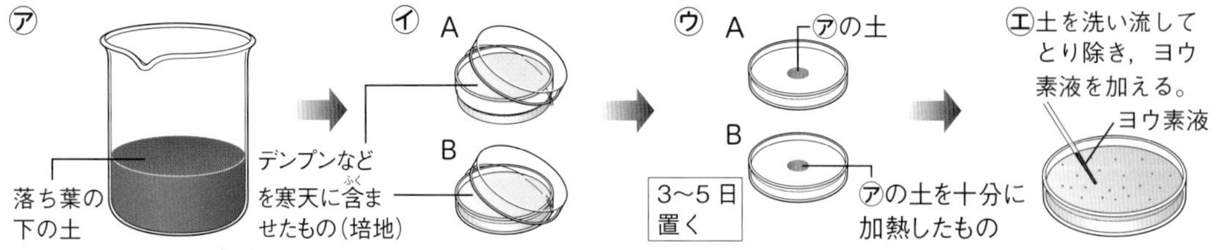
㋐
落ち葉の下の土
㋑ A
デンプンなどを寒天に含ませたもの(培地)
B
㋒ A
㋐の土
B
3～5日置く
㋐の土を十分に加熱したもの
㋓土を洗い流してとり除き，ヨウ素液を加える。
ヨウ素液

□(1)　A…㋒で，培地の表面に白い粒やかたまりができてくる。
→これは，①(　　　　)のかたまりである。
㋓で，土があった周辺では，表面の色は変化しない。
→微生物によって，②(　　　　)が分解された。

微生物の「微」は，とても小さいという意味の漢字だよ。

□(2)　B…㋒では培地の表面に変化は見られない。㋓では表面全体が③(　　　　)に変わる。
→土を加熱することで，④(　　　　)が死滅したと考えられる。

□(3)　カビやキノコなどは⑤(　　　　)類，乳酸菌や大腸菌などは⑥(　　　　)類であり，⑤と⑥はまとめて微生物といわれる。

□(4)　微生物などは，有機物を無機物に分解する⑦(　　　　)である。

2 物質の循環

教科書p.154～155　▶▶2

□(1)　図の①～④

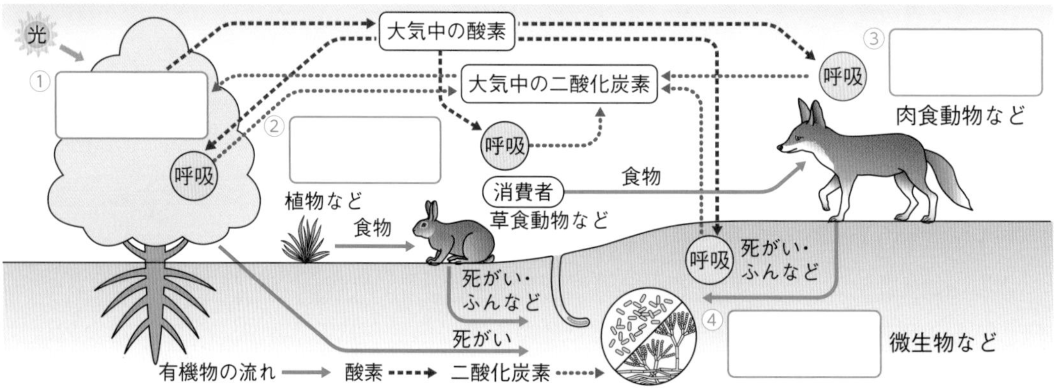
光
①
大気中の酸素
大気中の二酸化炭素
呼吸
②
植物など
食物
呼吸
消費者
草食動物など
食物
③
呼吸
肉食動物など
呼吸
死がい・ふんなど
死がい・ふんなど
死がい
④
微生物など
有機物の流れ
酸素
二酸化炭素

□(2)　自然界における炭素は，おもに⑤(　　　　)と有機物の形で循環する。

□(3)　生物は呼吸によって有機物を分解して，エネルギーをとり出し，二酸化炭素と水を放出する。このとき使われる⑥(　　　　)は植物の光合成によって放出されたものである。

要点
- 有機物を無機物に分解する微生物やミミズなどの土の中の小動物は分解者である。
- 炭素や酸素は，生物とまわりの環境との間を循環している。

2章　自然界を循環する物質

時間 15分　解答 p.17

1 落ち葉の下や土の中にいる微生物(びせいぶつ)のはたらきを調べるために，次のような実験を行った。 ▸▸ [1]

[実験]

1．デンプン溶液(ようえき)を加えた寒天培地を右の図のA，B 2つのペトリ皿につくり，Aには落ち葉の下からとってきた土をそのまま少量入れ，Bには十分に加熱した土を冷ましてから少量入れてふたをした。

2．3日後，ふたをとって土とまわりのようすを観察し，ヨウ素液を数滴ずつ加えて変化を調べた。

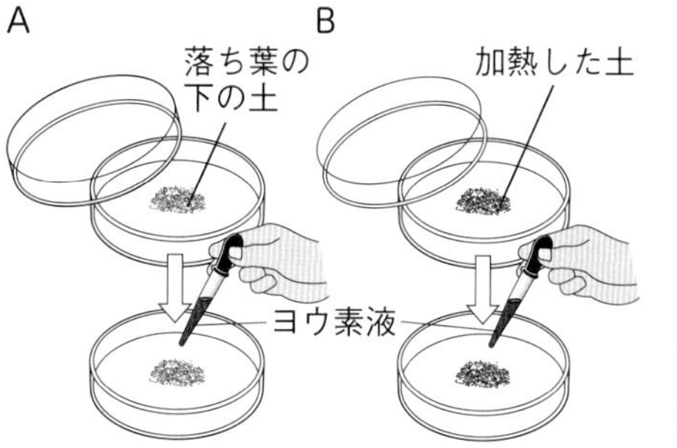

□(1) Bに入れた土を加熱したのはなぜか。次の㋐～㋒から選びなさい。 (　　)

㋐ 土にふくまれる水分をとり除くため。

㋑ 土の中に存在している微生物を死滅させるため。

㋒ 土の性質を酸性からアルカリ性に変えるため。

□(2) ヨウ素液を加えたとき，土のまわりの培地の色が変化したのはA，Bのどちらか。記号で答えなさい。 (　　)

□(3) (2)で，色が変化した培地は何色に変わったか。 (　　)

□(4) (2)とは違うペトリ皿で，ヨウ素液を加えても培地の色が変化しなかったのはなぜか。次の㋐～㋓から選びなさい。 (　　)

㋐ デンプンが分解されずに残っていたから。　㋑ 微生物がデンプンをつくったから。

㋒ デンプンが分解されてなくなっていたから。　㋓ 微生物がヨウ素液を分解したから。

□(5) (4)の原因に関わるはたらきをする生物を，自然界では何というか。 (　　)

2 自然界の炭素の循環(じゅんかん)について，次の問いに答えなさい。 ▸▸ [2]

□(1) 図のAは，大気中にある炭素を含(ふく)む物質である。何という物質か。 (　　)

□(2) 図のBは，植物が(1)の物質と水から有機物をつくるはたらきを示す。このはたらきを何というか。 (　　)

□(3) 炭素は，生物が生活のためのエネルギーを得るために行うはたらきと食物連鎖(しょくもつれんさ)を通して移動している。下線部は何か。 (　　)

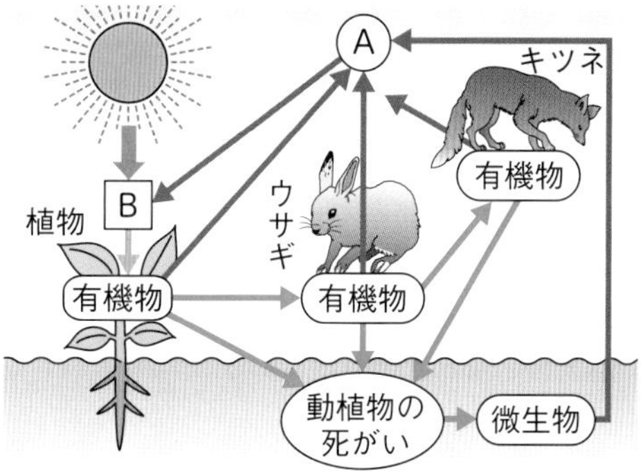

[ミスに注意] 1 (4) ヨウ素液は，デンプンがあると色が変化する。色が変化しないのは，デンプンがないことを示す。

[ヒント] 2 (1) Aは，植物や動物の呼吸によって発生するものである。

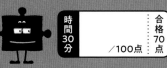

ぴたトレ **3** 確認テスト

1章　生物どうしのつながり　2章　自然界を循環する物質

時間30分　／100点　合格70点　解答 p.17

❶ ある林の中の生物について，観察と実験を行った。図1は，観察や実験をした生物の「炭素の循環と食物連鎖」を模式的に表したものである。　63点

[観察] 1．草むらの中や落ち葉の下に，図2のような小動物がいた。

2．落ち葉や土に，カビやキノコが生えていた。

[実験] 1．林の中の落ち葉を含む土を採取して持ち帰り，その土をビーカーに入れた。これに水を加えてよくかき混ぜてからろ過し，そのろ液を試験管Xに入れた。

2．別に試験管Yを用意し，中に水だけを入れた。

3．試験管XとYにそれぞれデンプン溶液を加え，ふたをして25℃の暗室に3日間置いた。

4．試験管X，Yのふたをとり，それぞれヨウ素液を加えたところ，一方の試験管の中身だけ色が変化した。

図1

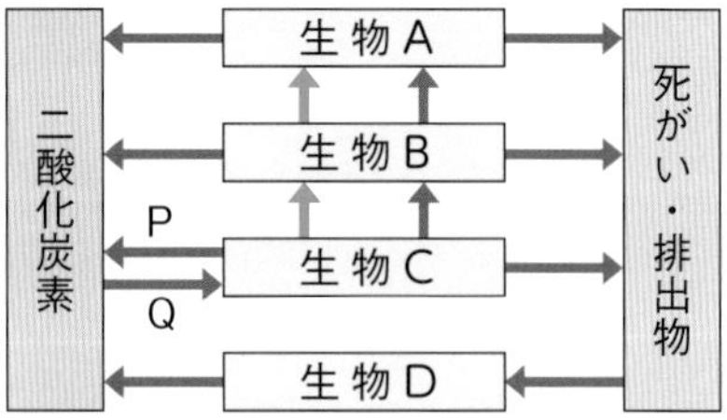
二酸化炭素
生物A
生物B
生物C
生物D
P
Q
死がい・排出物

（➡は，炭素の流れを表している。➡は，食べられるものから食べるものへとつけている。）

図2

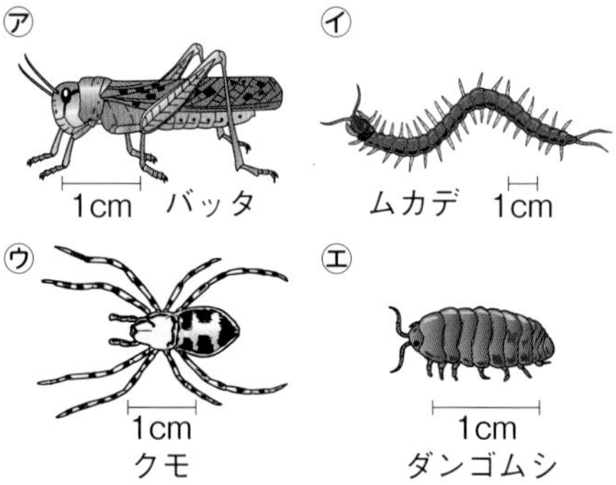
㋐
1cm　バッタ
㋑
ムカデ　1cm
㋒
1cm
クモ
㋓
1cm
ダンゴムシ

□(1)　図1の生物Cには植物があてはまる。図1のP，Qで示した炭素の流れは，植物の何というはたらきによるものか。それぞれ名前を書きなさい。

□(2)　図2の㋐～㋓の小動物は，それぞれ図1の生物A，Bのどちらかにあてはまる。生物Bにあてはまるものはどれか。図2の㋐～㋓から2つ選び，記号で答えなさい。

[よく出る] □(3)　次の文の（　あ　）にはX，Yのいずれか一方の記号を入れ，（　い　）には適切な言葉を入れなさい。[技][思]

「上の実験の4で，中身がヨウ素液に反応して色が変化したのは試験管（　あ　）であり，中身は（　い　）色に変化した。」

□(4)　上の実験は，図1の生物Dのはたらきを調べたものである。生物Dはそのはたらきに着目した場合，自然界の中で何といわれるか。

□(5)　生物Dにあてはまる生物のなかまの分類名を，2つ書きなさい。

[点UP] □(6)　図2の㋐～㋓の小動物のうち，生物Dのはたらきに関係しているのはどれか。1つ選び，記号で答えなさい。

□(7)　[記述] 図3は，ある生物Ⅰ～Ⅲが食物連鎖によって数量的につり合っている状態を示している。図3の状態から生物Ⅱが何らかの原因で急にふえたとすると，生物Ⅰ，Ⅲの数量は一時的にどのように変化するか。「増加」，「減少」という言葉を使って，簡単に説明しなさい。[思]

図3

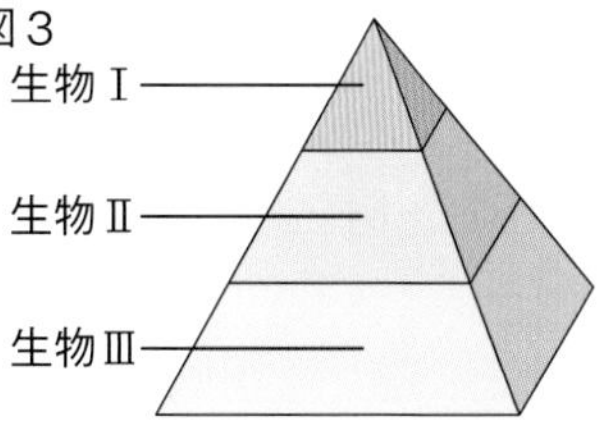
生物Ⅰ
生物Ⅱ
生物Ⅲ

成績評価の観点　[技]…観察・実験の技能　[思]…科学的な思考・判断・表現

❷ 図1の装置は，ツルグレン装置とよばれる。この装置などを使って，落ち葉の下や土の中にいる生物について調べた。図2は，そのときに観察できた小動物である。37点

□(1) とってきた土をツルグレン装置に入れて15分ほど電球をつけると，ビーカーの中に小動物がたくさん出てきた。これは，小動物が何をきらうからと考えられるか。2つ答えなさい。[技]

図1

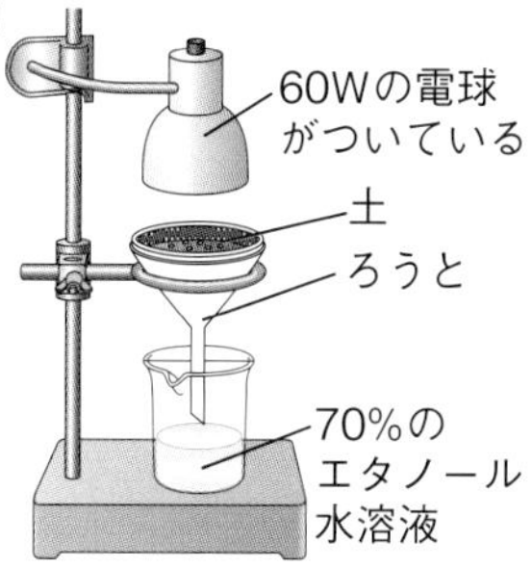

□(2) [記述] 図1の装置で，ビーカーにエタノール水溶液を入れておくのはなぜか。簡単に説明しなさい。[技]

[よく出る] □(3) 図2のような小動物の間にも，食物連鎖が見られる。このときの食物連鎖の始まりの生物は何か。次の㋐～㋕から選びなさい。

図2

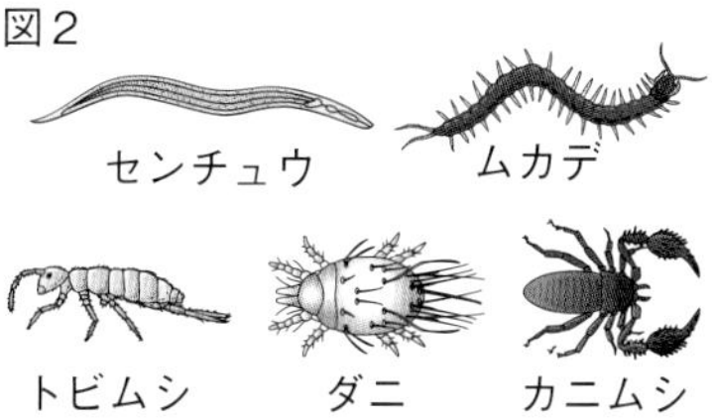

㋐ ムカデ　㋑ カニムシ　㋒ ダニ
㋓ トビムシ　㋔ センチュウ　㋕ 落ち葉

□(4) 土の中にいる小動物には，分解者(ぶんかいしゃ)に属するものもいる。このような小動物についての文のうち，正しいものはどれか。次の㋐～㋒から選びなさい。[思]

㋐ これらの小動物は全て，落ち葉を食べるものである。
㋑ これらの小動物は全て，消費者でもある。
㋒ これらの小動物は全て，顕微鏡(けんびきょう)で観察するのが適した大きさである。

□(5) 次の小動物のうち，分解者に属するものはどれか。次の㋐～㋖から全て選びなさい。

㋐ シデムシ　㋑ ムカデ　㋒ モグラ　㋓ センチコガネ
㋔ ミミズ　㋕ バッタ　㋖ ダンゴムシ

❶	(1) P 6点	Q 6点		
	(2) 6点	(3) あ 7点	い 6点	
	(4) 6点	(5) 6点	6点	
	(6) 6点			
	(7) 8点			
❷	(1) 7点	7点		
	(2) 8点			
	(3) 5点	(4) 5点	(5) 5点	

定期テスト予報 食物連鎖における生物の数量や大小の変化，炭素などの循環(じゅんかん)について問われるでしょう。食物連鎖は具体的な例とともに理解し，生産者と消費者の関係をおさえましょう。

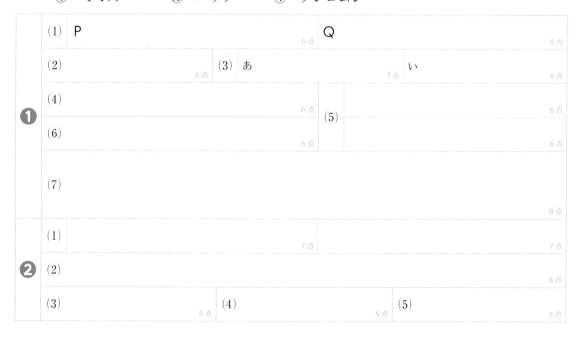

1章　水溶液とイオン(1)

時間 10分　解答 p.18

(　　)と［　　］にあてはまる語句や化学式を答えよう。

1 電解質と非電解質

教科書p.168～170 ▶▶1

□(1) 図の①

電流が流れる水溶液を調べる実験

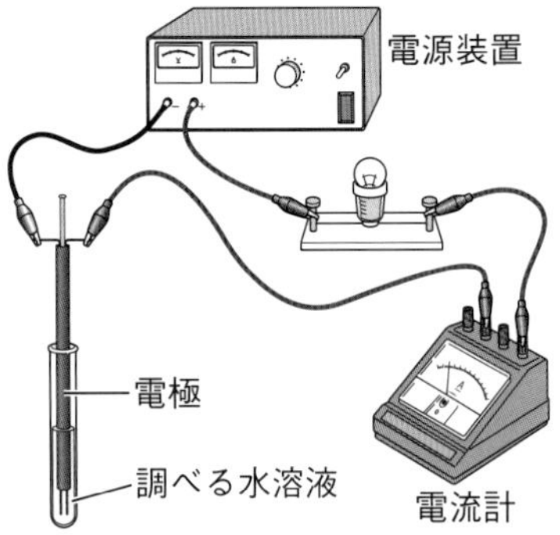
電源装置
電極
調べる水溶液
電流計

水溶液をかえるときは，電極を①［　　　　］でよく洗う。

電流が流れる水溶液	食塩水・うすい塩酸・水酸化ナトリウム水溶液・塩化銅水溶液
電流が流れない水溶液	砂糖・エタノール水溶液・精製水(純粋な水)

□(2) 食塩水，うすい塩酸などのように，水に溶かして水溶液にすると，電流が流れる物質を②(　　　　　)という。

□(3) ショ糖やエタノールなどのように，水に溶かして水溶液にしても電流が流れない物質を③(　　　　　)という。

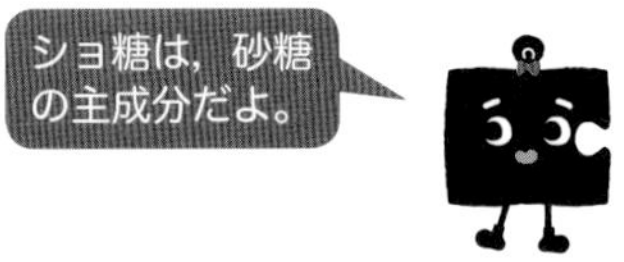
ショ糖は，砂糖の主成分だよ。

2 水溶液の電気分解

教科書p.171～175 ▶▶2

□(1) 塩化銅水溶液に電流を流すと，陰極には赤色の①(　　　　)が付着し，陽極からは脱色作用のある②(　　　　)が発生する。

$CuCl_2$(塩化銅)⟶③(　　　　)(銅)＋④(　　　　)(塩素)

□(2) うすい塩酸に電流を流すと，陰極からは⑤(　　　　)が発生し，陽極からは⑥(　　　　)が発生する。

2HCl(塩化水素)⟶H_2(水素)＋⑦(　　　　)(塩素)

□(3) 電解質の水溶液中にある，電気を帯びた粒子をイオンといい，＋の電気を帯びた粒子を⑧(　　　　)，－の電気を帯びた粒子を⑨(　　　　)という。

□(4) 電解質が水に溶けて，陽イオンと陰イオンに分かれることを⑩(　　　　)という。

□(5) 水溶液中に⑪(　　　　)が存在すると，水溶液に電流が流れる。

塩化銅水溶液の電気分解

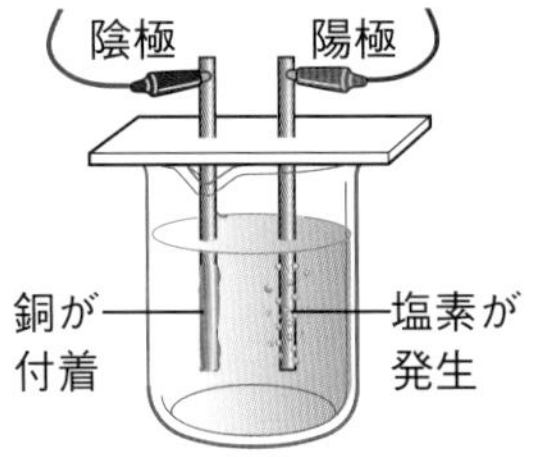
陰極
陽極
銅が付着
塩素が発生

電解質が水に溶けているようす

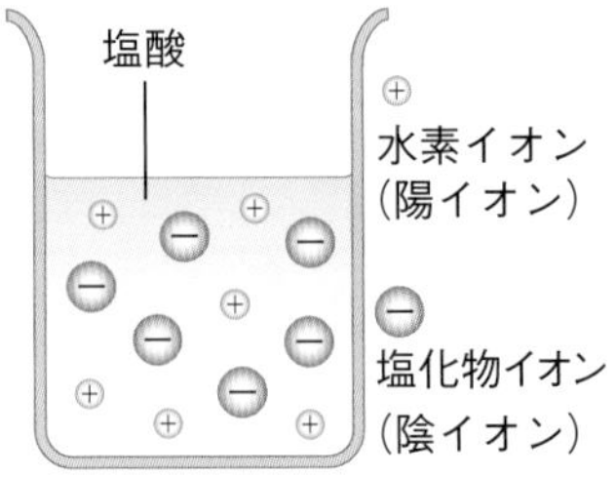
塩酸
⊕ 水素イオン(陽イオン)
⊖ 塩化物イオン(陰イオン)

要点 ●水溶液に電流が流れる物質が電解質，電流が流れない物質が非電解質。

1章　水溶液とイオン(1)

① 次の㋐〜㋗の物質について，あとの問いに答えなさい。　　▶▶ **1**

㋐　精製水　　　㋑　塩化ナトリウム　　　㋒　塩化水素　　　　㋓　砂糖

㋔　エタノール　　㋕　塩化銅　　　㋖　水酸化ナトリウム

□(1)　水に溶かしたとき，電流が流れるものはどれか。㋐〜㋖から全て選びなさい。

（　　　　　　　　　）

□(2)　(1)のような物質を何というか。　　　　　　　　　　　　（　　　　　　　　　）

□(3)　水に溶かしたとき，電流が流れない物質を何というか。　（　　　　　　　　　）

② 図のような装置にうすい塩酸を入れて電圧を加えたところ，両方の電極から
気体が発生した。　　▶▶ **2**

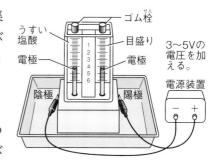

うすい塩酸　ゴム栓　電極　目盛り　電極　陰極　陽極

3〜5Vの電圧を加える。　電源装置

□(1)　陰極側に気体が装置の半分集まったとき，陽極側に集
まった気体の量はどれくらいか。次の㋐〜㋒から選び
なさい。　　　　　　　　　　（　　　　　　）

㋐　陰極側より多い。　　　㋑　陰極側とほぼ同じ。

㋒　陰極側より少ない。

□(2)　陽極側，陰極側に集まった気体が何かを確かめるため
の適切な方法はどれか。次の㋐〜㋓からそれぞれ選び
なさい。　　　　陽極側（　　　　　）　陰極側（　　　　　）

㋐　ゴム栓をとり，マッチの火を近づける。

㋑　ゴム栓をとり，火のついた線香を近づける。

㋒　ゴム栓をとり，水性ペンで色をつけたろ紙を入れる。

㋓　ゴム栓をとり，塩化コバルト紙を近づける。

□(3)　(2)の方法によって，陽極側，陰極側ではどのような変化が観察されるか。次の㋐〜㋓から
それぞれ選びなさい。　　　　　　　　　　陽極側（　　　　　）　陰極側（　　　　　）

㋐　ポンと音がして気体が燃える。　　㋑　線香が炎をあげて燃える。

㋒　ろ紙の色が消える。　　　　　　　　㋓　塩化コバルト紙の色が変わる。

□(4)　上の実験の結果より，陽極側，陰極側に発生した気体はそれぞれ何か。物質名を書きなさ
い。　　　　　　　　　　　　　　　　　陽極側（　　　　　　　　）　陰極側（　　　　　　　　）

□(5)　塩酸を電気分解するときに起こる化学変化を，化学反応式で表した。（　）にあてはまる数
字または化学式を入れなさい。

（　　　　　）HCl ⟶（　　　　　）+（　　　　　）

――――― ヒント　② (1) 陽極側から発生する気体は，水に溶けやすい。

1章　水溶液とイオン(2)

時間 10分　解答 p.19

(　　)と□にあてはまる語句や記号，化学式を答えよう。

1 原子の構造

教科書p.176～177　▸▸1

□(1)　図の①～④

ヘリウム原子のつくり

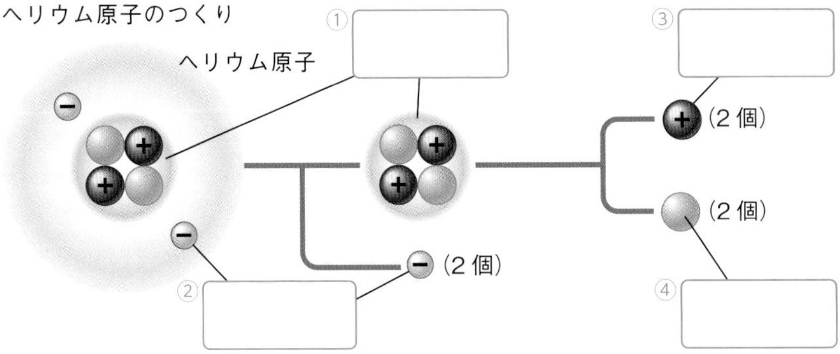
①
ヘリウム原子
③
(2 個)
(2 個)
(2 個)
②
④

□(2)　原子は，⑤(　　　　)の電気をもった原子核と，⑥(　　　　)の電気をもった電子からできている。

□(3)　原子核は，⑦(　　　　)の電気をもった陽子と，電気をもたない中性子からできている。

□(4)　1個の陽子と1個の電子がもつ電気の⑧(　　　　)は同じだが，電気の⑨(　　　　)が逆になっている。また，1個の原子がもつ，陽子の数と⑩(　　　　)の数が等しいため，原子全体は電気を帯びない(電気的に中性である)。

□(5)　同じ元素で中性子の数が異なる原子を⑪(　　　　)という。

2 イオンのでき方

教科書p.179～181　▸▸2

□(1)　原子が電子を放出すれば，＋の電気を帯びた①(　　　　)になり，原子が電子を受けとると，－の電気を帯びた②(　　　　)になる。

□(2)　図の③～⑦

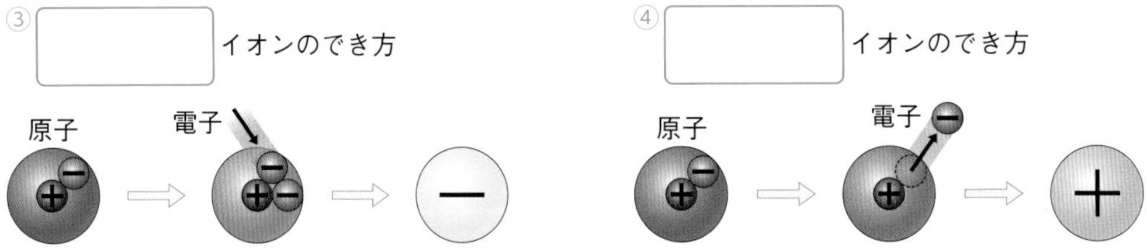
③
イオンのでき方
④
イオンのでき方
原子
電子
原子
電子

水素イオン	ナトリウムイオン	⑥□	塩化物イオン	水酸化物イオン
H^+	⑤□	Cu^{2+}	Cl^-	⑦□

要点　●1個の原子がもつ，陽子の数と電子の数が等しいため，原子全体は電気を帯びない。

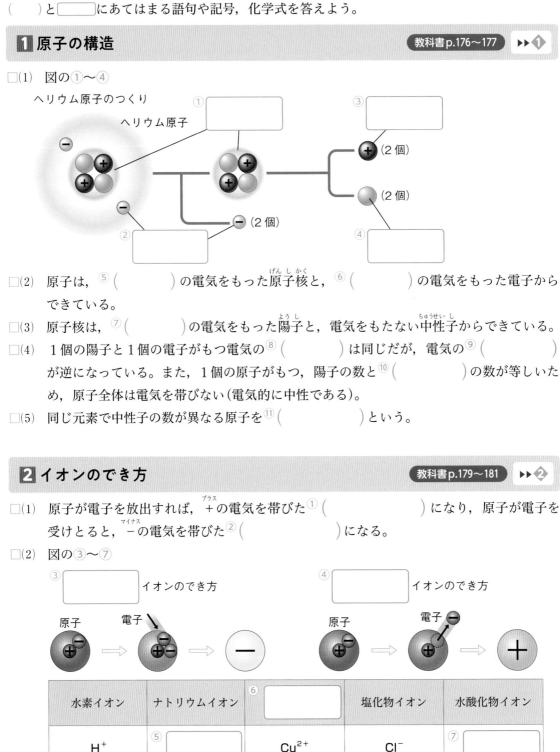

1章　水溶液とイオン(2)

時間 15分　解答 p.19

1 原子の構造について，次の問いに答えなさい。 ▶▶ 1

□(1) 原子をつくる代表的な粒子(りゅうし)には，右の図のⓐ～ⓒの3種類がある。ⓐ～ⓒの名前を，次の㋐～㋓からそれぞれ選びなさい。

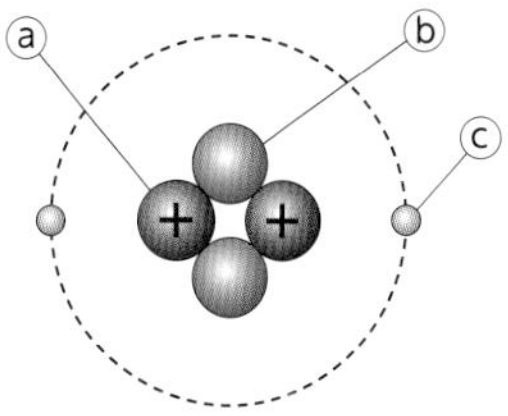

ⓐ(　　　)　ⓑ(　　　)　ⓒ(　　　)

㋐ 中性子(ちゅうせいし)　㋑ 電子　㋒ 陽子(ようし)　㋓ 分子

□(2) ⓐとⓑが集まっているつくりを何というか。(　　　)

□(3) 原子の種類は，ⓐ～ⓒのどの数で決まるか。記号で答えなさい。(　　　)

□(4) ⓒについて，正しく述べているのはどれか。次の㋐～㋓から選びなさい。(　　　)

㋐ −(マイナス)の電気をもち，電気の量はⓐより非常に小さい。

㋑ −の電気をもち，電気の量はⓐと同じ。

㋒ ＋(プラス)の電気をもち，電気の量はⓐより非常に小さい。

㋓ ＋の電気をもち，電気の量はⓐと同じ。

□(5) 同じ元素でⓑの数が異なる原子を何というか。(　　　)

2 イオンについて，次の問いに答えなさい。 ▶▶ 2

□(1) 原子が電子を受けとるとできるイオンは，陽(よう)イオンと陰(いん)イオンのどちらか。

(　　　)

□(2) 次の①～④のイオンの化学式を，あとの㋐～㋕からそれぞれ選びなさい。

① 水素イオン　② 水酸化物イオン　③ 銅イオン　④ 塩化物イオン

①(　　　)　②(　　　)　③(　　　)　④(　　　)

㋐ Na^{+}　㋑ Cl^{-}　㋒ Cu^{2+}　㋓ OH^{-}　㋔ H^{+}　㋕ CO_3^{2-}

□(3) 次の文の①，②にあてはまる語句を書きなさい。

「物質の電離(でんり)のようすを化学式を使って表すとき，式の左側と右側で，(　①　)の数が等しいこと，さらに，式の(　②　)側で，＋の数と－の数が等しいことを確かめる。」

①(　　　)　②(　　　)

□(4) 塩化ナトリウムと塩化銅が水溶液(すいようえき)中で電離するようすを，化学式を使って表した。次の①～④にあてはまる化学式を書きなさい。また，○にあてはまる数を入れなさい。

◇$NaCl$ ⟶(　①　)＋(　②　)

◇$CuCl_2$ ⟶(　③　)＋ ○(　④　)　※②，④には陰イオンを書くこと。

①(　　　)　②(　　　)　③(　　　)

④(　　　)　○(　　　)

ヒント 2 (4) 塩化ナトリウムは，ナトリウムイオンと塩化物イオンに電離する。

❶ 図の器具を用いて回路をつくり，試験管に入れる水溶液A〜Fについて電流が流れるかを調べた。ただし，水溶液Aはうすい塩酸，Bはエタノール水溶液，Cは食塩水，Dは精製水，Eは砂糖水，Fは水酸化ナトリウム水溶液である。　18点

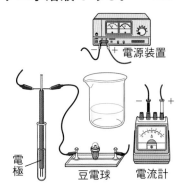

□(1) 作図 この実験を正しく行うためには，図の電源装置，電流計，豆電球，電極をどのようにつなげばよいか。図中に導線を実線(──)でかき入れなさい。

 □(2) この実験では，1つの電極で6種類の水溶液について調べる。調べる水溶液を変えるとき電極をどのようにするか。次の文の(　　)に適切な語句を書きなさい。技
「新しい水溶液に入れる前に，(　　　　　　)でよく洗う。」

□(3) この実験で電流が流れた水溶液をA〜Fから全て選びなさい。

□(4) その水溶液が電流を流すような物質を，まとめて何というか。

❷ 図1のようにして，塩化銅水溶液に電流を流したところ，電極A，Bにそれぞれ変化が見られた。　44点

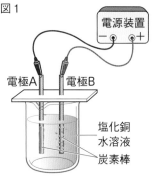

図1

□(1) 電極Aの表面には，赤色の物質が付着した。この物質は何か。物質名を書きなさい。

□(2) 記述 電極Aに付着した物質をろ紙の上にとり，乳棒でこするとどのような変化が見られるか。思

□(3) 電極Bから気体が発生した。この気体は何か。物質名を書きなさい。

 □(4) 記述 この実験において，(3)の気体を確認する方法を1つ書きなさい。ただし，においをかぐ方法は除くものとする。思

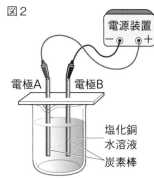

図2

□(5) 記述 この実験を行う場合，および電極Bから発生した気体の性質を調べる場合について，注意しなければならないことは何か。簡単に説明しなさい。技

□(6) 図2のように，電極を図1とは逆につなぎかえた。このとき，赤色の物質が付着するのは，電極A，Bのどちらか。

 □(7) 塩化銅を水に溶かしたときの電離のようすを，化学式を使って表しなさい。

□(8) 塩化銅水溶液を電気分解したときの化学反応式を書きなさい。

□(9) 金属の中を電流が流れるときは，電子が移動している。電解質の水溶液の中では，何が移動して電流が流れるか。

❸ 図はヘリウム原子のつくりを表したもので，A〜Cのうち，Cだけは電気をもっていない。

20点

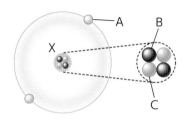

□(1) 電子を表しているのは，A〜Cのどれか。

□(2) BとCでできているXを何というか。

□(3) 原子の構造について，正しいものには○，まちがっているものには×を書きなさい。

① 原子全体は＋(プラス)の電気を帯びている。

② 原子が電子を放出すると，陽(よう)イオンになる。

③ 同位体とは，同じ元素で電子の数が異なる原子のことである。

❹ 次の問いに答えなさい。

18点

□(1) 次のイオンを化学式で表しなさい。

① ナトリウムイオン ② カルシウムイオン ③ 水酸化物イオン

 □(2) 塩化水素が水の中で電離(でんり)するようすを化学式を使って表しなさい。

❶	(1)	図に記入	6点	(2)	4点
	(3)		4点	(4)	4点
❷	(1)	4点	(2)		6点
	(3)	4点	(4)		6点
	(5)				6点
	(6)	4点	(7)		4点
	(8)		6点	(9)	4点
❸	(1)	4点	(2)		4点
	(3) ①	4点	②	4点	③	4点
❹	(1) ①	4点	②	4点	③	4点
	(2)				6点

定期テスト
予報　いろいろなイオンの化学式や，電離のようすを書かせる問題が出題されやすいでしょう。教科書にのっているイオンの化学式をしっかり覚えておきましょう。

ぴたトレ 1 要点チェック

2章　化学変化と電池(1)

時間 10分　解答 p.20

(　　)と［　　］にあてはまる語句を答えよう。

1 イオンへのなりやすさ

教科書p.184〜190 ▸▸ 1

□(1) 図の①

金属の種類によって①［　　　　］へのなりやすさを調べる実験

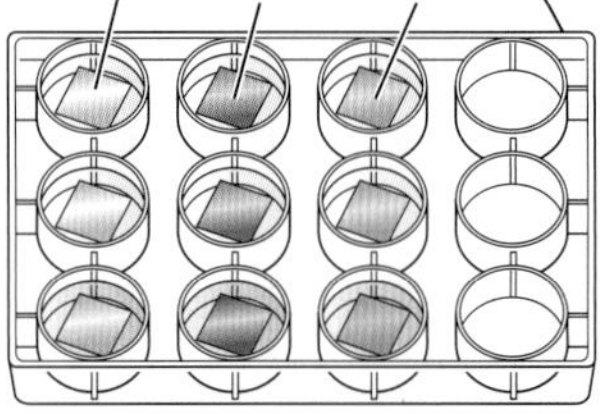

	マグネシウム板	亜鉛板	銅板
硫酸マグネシウム水溶液 (Mg^{2+}を含む)	変化なし	変化なし	変化なし
硫酸亜鉛水溶液 (Zn^{2+}を含む)	金属板がうすくなり，黒い物質が付着した。	変化なし	変化なし
硫酸銅水溶液 (Cu^{2+}を含む)	金属板がうすくなり，赤い物質が付着した。	金属板がうすくなり，赤い物質が付着した。	変化なし

□(2) 金属板をCu^{2+}を含む水溶液に入れたとき，マグネシウムと②(　　　　)がイオンになり，それぞれの金属板の表面に③(　　　　)が付着した。

□(3) 金属板をZn^{2+}を含む水溶液に入れたとき，④(　　　　)がイオンになり，マグネシウム板の表面に⑤(　　　　)が付着した。

□(4) ⑥(　　　　)板は，どの水溶液に入れても変化はなかった。

□(5) 金属によって，イオンへのなりやすさには差が⑦(　　　　)。

□(6) 実験に使った金属だと，⑧(　　　　)，亜鉛，⑨(　　　　)の順でイオンになりやすい。

□(7) イオンへのなりやすさは，金属の⑩(　　　　)によって異なる。

□(8) 図の⑪，⑫

金属と金属イオンを含む水溶液で起こる変化

金属Aよりも金属Bの方がイオンになりやすい場合

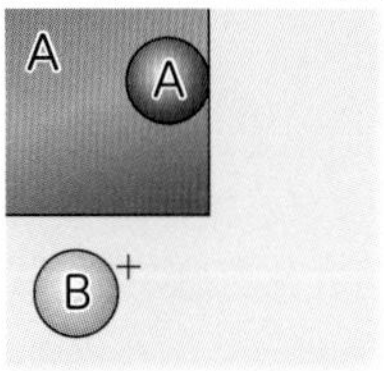

変化⑪［　　　　］。

金属Aの方が金属Cよりもイオンになりやすい場合

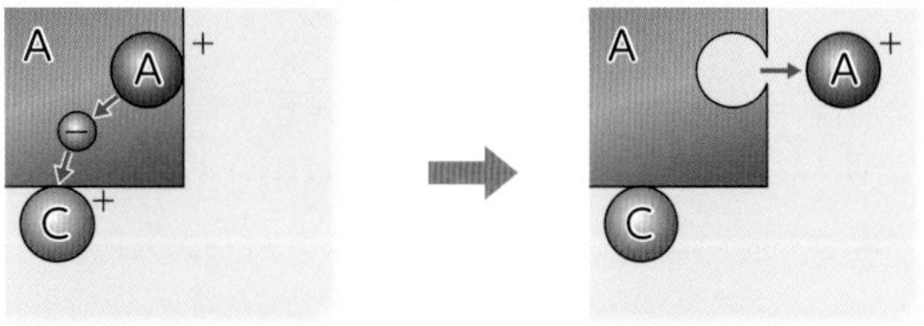

金属Aが電子を放出して，Aイオンになる。

イオンCが⑫［　　　　］を受けとって，金属Cになる。

要点 ●イオンへのなりやすさは金属の種類によって異なる。

2章　化学変化と電池(1)

時間 15分　解答 p.20

1 マイクロプレートの横の列に同じ種類の水溶液(すいようえき)，縦の列に同じ種類の金属板を入れ，金属板のようすを観察して表にまとめた。 ▶▶ 1

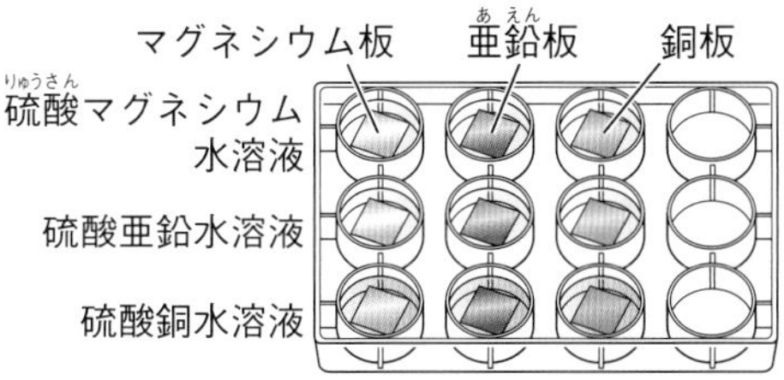

	マグネシウム板	亜鉛板	銅板
硫酸マグネシウム水溶液	変化なし	変化なし	変化なし
硫酸亜鉛水溶液	A	変化なし	変化なし
硫酸銅水溶液	B	C	変化なし

□(1) 表のAでは，マグネシウム板がうすくなり，黒い物質が付着した。

① マグネシウム板に付着した黒い物質は何か。次の㋐〜㋒から選びなさい。

㋐ マグネシウム　㋑ 亜鉛　㋒ 銅　(　　　)

② 次の文は，マグネシウム板がうすくなった理由を説明したものである。ⓐ〜ⓒにあてはまる語句を書きなさい。

ⓐ(　　　　　)　ⓑ(　　　　　)　ⓒ(　　　　　)

マグネシウムと亜鉛では，(ⓐ)の方がイオンになりやすい。そのため，硫酸亜鉛水溶液にマグネシウム板を入れると，マグネシウム原子が(ⓑ)を放出して(ⓒ)イオンになるから。

□(2) 表のB，Cでは，金属板に赤い物質が付着した。この赤い物質は何か。次の㋐〜㋒から選びなさい。　(　　　)

㋐ マグネシウム　㋑ 亜鉛　㋒ 銅

□(3) 表のB，Cの金属板のようすとして正しいものを，次の㋐〜㋓から選びなさい。(　　　)

㋐ Bのマグネシウム板はうすくなったが，Cの亜鉛板は変化はなかった。

㋑ Bのマグネシウム板は変化はなかったが，Cの亜鉛板はうすくなった。

㋒ Bのマグネシウム板もCの亜鉛板もうすくなった。

㋓ Bのマグネシウム板もCの亜鉛板も変化はなかった。

□(4) マグネシウム，亜鉛，銅をイオンになりやすい順に並べるとどうなるか。次の㋐〜㋕から選びなさい。　(　　　)

㋐ マグネシウム → 亜鉛 → 銅

㋑ マグネシウム → 銅 → 亜鉛

㋒ 亜鉛 → マグネシウム → 銅

㋓ 亜鉛 → 銅 → マグネシウム

㋔ 銅 → マグネシウム → 亜鉛

㋕ 銅 → 亜鉛 → マグネシウム

銅板はどの水溶液に入れても変化がないからイオンになりにくいということだね。

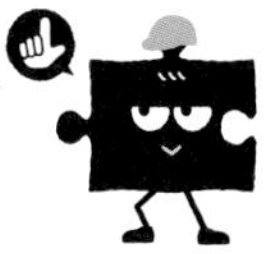

ヒント　1 (1) ①水溶液中の金属のイオンが電子を受けとって，金属の原子になる。

ミスに注意　1 (3) どちらの金属板も電子を放出している。

2章　化学変化と電池(2)

（　）と □ にあてはまる語句や化学式，記号を答えよう。

1 化学電池（かがくでんち）

教科書p.191〜195　▶▶①

□(1)　化学エネルギーを電気エネルギーに変換（へんかん）する装置を
①（　　　　　　　　　）という。

□(2)　亜鉛板（あえん）と電解質の水溶液（すいようえき），銅板の1組からできている電池を
②（　　　　　　　　　）という。

□(3)　銅板と亜鉛板の2種類の金属と，2種類の電解質の水溶液，
セロハンなどでできている電池を③（　　　　　　　　　）と
いう。セロハンは，2種類の電解質の水溶液が簡単には
④（　　　　　　　　　）ようにしている。

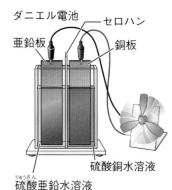

ダニエル電池　セロハン
亜鉛板　銅板
硫酸銅水溶液
硫酸亜鉛水溶液（りゅうさん）

2 ダニエル電池のしくみ

教科書p.191〜195　▶▶②

□(1)　ダニエル電池の電極で進む化学変化
［－極（マイナス）］　亜鉛原子が①（　　　　　）を放出して，亜鉛イオンになる。

　　　　亜鉛　⟶　　亜鉛イオン　＋　電子
　　　　Zn　⟶　②（　　　　）　＋　2e⁻

［＋極（プラス）］　銅イオンが電子を受けとって③（　　　　　　）になり，銅板に付着する。

　　　　銅イオン　＋　電子　⟶　銅
　　④（　　　　）　＋　2e⁻　⟶　Cu

□(2)　図の⑤〜⑧

ダニエル電池のしくみ

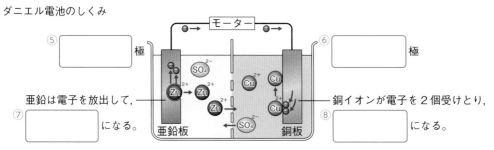

モーター

⑤ □ 極　　⑥ □ 極

亜鉛は電子を放出して，
⑦ □ になる。　亜鉛板

銅イオンが電子を2個受けとり，
⑧ □ になる。　銅板

□(3)　ダニエル電池全体の化学変化は，次のようになる。

　　　亜鉛　＋　銅イオン　⟶　亜鉛イオン　＋　　銅
　⑨（　　　）　＋　Cu^{2+}　⟶　　Zn^{2+}　＋　⑩（　　　）

□(4)　2種の金属を使った電池では，イオンになりやすい方の金属が⑪（　　　）極になり，
イオンになりにくい方の金属が⑫（　　　）極になる。

要点　●2種の金属を使った電池では，イオンになりやすい方が－極，なりにくい方が＋極。

2章　化学変化と電池(2)

時間 15分　解答 p.20

1 図のA，Bは，どちらも化学エネルギーを電気エネルギーに変換する装置である。 ▸▸ 1

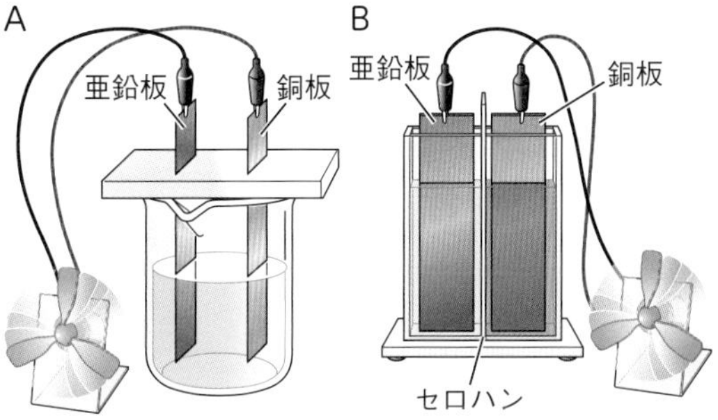

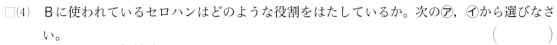

□(1) 化学エネルギーを電気エネルギーに変換する装置を何というか。 (　　　　)

□(2) ダニエル電池とよばれる電池は，A，Bのどちらか。 (　　　)

□(3) 2つの電池を比べたとき，長時間はたらくのはどちらか。 (　　　)

□(4) Bに使われているセロハンはどのような役割をはたしているか。次の㋐，㋑から選びなさい。 (　　　)

㋐　2種類の水溶液が混ざらないようにする。

㋑　2種類の水溶液が少しずつ混ざり合うようにする。

2 図のように，ダニエル電池の電極に電子オルゴールをつないだところ，電子オルゴールの音が鳴った。 ▸▸ 1 2

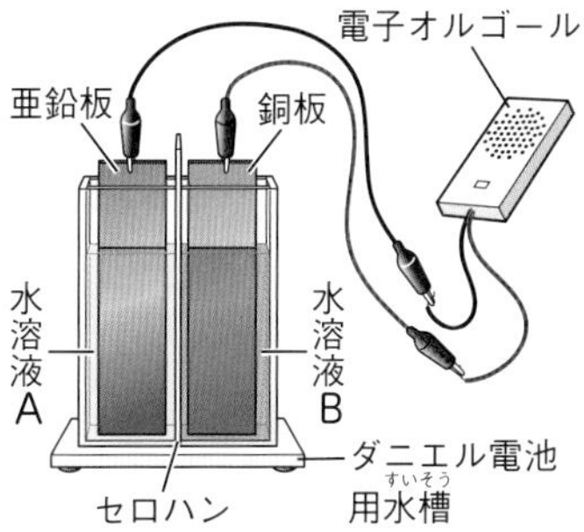

□(1) 水溶液A，Bはそれぞれ何か。次の㋐～㋓から選びなさい。

A (　　　)　B (　　　)

㋐　水酸化ナトリウム水溶液

㋑　砂糖水

㋒　硫酸銅水溶液

㋓　硫酸亜鉛水溶液

□(2) 次の式は，亜鉛板で起こっている化学変化を表している。(　　)にあてはまる化学式を答えなさい。

$$Zn \longrightarrow (\qquad) + 2e^-$$

□(3) 次の式は，銅板で起こっている化学変化を表している。(　　)にあてはまる化学式を答えなさい。

$$(\qquad) + 2e^- \longrightarrow Cu$$

□(4) この電池で，−極は亜鉛板，銅板のどちらか。 (　　　)

□(5) 実験後，銅板の表面はどのようになったか。次の㋐，㋑から選びなさい。 (　　　)

㋐　表面に赤い物質が付着した。

㋑　表面に凸凹ができ，黒くなった。

ミスに注意　2 (4) イオンになりやすい方が−極になる。

（　）と□にあてはまる語句を答えよう。

1 いろいろな電池

教科書p.196〜197　▶▶①②

□(1) 充電できない電池を①（　　　　　　　）といい，充電することで繰り返し使える電池を②（　　　　　　　）という。

□(2) 図の③，④

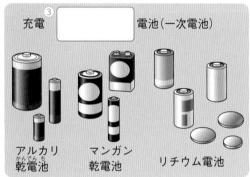

③ 充電□□□□電池（一次電池）

アルカリ乾電池　マンガン乾電池　リチウム電池

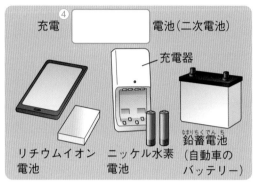

④ 充電□□□□電池（二次電池）

充電器

リチウムイオン電池　ニッケル水素電池　鉛蓄電池（自動車のバッテリー）

□(3) 備長炭電池は，アルミニウムはくと針金が⑤（　　　　　　　）になる化学電池である。

備長炭電池

食塩水で湿らせたキッチンペーパー

備長炭

針金を巻く。

アルミニウムはく

□(4) レモンなどの果汁は⑥（　　　　　　　）の水溶液なので，銅板と亜鉛板などの2種類の金属板をさすと化学電池になる。

2 燃料電池

教科書p.197　▶▶③

□(1) 水素と酸素が結びつくと①（　　　　　　　）ができて熱が発生する。このときの電極を工夫すると同じ化学変化から②（　　　　　　　）をとり出すことができる。このような燃料が酸化される化学変化から，電気エネルギーをとり出す装置を③（　　　　　　　）という。

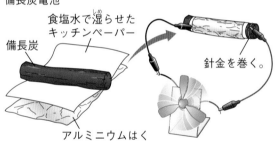

燃料自動車のしくみ

水素　水素ステーション

モーター　電気　バッテリー

空気（酸素）　電気　燃料電池　高圧水素タンク

□(2) 燃料電池は，燃料の④（　　　　　　　）を供給して連続的に電気エネルギーをとり出せる。

□(3) 燃料電池自動車の動作中にできるのは⑤（　　　　　　　）だけなので，ガソリン車よりも⑥（　　　　　　　）を引き起こさない。

要点

●電池には，充電できない一次電池と充電できる二次電池がある。
●燃料電池は，水素と酸素が結びつく化学変化から電気エネルギーをとり出す。

2章　化学変化と電池(3)

時間 15分　解答 p.21

1 いろいろな電池について，次の問いに答えなさい。 ▶▶ 1

□(1) 充電できる電池を何電池というか。（　　　）

□(2) 充電できない電池を何電池というか。（　　　）

□(3) 次の㋐～㋕の電池のうち，充電できるものを全て選びなさい。

（　　　）

㋐ アルカリ乾電池　㋑ 鉛蓄電池　㋒ マンガン乾電池
㋓ リチウム電池　㋔ ニッケル水素電池　㋕ リチウムイオン電池

2 図のようにして備長炭電池をつくり，モーターにつなぐとモーターが回った。しばらくの間モーターを回しているとアルミニウムはくはぼろぼろになった。 ▶▶ 1

□(1) 次の文は，アルミニウムはくがぼろぼろになった理由を述べたものである。（　）にあてはまる語句を書きなさい。
アルミニウム原子が（　　　）を放出し，（　　　）イオンになったから。

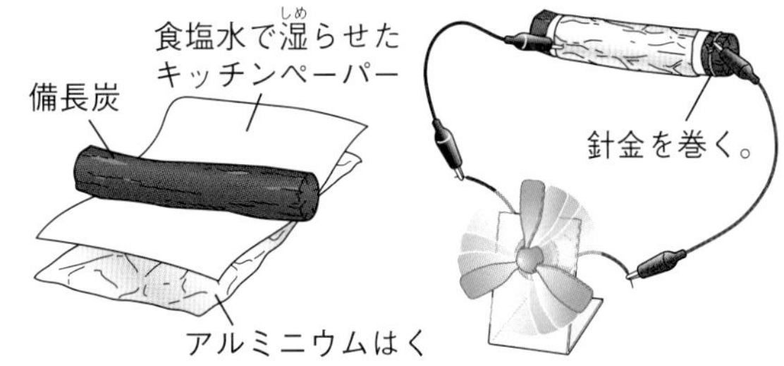
食塩水で湿らせたキッチンペーパー
備長炭
針金を巻く。
アルミニウムはく

□(2) この備長炭電池では，アルミニウムはくと針金が電極になっている。－極になっているのは，アルミニウムはくと針金のどちらか。（　　　）

□(3) 食塩水の代わりに砂糖水を使った場合，モーターは回るか，回らないか。

（　　　）

3 燃料電池について，次の問いに答えなさい。 ▶▶ 2

□(1) [記述] 燃料電池は，どのようにして電気エネルギーをとり出すか。「水素」という語句を使って簡単に説明しなさい。

（　　　）

□(2) 燃料電池の特徴を，㋐～㋒から全て選びなさい。（　　　）
㋐ 電極の化学変化が進むと使えなくなる。
㋑ 水素を供給すると連続的に電気エネルギーをとり出せる。
㋒ 自動車の動力源にしたとき，ガソリン車よりも大気汚染を引き起こさない。

[ヒント] 1 (3) リチウムイオン電池は，携帯（けいたい）電話の電池などに利用されている。

[ミスに注意] 2 (2) 電子はアルミニウムはくから針金に流れている。

ぴたトレ 3
確認テスト

2章　化学変化と電池

時間 30分　／100点　合格 70点　解答 p.21

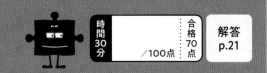

❶ 図のように，マイクロプレートに金属板と水溶液を入れて，金属のイオンへのなりやすさの差を調べる実験をした。表はその結果である。

42点

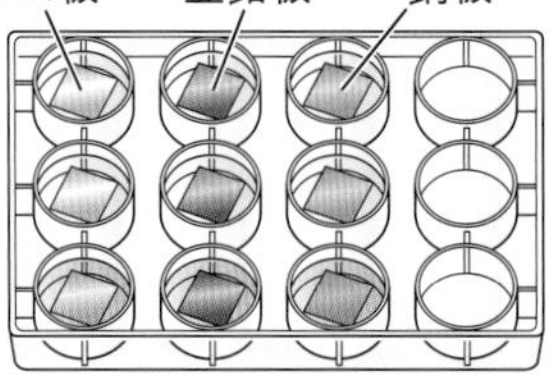

	マグネシウム板	亜鉛板	銅板
硫酸マグネシウム水溶液	変化なし	変化なし	変化なし
硫酸亜鉛水溶液	A	C	変化なし
硫酸銅水溶液	B	D	変化なし

□(1) 表のAでは，マグネシウム板がうすくなり，黒い物質が付着した。

① このような変化が起こった理由を，次の㋐～㋒から選びなさい。

㋐ マグネシウムより亜鉛の方がイオンになりやすいから。

㋑ 亜鉛よりマグネシウムの方がイオンになりやすいから。

㋒ マグネシウムと亜鉛のイオンへのなりやすさに差がないから。

② マグネシウム板に付着した黒い物質は何か。

□(2) 表のB～Dでは，どのような変化が見られたか。次の㋐～㋒から選びなさい。

㋐ 金属板がうすくなり，黒い物質が付着した。

㋑ 金属板がうすくなり，赤い物質が付着した。

㋒ 変化はなかった。

[よく出る] □(3) マグネシウム，亜鉛，銅をイオンになりやすい順に並べなさい。

□(4) マグネシウムが電子を放出してイオンになる化学変化を，化学反応式で表しなさい。ただし，電子はe^-を使って表すものとする。

❷ 図のように，硫酸銅水溶液に銅板，硫酸亜鉛水溶液に亜鉛板を入れ，羽根をとりつけた光電池用モーターにつないだ。

36点

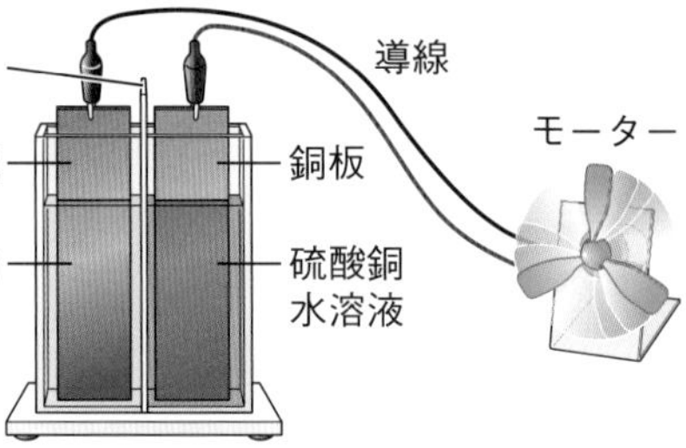

□(1) 図のような，2種類の水溶液の間にセロハンをはさんでつくった電池を，何電池というか。

[よく出る] □(2) モーターを回し続けると，銅板と亜鉛板の表面はそれぞれどのような変化が見られたか。次の㋐～㋒から選びなさい。

㋐ 金属板に赤い物質が付着した。

㋑ 金属板の表面に凹凸ができ，黒くなっていた。

㋒ 変化は見られなかった。

□(3) 電流を流し続けると，水溶液中のイオンの数が変化する。水溶液中にふえていくイオンは何というイオンか。

[点UP] □(4) 電流を流し続けているとき，銅板で起こっている化学変化を，化学式を使って書きなさい。ただし，電子はe^-を使って表すものとする。

□(5) 図の電池で，＋極になったのは，銅板と亜鉛板のどちらか。

成績評価の観点　[技]…観察・実験の技能　[思]…科学的な思考・判断・表現

3 図のように，備長炭(びんちょうたん)を食塩水で湿(しめ)らせたろ紙で巻き，さらにアルミニウムはくで巻いた。備長炭をクリップではさみ，電子オルゴールをアルミニウムはくとクリップにつなぐと，電子オルゴールが鳴った。 22点

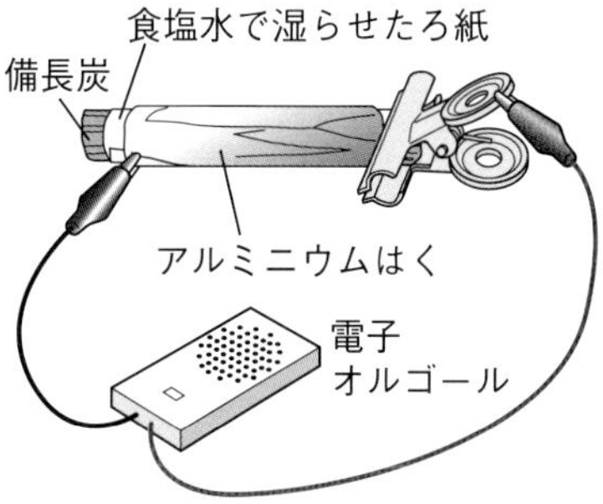

□(1) しばらく電子オルゴールを鳴らしていると，アルミニウムはくがぼろぼろになった。この理由を次の㋐～㋓から選びなさい。

㋐ アルミニウム原子が電子を放出してアルミニウムイオンになったから。

㋑ アルミニウム原子が電子を受けとってアルミニウムイオンになったから。

㋒ アルミニウムイオンが電子を放出してアルミニウム原子になったから。

㋓ アルミニウムイオンが電子を受けとってアルミニウム原子になったから。

□(2) この電池では，アルミニウムはくとクリップが電極になっている。＋極になっているのは，アルミニウムはくとクリップのどちらか。

[点UP] □(3) [記述] この電池は，一次電池と二次電池のどちらか。理由を含(ふく)めて簡単に説明しなさい。[思]

1	(1) ① 6点	② 6点	
	(2) B 6点	C 6点	D 6点
	(3) → → 6点		
	(4) 6点		
2	(1) 6点	(2) 銅板 6点	亜鉛板 6点
	(3) 6点		
	(4) 6点		
	(5) 6点		
3	(1) 6点	(2) 6点	
	(3) 10点		

定期テスト 予報 電池のしくみに関する問題が出題されやすいでしょう。金属板で起こる反応や電子がどのように移動するかを，しっかり理解しておきましょう。

3章　酸・アルカリとイオン(1)

時間 10分　解答 p.21

（　）と［　］にあてはまる語句を答えよう。

1 酸性とアルカリ性

教科書p.198〜201　▸▸❶

水溶液の酸性・中性・アルカリ性の調べ方

リトマス紙につける。　BTB液やフェノールフタレイン液を入れる。　マグネシウムリボンを入れる。

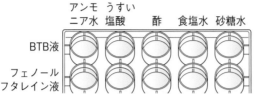

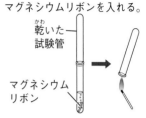

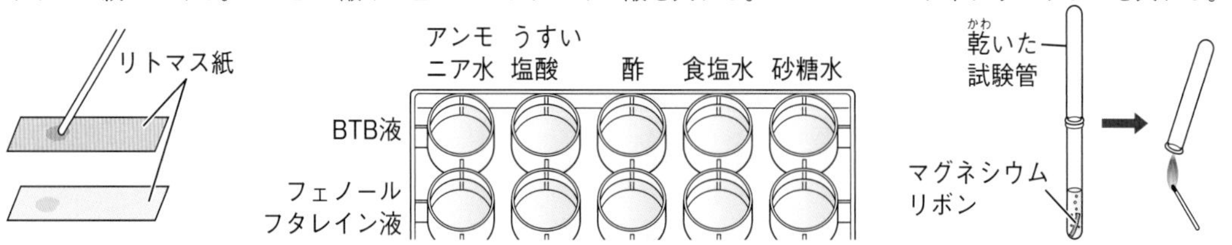

□(1)　青色リトマス紙を①（　　）く変える，レモン汁や酢，塩酸などは，②（　　）性の水溶液である。→水溶液が酸性を示す物質を③（　　）という。

□(2)　酸性の水溶液は，緑色の**BTB**液を入れると④（　　）色に変わる。また，マグネシウムを入れると⑤（　　）が発生する。

□(3)　赤色リトマス紙を⑥（　　）く変える，石灰水やアンモニア水などは，⑦（　　）性の水溶液である。→水溶液がアルカリ性を示す物質を⑧（　　）という。

□(4)　アルカリ性の水溶液は，緑色の**BTB**液を入れると⑨（　　）色に変わる。また，フェノールフタレイン液を入れると⑩（　　）色に変わる。

□(5)　青色リトマス紙も赤色リトマス紙も色を変えない，食塩水や砂糖水などは，⑪（　　）性の水溶液である。中性の水溶液では，**BTB**溶液は⑫（　　）色を示す。

□(6)　⑬（　　）性とアルカリ性の水溶液は，電解質の水溶液であるが，⑭（　　）性の水溶液は，全てが電解質の水溶液とは限らない。

2 酸性・アルカリ性とイオン

教科書p.202〜205　▸▸❷

□(1)　図の①

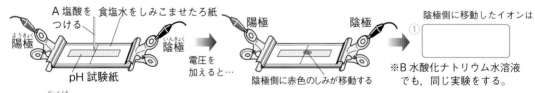

□(2)　A…**pH**試験紙を赤色に変えるのは，電圧を加えたときに②（　　）極側に移動する水素イオンである。→酸とは，水に溶けて③（　　）イオンを生じる物質のこと。

□(3)　B…**pH**試験紙を青色に変えるのは，電圧を加えたときに④（　　）極側に移動する水酸化物イオンである。→アルカリとは，水に溶けて⑤（　　）イオンを生じる物質のこと。

要点　●電離してH^+を生じる物質が酸，OH^-を生じる物質がアルカリ。

❶ 次のA～Hの水溶液（すいようえき）について，あとの問いに答えなさい。　　▶▶ ❶

A　石灰水　　　B　炭酸水　　　C　水酸化ナトリウム水溶液
D　砂糖水　　　E　アンモニア水　　F　塩酸
G　食塩水　　　H　酢（す）

□(1)　青色リトマス紙を赤色に変える水溶液はどれか。全て選び，記号で答えなさい。
　　　　　　　　　　　　　　　　　　　　　　　　（　　　　　　　　　）

□(2)　赤色リトマス紙を青色に変える水溶液はどれか。全て選び，記号で答えなさい。
　　　　　　　　　　　　　　　　　　　　　　　　（　　　　　　　　　）

□(3)　青色と赤色のどちらのリトマス紙も色を変えない水溶液はどれか。全て選び，記号で答え
　　　なさい。　　　　　　　　　　　　　　　　　（　　　　　　　　　）

□(4)　緑色のBTB液を加えたとき，青色を示す水溶液はどれか。全て選び，記号で答えなさい。
　　　　　　　　　　　　　　　　　　　　　　　　（　　　　　　　　　）

□(5)　緑色のBTB液を加えたとき，黄色を示す水溶液はどれか。全て選び，記号で答えなさい。
　　　　　　　　　　　　　　　　　　　　　　　　（　　　　　　　　　）

□(6)　緑色のBTB液を加えたとき，色が変化しない水溶液はどれか。全て選び，記号で答えな
　　　さい。　　　　　　　　　　　　　　　　　　（　　　　　　　　　）

□(7)　フェノールフタレイン液を加えたとき，色が赤色に変わる水溶液はどれか。全て選び，記
　　　号で答えなさい。　　　　　　　　　　　　　（　　　　　　　　　）

□(8)　マグネシウムを入れると，水素が発生する水溶液はどれか。全て選び，記号で答えなさい。
　　　　　　　　　　　　　　　　　　　　　　　　（　　　　　　　　　）

□(9)　非電解質の水溶液はどれか。全て選び，記号で答えなさい。　（　　　　　　　　　）

❷ 図の酸性とアルカリ性の水溶液について，次の問いに答えなさい。　▶▶ ❷

□(1)　水溶液中で電離（でんり）し，水素イオンH^+を生じる物質を何と
　　　いうか。　　　　　　　　　（　　　　　　　　　）

□(2)　水溶液中で電離し，水酸化物イオンOH^-を生じる物質
　　　を何というか。　　　　　　（　　　　　　　　　）

□(3)　塩酸中に多く存在するイオンを全て，化学式で書きなさ
　　　い。
　　　　　　　　　　　　　　　　（　　　　　　　　　）

□(4)　水酸化ナトリウム水溶液中に多く存在するイオンを全て，化学式で書きなさい。

　　　　　　　　　　　　　　　　（　　　　　　　　　）

ミスに注意　❶ (4)～(6) BTB液は，酸性だと黄色，アルカリ性だと青色，中性だと緑色を示す。
ヒント　❷ (3) 塩酸中では，塩化水素が水素イオンと塩化物イオンに電離している。

（　　）と□□にあてはまる語句や記号を答えよう。

1 酸性とアルカリ性の強さ

教科書 p.206〜208 ▶▶ ❶

□(1) リトマス紙や**BTB**液などのように，色の変化によって，酸性・中性・アルカリ性が調べられる薬品を①（　　　　　　　）という。

□(2) 酸性やアルカリ性の強さは，②（　　　　　　　）という数値で表す。

□(3) **pH**（ピーエイチ）は 7 が③（　　　　　　　）性で，値（あたい）が小さいほど④（　　　　　　　　）性が強く，大きいほど⑤（　　　　　　　）性が強い。

身近な液体のpH

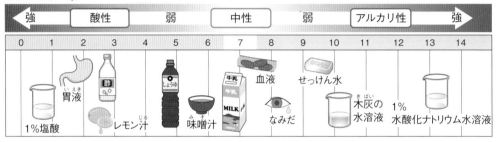

2 中和（ちゅうわ）と塩（えん）

教科書 p.210〜214 ▶▶ ❷

□(1) 酸性の水溶液（すいようえき）とアルカリ性の水溶液を混ぜ合わせたとき，互（たが）いの性質を打ち消し合う化学変化を①（　　　　　　）という。

□(2) 中和の反応でできるもの
　・酸の水素イオンとアルカリの水酸化物イオンが結びついて②（　　　　　）ができる。
　・酸の陰（いん）イオンとアルカリの陽（よう）イオンが結びついて③（　　　　　）ができる。

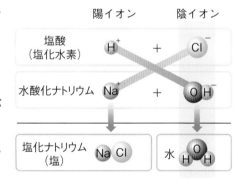

陽イオン　　　陰イオン

塩酸（塩化水素）　H^+　+　Cl^-

水酸化ナトリウム　Na^+　+　OH^-

塩化ナトリウム（塩）　Na Cl　　水　H O H

□(3) 図の④〜⑥

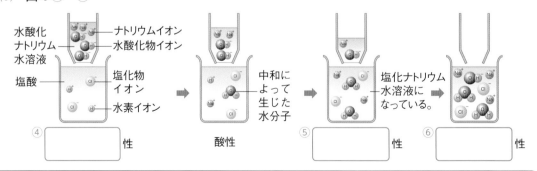

水酸化ナトリウム水溶液　ナトリウムイオン／水酸化物イオン
塩酸　塩化物イオン／水素イオン

中和によって生じた水分子

塩化ナトリウム水溶液になっている。

④□□□□性　　酸性　　⑤□□□□性　　⑥□□□□性

要点 ●塩酸に水酸化ナトリウム水溶液を加えていくと，中性になるまで中和が起こる。

❶ 酸性・アルカリ性の強さについて，次の問いに答えなさい。　▶▶ **1**

☐(1)　リトマス紙やBTB液などを使うと，色の変化によって，酸性・中性・アルカリ性を調べることができる。このような薬品を何というか。　（　　　　　）

☐(2)　次の文の①〜⑤にあてはまる数や語句を書きなさい。

酸性やアルカリ性の強さは，pH（ピーエイチ）という数値で表す。pHが表す数値は0〜14であり，中性の水溶液のpHは（　①　）である。pHの数値が7より小さいと（　②　）性，7より大きいと（　③　）性の性質を示す。pHの数値が小さいほど，酸性の強さは（　④　）ことを示し，pHの数値が大きいほど，アルカリ性の強さが（　⑤　）ことを示す。

①（　　　　　）②（　　　　　）③（　　　　　）
④（　　　　　）⑤（　　　　　）

❷ 図1のように，うすい塩酸をビーカーに10mLとり，緑色のBTB液を数滴加えて，うすい水酸化ナトリウム水溶液を加えながら，水溶液の色の変化を観察した。　▶▶ **2**

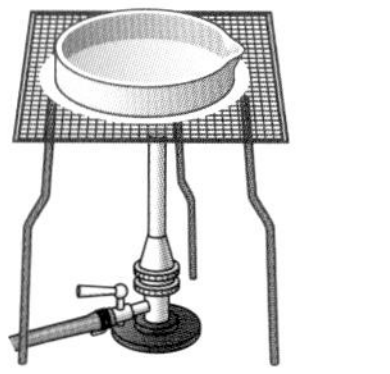

☐(1)　塩酸に緑色のBTB液を加えると何色になるか。
（　　　　　）

☐(2)　水酸化ナトリウム水溶液を10 mL加えたとき，混合液が緑色になった。この液を色つき蒸発皿にとって図2のように加熱し，水分を蒸発させたところ，白色の固体が残った。この固体は何か。物質名と化学式を答えなさい。

物質名（　　　　　）
化学式（　　　　　）

図1

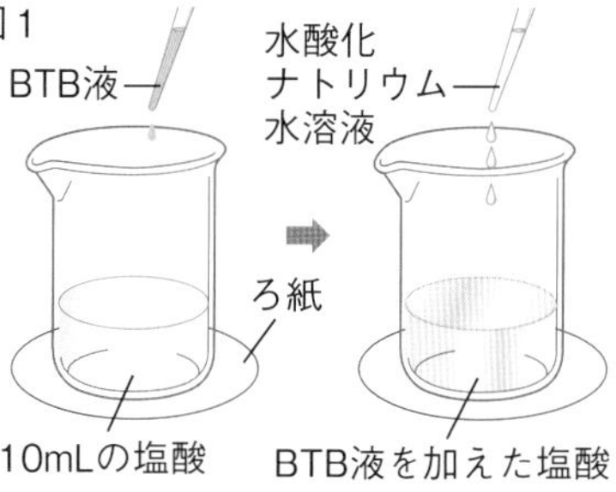

BTB液　　水酸化ナトリウム水溶液

ろ紙

10mLの塩酸　　BTB液を加えた塩酸

図2

☐(3)　(2)の固体は，塩酸の陰イオンと水酸化ナトリウム水溶液の陽イオンが結びついてできた物質である。このような物質を何というか。　（　　　　　）

☐(4)　次の式は，この実験で起こった化学変化の一部を示している。（　）にあてはまる化学式を答えなさい。

$H^+ + OH^- \longrightarrow$（　　　　　）

☐(5)　(4)のように，水素イオンと水酸化物イオンが結びつく反応を何というか。　（　　　　　）

☐(6)　緑色になった混合液に，水酸化ナトリウム水溶液をさらに4 mL加えた。このとき混合液の色は何色になるか。　（　　　　　）

単元4

化学変化とイオン — 教科書206〜214ページ

ヒント　**❶**　(2) 海水は弱いアルカリ性で，pHは8である。

ミスに注意　**❷**　(1)(6) BTB液は酸性で黄色，アルカリ性で青色を示す。

3章　酸・アルカリとイオン

時間30分　／100点　合格70点　解答 p.22

❶ 酸性，アルカリ性の水溶液について，次の各問いに答えなさい。 20点

□(1) 赤色リトマス紙の色を青色に変える水溶液に緑色のBTB液を加えると，液体は何色を示すか。

□(2) pHが3の液体にフェノールフタレイン液を加えたとき，液の色はどのようになるか。

[よく出る] □(3) 塩酸と水酸化ナトリウム水溶液の中和によってできる塩を何というか。

□(4) 次の㋐～㋔のうち，誤りを含んでいるのはどれか。全て選びなさい。

㋐ 酸性の水溶液にマグネシウムリボンを入れると，水素を発生して溶ける。

㋑ アルカリ性の水溶液は電流を流すが，酸性の水溶液は電流を流さない。

㋒ 中性の水溶液は全て，電流を流さない。

㋓ 非電解質の水溶液は，全て中性である。

㋔ 中性の水溶液のpHは0である。

❷ 図のような装置をつくり，塩酸をしみこませた糸を中央に置いて電圧を加えたところ，一方の電極側でpH試験紙の色が変化した。 39点

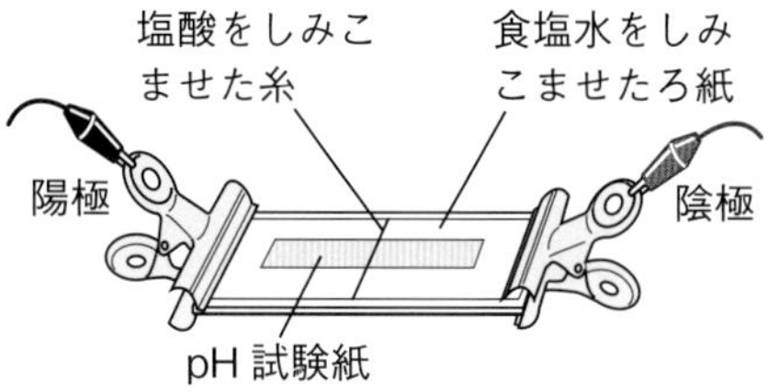

□(1) pH試験紙の色が変化したのは陽極側，陰極側のどちらか。また，何色に変わったか。

□(2) pH試験紙の色を変化させたのは何イオンか。化学式を書きなさい。

□(3) 塩酸を水酸化ナトリウム水溶液に変えて同じ実験をすると，pH試験紙の色が変化するのは陽極側，陰極側のどちらか。また，何色に変わるか。

[点UP] □(4) (3)でpH試験紙の色を変化させるのは何イオンか。化学式を書きなさい。

□(5) [記述] pH試験紙のかわりに別のものを使って，水溶液が酸性やアルカリ性を示すものの正体を調べる実験をする。調べる水溶液が塩酸のとき，〔　〕内のものをどのようにして使うとよいか。簡単に説明しなさい。ただし，〔　〕内のものを全て使う必要はない。[思]

〔 緑色のBTB液 ・ 無色のフェノールフタレイン液 ・ ろ紙 ・ 竹ひご 〕

❸ 図のように塩酸と水酸化ナトリウム水溶液を混ぜたときの，液の性質を調べる実験1～3を行った。 41点

[実験]

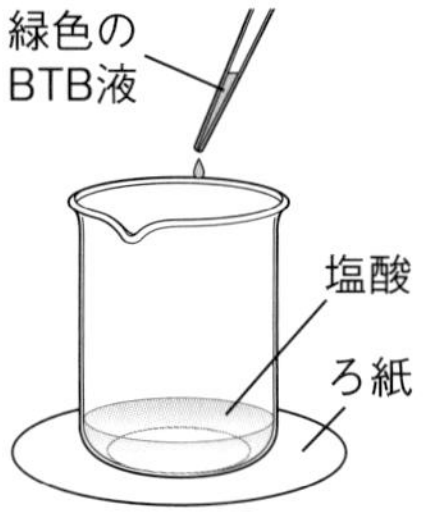

1. 塩酸10mLに緑色のBTB液を加えた。
2. 1の塩酸に水酸化ナトリウム水溶液を少しずつ加えたところ，ちょうど5mLを加えたとき，液の色が緑色に変わった。
3. 2に続いて，さらに水酸化ナトリウム水溶液を5mL加えた。

□(1) 実験1で，塩酸に緑色のBTB液を加えると何色になるか。

□(2) 塩化水素および水酸化ナトリウムの水溶液中での電離のようすを，化学式を使って表しなさい。

成績評価の観点　[技]…観察・実験の技能　[思]…科学的な思考・判断・表現

□(3)　実験2で起こっている中和の化学変化を，化学式を用いて表しなさい。

□(4)　実験2でできた水溶液をスライドガラスの上に数滴（てき）落とし，おだやかに加熱して水を蒸発させると，あとに白色の固体が残った。この固体は何か。物質名を書きなさい。

□(5)　実験3でできた水溶液は，何色を示したか。次の㋐～㋓から選びなさい。

㋐　黄色　　㋑　赤色　　㋒　緑色　　㋓　青色

点UP □(6)　この実験で，水溶液に含まれる水酸化物イオンの数の変化を表したものを，次の㋐～㋓から選びなさい。

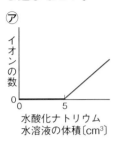

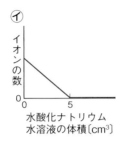

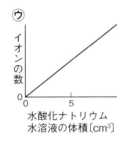

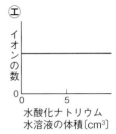

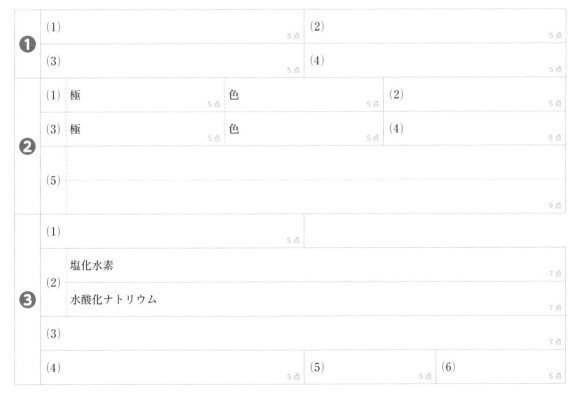

❶	(1)　5点		(2)　5点	
	(3)　5点		(4)　5点	
❷	(1) 極　5点	色　5点	(2)　5点	
	(3) 極　5点	色　5点	(4)　5点	
	(5)　9点			
❸	(1)　5点			
	(2) 塩化水素　7点			
	水酸化ナトリウム　7点			
	(3)　7点			
	(4)　5点		(5)　5点	(6)　5点

定期テスト予報　中和の実験に関する問題が出題されやすいでしょう。水溶液中のイオンの種類や数の変化を理解しておきましょう。

ぴたトレ 1
要点チェック

1章　天体の動き(1)

時間 10分　解答 p.23

(　　)と[　　　]にあてはまる語句を答えよう。

1 太陽の１日の動き

教科書p.230〜233　▸▸❶❷

□(1)　図の①，②

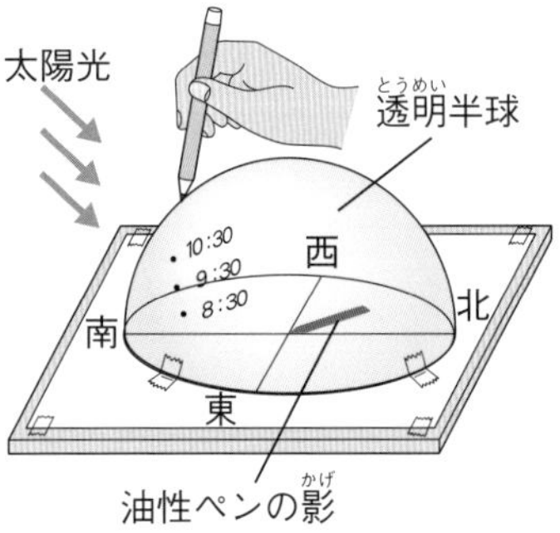

太陽光
透明半球
10:30
9:30
8:30
西
北
南
東
油性ペンの影

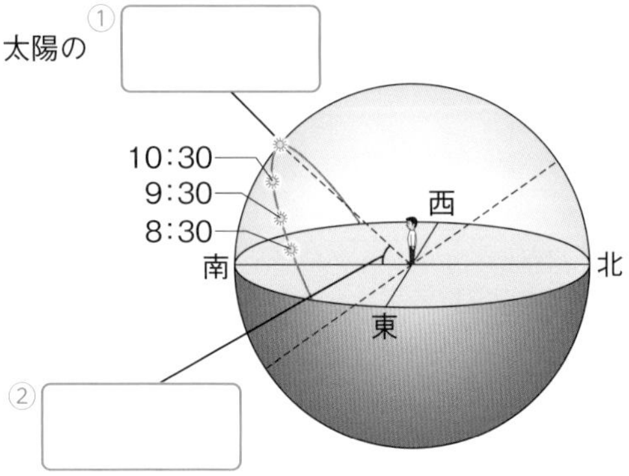

①
太陽の
10:30
9:30
8:30
西
南
北
東
②

□(2)　透明半球上に太陽の１日の動きを記録するときには，油性ペンの先端の影が透明半球の円の③(　　　　)と一致するようにして，半球上に印をつけ，その④(　　　　)を記入する。

□(3)　太陽は，朝に東からのぼり，昼ごろ⑤(　　　　)の空にきたときに最も高くなる。その後はしだいに高度が低くなり，夕方に西の空に沈んでいく。太陽の動く速さは一定で，このような動きを，太陽の⑥(　　　　)運動という。

□(4)　北極と南極を結ぶ線を⑦(　　　　)という。地球は，⑦を軸として，西から東へ約１日に１回転している。これを地球の⑧(　　　　)という。地球の⑧によって，地球から見ると，太陽が日周運動するように見える。

□(5)　地球を覆う大きな仮想の球面を⑨(　　　　)といい，⑨での観測者の真上の点を⑩(　　　　)という。

□(6)　地球上では，観測者が立つ場所の経線と緯線で⑪(　　　　)が決まる。

□(7)　経線に沿って北極の方位が⑫(　　　　)，南極の方位が⑬(　　　　)である。

□(8)　太陽がのぼる方位が⑭(　　　　)，太陽が沈む方位が⑮(　　　　)である。

□(9)　北極から南極に至る⑯(　　　　)線が南北の方位を，⑰(　　　　)線が東西の方位を示す。

□(10)　図の⑱，⑲

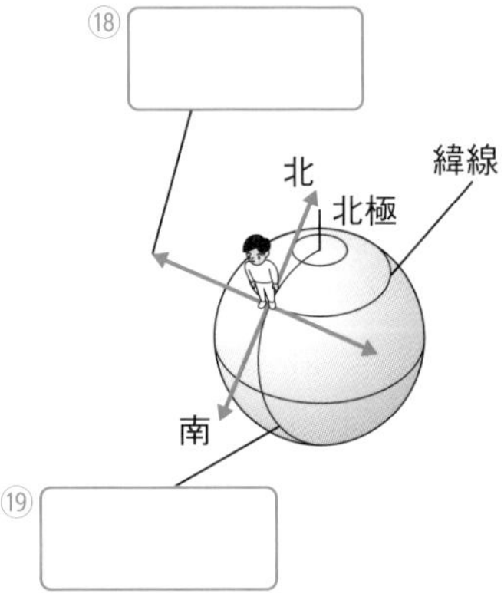

⑱
北
北極
緯線
南
⑲

要点
●太陽は南中したとき高度が最大で，このときの高度を南中高度という。
●太陽が東からのぼり，南の空を通り，西の空に沈む動きを太陽の日周運動という。

1 図は，透明半球を使って一定時間ごとに太陽の位置を記録したものである。 ▶▶ 1

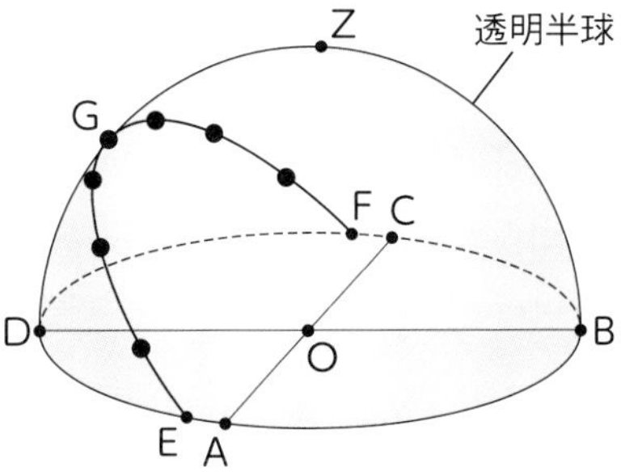

□(1) 透明半球上に油性ペンで • を記録するとき，油性ペンの先端の影をどの点に一致させるか。図のA～D，G，O，Zの記号で答えなさい。 (　　)

□(2) 記録した点を滑らかな線で結び，さらに透明半球のふちまでのばすとき，透明半球のふちとの交点をE，Fとすると，E，Fはそれぞれ何の位置を表しているか。

E (　　　　の位置)

F (　　　　の位置)

□(3) 記録した各点の間の長さは，どのようになっているか。次の㋐～㋒から選びなさい。 (　　)

㋐ しだいにせまくなる。　㋑ しだいに広くなる。

㋒ ほぼ一定である。

□(4) (3)のことから，太陽の動く速さについて，どのようなことがわかるか。次の㋐～㋒から選びなさい。 (　　)

㋐ しだいに速くなる。　㋑ しだいに遅くなる。

㋒ ほぼ一定である。

□(5) Gの位置では太陽の高度が最も高くなった。このときのことを太陽の何というか。 (　　)

□(6) (5)のときの太陽の高度を何というか。また，その高度を図の記号を用いて，∠WXYのように表しなさい。 高度(　　) 記号(∠　　)

2 図は，日本のある地点における，太陽の1日の通り道を表したものである。 ▶▶ 1

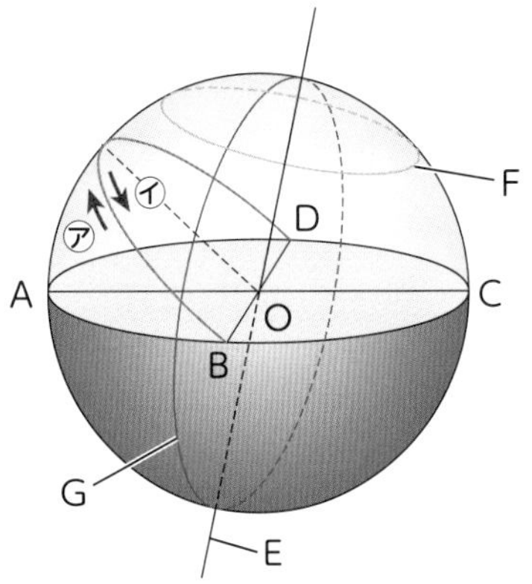

□(1) 図のA～Dは，それぞれ東西南北のどの方角を表しているか。 A(　　) B(　　) C(　　) D(　　)

□(2) 太陽は，㋐，㋑のどちらの向きに動くか。 (　　)

□(3) 図のEは何を表しているか。 (　　)

□(4) 地球がEを軸として，西から東へ約1日に1回転する動きを，地球の何というか。 (　　)

□(5) 図のF，Gは何を表しているか。 F(　　) G(　　)

ヒント 2 (1) 太陽は南の空で最も高くなる。

2 (3) Eは北極と南極を結ぶ線である。

1章　天体の動き(2)

時間 10分　解答 p.23

(　　) と [　　] にあてはまる語句や数を答えよう。

1 星の1日の動き

教科書p.234～237　▸▸ 1 2

□(1) 図の①

□(2) 東の空からのぼった星は，②(　　　　)の空の高いところを通って西の空へと沈(しず)む。北の空では，星は北極星をほぼ中心として，③(　　　　)回りに回っている。この動きを，星の④(　　　　)運動という。

□(3) 図の⑤

□(4) 天球(てんきゅう)に貼(は)りついた太陽や星は，私たちのいる地点と⑥(　　　　)の近くを結ぶ線を軸として，約1日(24時間)で⑦(　　　　)から⑧(　　　　)へ1回転，つまり，1時間で⑨(　　　　)°回転して見える。

北の空のカシオペヤ座の動き

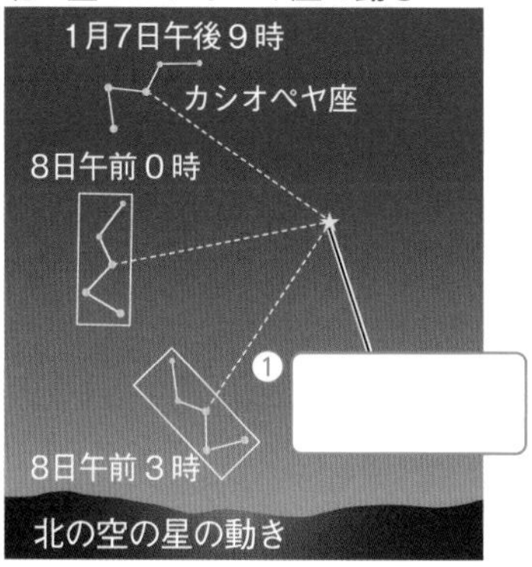
1月7日午後9時
カシオペヤ座
8日午前0時
①
8日午前3時
北の空の星の動き

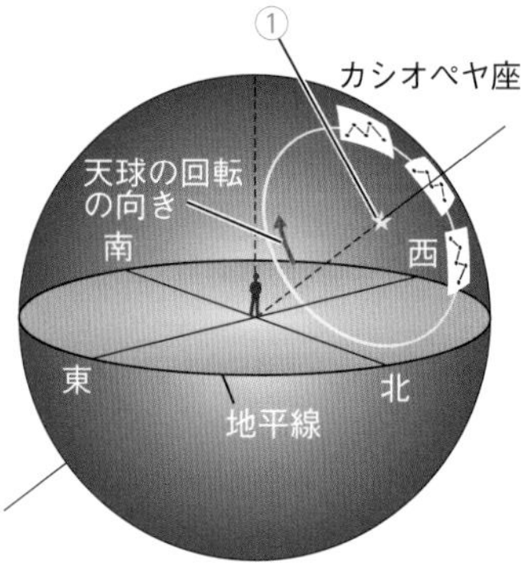
①
カシオペヤ座
天球の回転の向き
南
西
東
北
地平線

空の星の動き

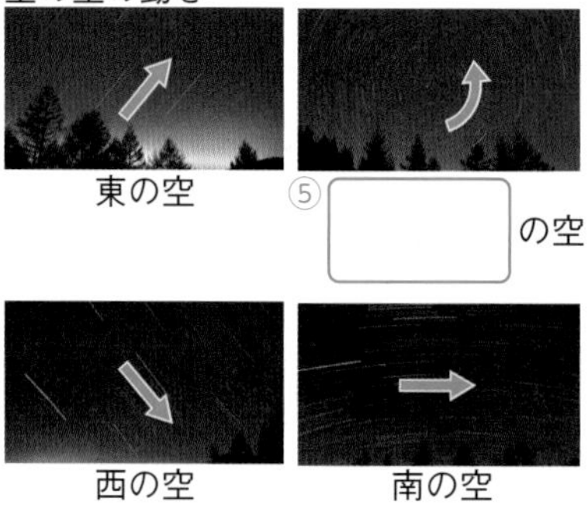
東の空
⑤
の空
西の空
南の空

星の見かけの動き

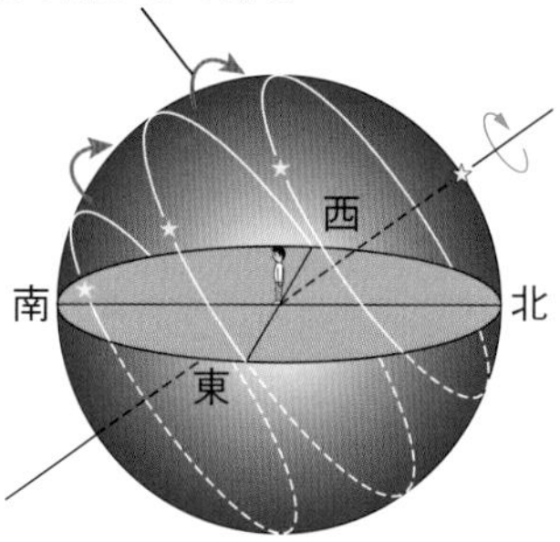
西
南
北
東

2 星座をつくる星

教科書p.236～237　▸▸ 3

□(1) 星座をつくる星々は，地球からの距離(きょり)はそれぞれ異なるが，その距離はとても遠いので，①(　　　　)に貼りついて見える。

□(2) 星までの距離は異なるのに星座の形が変わらないのは，星の動きが，地球が②(　　　　)していることによる，見かけの動きだからである。

カシオペヤ座をつくる星

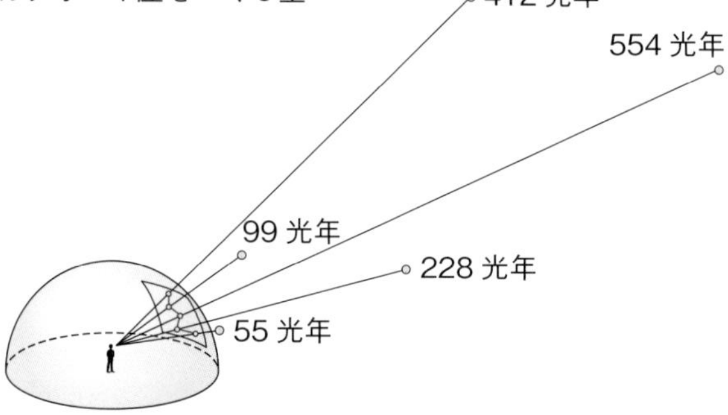
412 光年
554 光年
99 光年
228 光年
55 光年

要点
- ●星は東→南→西と動き，北の空では北極星を中心に反時計回りに回る。
- ●星の日周運動(にっしゅううんどう)も太陽の日周運動も，地球の自転による見かけの動きである。

1 図は，北半球で見た夜空の星の動きを透明半球上に表したものである。 ▶▶ **1**

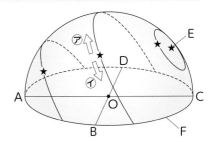

□(1) 図のEの星を何というか。　（　　　　　　）

□(2) 図のFは何を表しているか。　（　　　　　　）

□(3) 星は図の球面上を動いており，1日たつとほぼもと
の位置に見える。このような星の動きを何というか。
（　　　　　　　　　）

□(4) 図の球面が1日に1回転しているとすると，図の
㋐，㋑のどちらの向きに回転しているか。
（　　　　　　）

□(5) (4)の回転の軸はどれか。次の㋐～㋓から選びなさい。　（　　　　）
㋐　BD　　㋑　AC　　㋒　AE　　㋓　OE

2 図は，東西南北それぞれの空の星の動きを表している。 ▶▶ **1**

A 　B 　C 　D

□(1) 図のA～Dは，それぞれ東西南北のどの方角の空を表しているか。
A（　　　　）B（　　　　）C（　　　　）D（　　　　）

□(2) 図のA～Dで，それぞれの星の動く向きは㋐，㋑のどちらか。
A（　　　　）B（　　　　）C（　　　　）D（　　　　）

3 図は，ある星座を模式的に表したものである。 ▶▶ **2**

□(1) 図の星座を何というか。次の㋐～㋓から選びなさい。
㋐　オリオン座　　　㋑　北斗七星　　　（　　　　）
㋒　カシオペヤ座　　㋓　さそり座

□(2) 図の星座をつくる5つの星は，地球から同じ距離にあるか，ちがう
距離にあるか。　　　　（　　　　　　　　）

□(3) 星座の星までの距離が(2)のようであるのに，星座の形が変わらないのは，地球の何によ
る見かけの動きのためか。
（　　　　　　　）

ヒント　**1** (1) 北の空の星は，この星を中心に回転している。

ミスに注意　**2** (2) 星は太陽と同じように，東からのぼり，南の空を通って，西の空へ沈（しず）んでいく。

1章　天体の動き(3)

時間 10分　解答 p.24

(　　)にあてはまる語句や数を答えよう。

1 天体の1年の動き

教科書p.239〜243　▶▶①②

□(1) 地球は太陽のまわりを1年で1周している。この動きを，地球の①(　　　　)という。

□(2) ある決まった時刻に，さそり座やオリオン座などを毎日見ると，その方角はしだいに，②(　　　)へ移る。これは，地球が③(　　　　)しているからである。

月ごとのさそり座の見え方(午前0時)

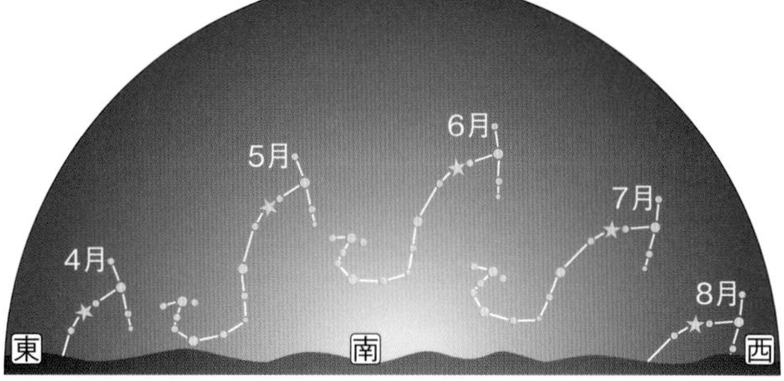

□(3) 地球は1年で1回公転(こうてん)するので，1か月では約④(　　　)°公転する。したがって，決まった時刻に見える星座の方角は，1か月で約⑤(　　　)°ずつ，つまり1日当たりでは約⑥(　　　)°ずつ動いて見える。

□(4) 同じ時刻に決まった方角に見える星座は，ほぼ一定の速さで移り変わっていき，1年でもとの位置に戻(もど)る。地球の公転によって生じる，このような星の1年間の見かけの動きを，星の⑦(　　　　)運動という。

地球の公転と季節による星座の移り変わり

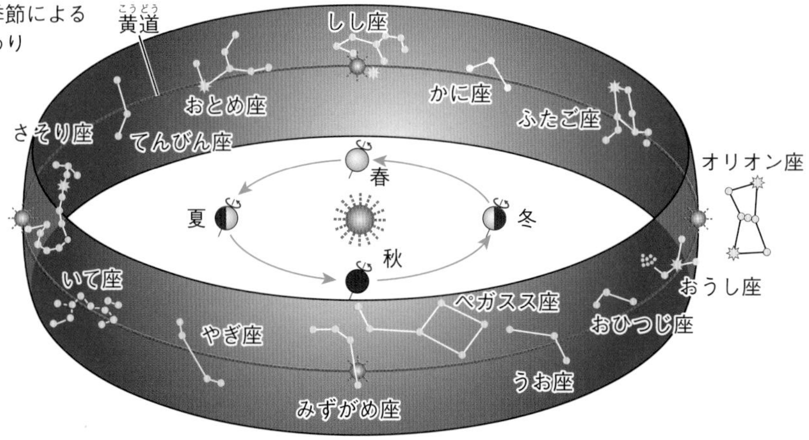

□(5) 季節を代表する星座は，地球から見て太陽と⑧(　　　　)側に見える。地球から見て太陽と⑨(　　　　)側にある星座は，太陽と同時に東からのぼって西に沈(しず)むので，見ることができない。

□(6) 地球から見ると，太陽は天球(てんきゅう)上の星座の間を動いていくように見える。この天球上での太陽の通り道を⑩(　　　　)という。

要点
●同じ時刻に見える星座は，1か月に約30°ずつ，東から西に移る。
●星の年周(ねんしゅう)運動(うんどう)は，地球の公転による見かけの運動である。

1章　天体の動き(3)

時間 15分　解答 p.24

1 図は，公転する地球とそれによる季節の星座の移り変わりを表している。 ▶▶[1]

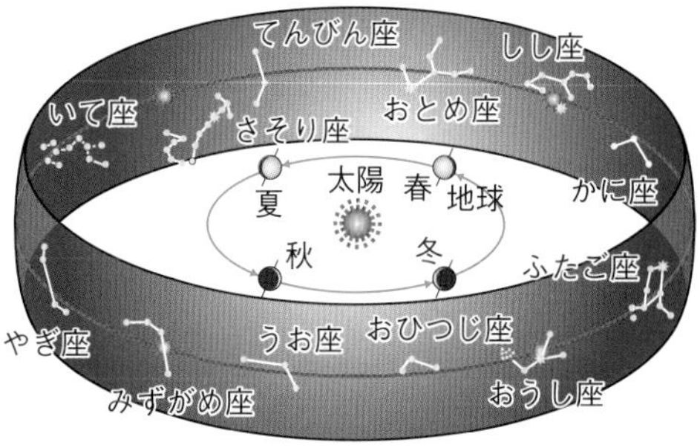

□(1) 春と秋の真夜中(午前0時)ごろに，南の空に見える星座はどれか。それぞれ名前を答えなさい。

春(　　　　)
秋(　　　　)

□(2) 夏と冬に，地球から見て太陽の方向と同じ方向にある星座はどれか。それぞれ名前を答えなさい。

夏(　　　　)
冬(　　　　)

□(3) 地球から見ると，太陽は星座の間を動いていくように見える。この太陽の通り道を何というか。(　　　　)

2 図1は，図2に示した4つの星座のうちの1つであり，太陽がこの星座の方向にあるときを示している。 ▶▶[1]

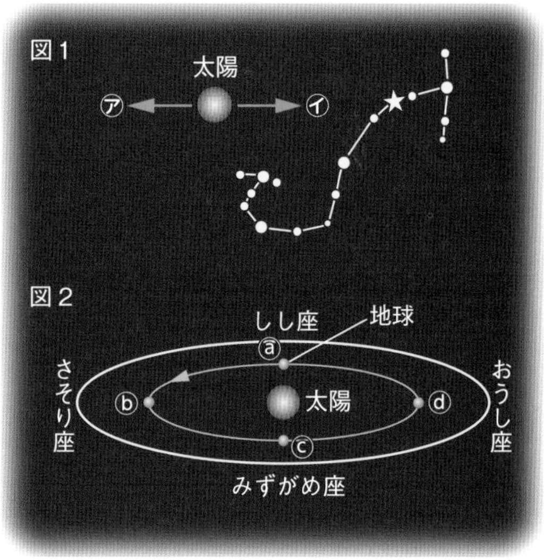

□(1) 太陽は，このあと，㋐，㋑のどちらの方向に移動するか。図2をもとに，記号で答えなさい。(　　　　)

□(2) (1)のとき，地球は，図2のⓐ～ⓓのどの位置にあるか。記号で答えなさい。また，このときの季節はいつか。春，夏，秋，冬のいずれかで答えなさい。

記号(　　　　)　季節(　　　　)

□(3) 図1のときから3か月後に，太陽は何という星座の方向に移動するか。図2に示した星座から選んで答えなさい。

(　　　　)

□(4) 図1のときから再びこの星座の方向に太陽が移動してくるまでに，何か月かかるか。

(　　　　)

□(5) 星座を基準に考えたとき，太陽はどのように動くといえるか。次の①，②に適する方角を書き入れなさい。

太陽は，天球(てんきゅう)上を①(　　　　)から②(　　　　)へ移動して見える。

[ミスに注意] 1 (1) 真夜中の南の空に見える星座は，太陽と反対側に見える星座である。

[ヒント] 2 (1) 地球が図2のように公転すると，星座と太陽の位置関係がどう変わるかを考える。

1章　天体の動き

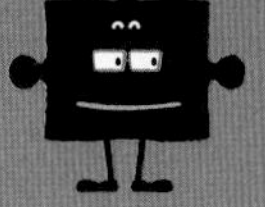

時間30分　／100点　合格70点　解答p.24

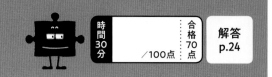

❶ 図1は，A～Cの3つの星の日周運動のようすと，この3つの星が同時に南中する星であることを示している。

25点

□(1) 南中高度が最も高い星を，図1のA～Cから選び，記号で答えなさい。

図1

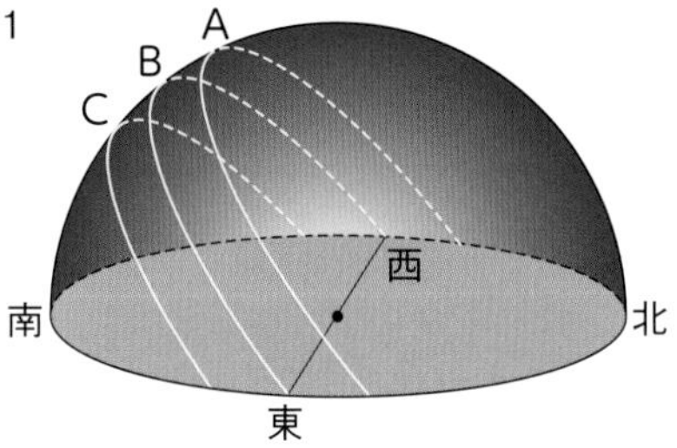

[点UP] □(2) A～Cの星が地平線から出る時刻について正しく説明しているのはどれか。次の㋐～㋒から選びなさい。[思]

㋐　3つの星はほぼ同時に出る。
㋑　Aが最も早く，Cが最も遅い。
㋒　Cが最も早く，Aが最も遅い。

□(3) A～Cの星が地平線に沈む時刻について正しく説明しているのはどれか。次の㋐～㋒から選びなさい。[思]

㋐　3つの星はほぼ同時に沈む。
㋑　Aが最も早く，Cが最も遅い。
㋒　Cが最も早く，Aが最も遅い。

図2

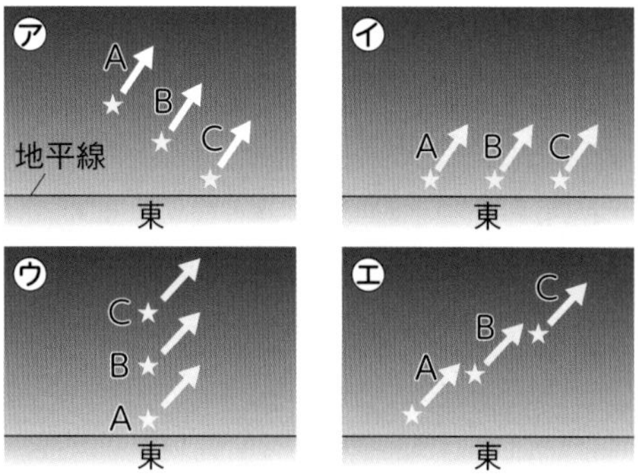

□(4) A～Cの星が東の地平線近くに見えるとき，その動きのようすを表しているのはどれか。図2の㋐～㋓から選びなさい。

□(5) [記述] (4)のように答えた理由を，簡単に説明しなさい。[思]

❷ 図は，地球を北極の上空から見下ろしたようすを表している。

36点

□(1) 地球は，図の㋐，㋑のどちらの向きに自転しているか。記号で答えなさい。

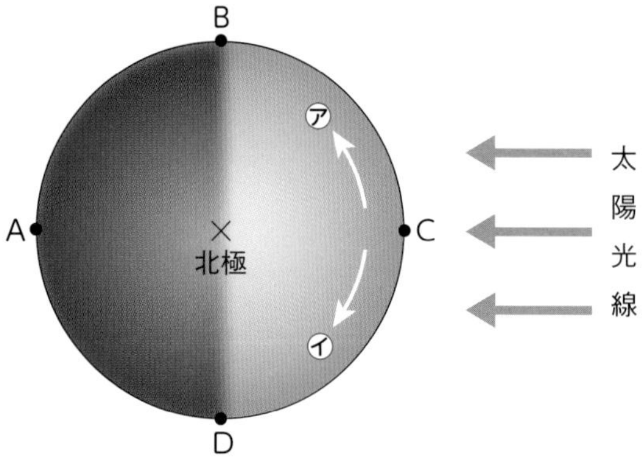

□(2) 太陽が東からのぼるようすが見られるのはどの地点か。図のA～Dから選びなさい。

□(3) 太陽が西の地平線上に見られるのはどの地点か。図のA～Dから選びなさい。

□(4) 真夜中であるのはどの地点か。図のA～Dから選び，記号で答えなさい。

□(5) [記述] 図のBとDで，昼の長さはどちらが長いか。BまたはDの記号で答えなさい。ほぼ同じ場合は×を書きなさい。また，その理由も答えなさい。[思]

成績評価の観点　[技]…観察・実験の技能　[思]…科学的な思考・判断・表現

❸ 図は，地平線より上の夜空に見られる星の日周運動を表している。観測者は半球の底面の中心にいる。 24点

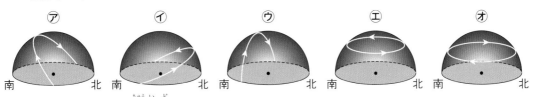

㋐ ㋑ ㋒ ㋓ ㋔
南 北 南 北 南 北 南 北 南 北

□(1) 観測点が北半球の中緯度の地点のものはどれか。図の㋐～㋔から選びなさい。

□(2) 観測点が赤道上の地点のものはどれか。図の㋐～㋔から選びなさい。

□(3) 観測点が北極のときのものはどれか。図の㋐～㋔から選びなさい。

□(4) もし昼間でも星が見えるとすると，空にある全ての星を見ることができる地点のものはどれか。図の㋐～㋔から選びなさい。

❹ 図は，1月から5月までの毎月10日の午後7時にオリオン座の見える位置を観察したものである。 15点

□(1) 1月から5月で，午後7時にオリオン座が見える位置は，東から西，西から東のどちらの向きに動いているか。

□(2) 1月から5月で，オリオン座が一晩中見えるのは何月か。

□(3) 記述 オリオン座の位置が，同地点，同時刻でも観察する日によって変わるのはなぜか。思

東 南 西

❶	(1) 5点	(2) 5点	(3) 5点	(4) 5点
	(5) 5点			
❷	(1) 6点	(2) 6点	(3) 6点	(4) 6点
	(5) 記号 5点	理由		
				7点
❸	(1) 6点	(2) 6点	(3) 6点	(4) 6点
❹	(1) から の向き 5点		(2) 5点	
	(3)			5点

定期テスト予報 太陽や星の日周運動や年周運動と，地球の自転や公転との関係が出題されやすいでしょう。地球の自転や公転で太陽や星が一定の速さで動いて見えることを覚えておきましょう。

2章　月と惑星の運動(1)

時間 10分　解答 p.25

(　　)と［　　　］にあてはまる語句を答えよう。

1 地球の運動と季節の変化

教科書p.244～247　▸▸❶❷❸

□(1)　図の①～③

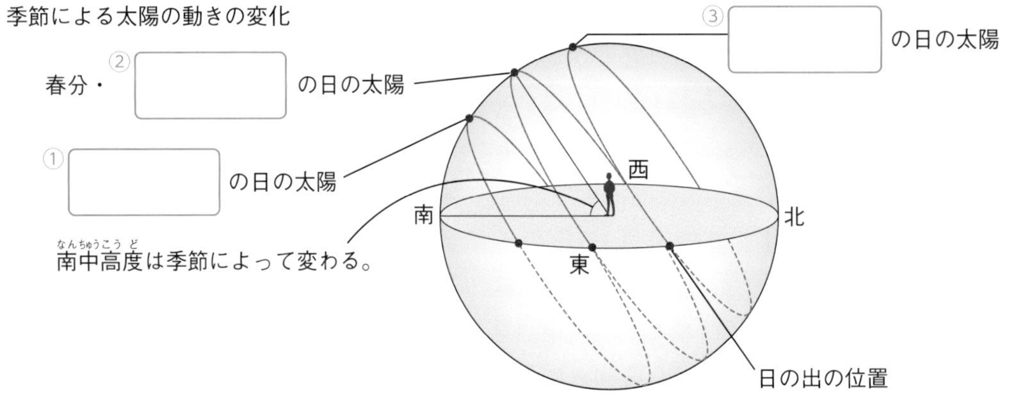
季節による太陽の動きの変化
③［　　　］の日の太陽
春分・②［　　　］の日の太陽
①［　　　］の日の太陽
西
南
北
東
南中高度は季節によって変わる。
日の出の位置

□(2)　北半球では，太陽の南中高度は夏に④(　　　)くなり，冬には⑤(　　　)くなる。

□(3)　北半球では，日の出・日の入りの方角は，夏至のころは真東・真西から⑥(　　　)寄りになり，冬至のころは真東・真西から⑦(　　　)寄りになる。

□(4)　冬よりも夏の方が気温が高くなるのは，太陽の高度が高いと，同じ面積に受ける光の量が⑧(　　　)ためであり，また昼が長くなって，太陽が地面を照らす光の量が増えるためである。四季の変化はこうした太陽の⑨(　　　)の変化によって起こる。

□(5)　図の⑩，⑪

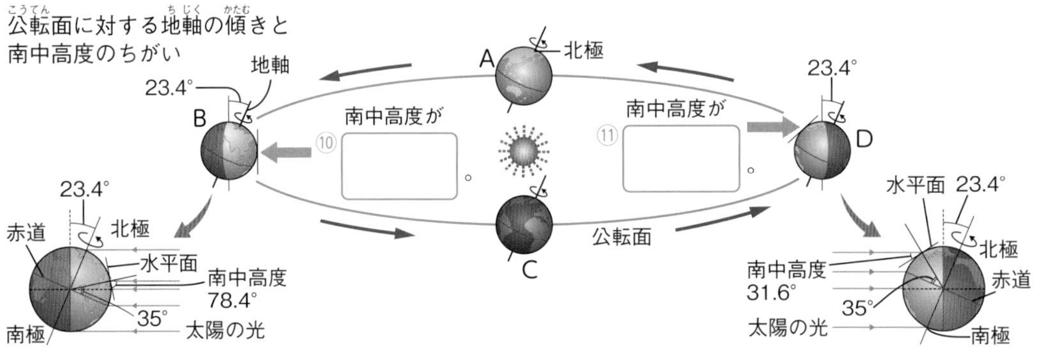
公転面に対する地軸の傾きと南中高度のちがい
A
北極
地軸
23.4°
B
南中高度が
⑩［　　　］。
南中高度が
⑪［　　　］。
D
C
公転面
23.4°
赤道
北極
水平面
南中高度
78.4°
35°
南極
太陽の光
水平面 23.4°
北極
赤道
南中高度
31.6°
35°
太陽の光
南極

□(6)　地球は，⑫(　　　)が公転面に立てた垂線に対して，23.4°傾いたまま公転するため，太陽の南中高度が変化する。北極側は夏に太陽の方に傾き，南中高度が高くなり，昼の時間は⑬(　　　)なる。冬には太陽と反対側に傾き，南中高度は低くなり，昼の時間は⑭(　　　)なる。

□(7)　上の図で，日本の季節は，Aが春，Bが⑮(　　　)，Cが秋，Dが⑯(　　　)である。

要点
- ●地球が地軸を傾けたまま公転するため，太陽の南中高度が季節により変化する。
- ●北半球での南中高度は，夏至の日が最も高く，冬至の日が最も低い。

2章　月と惑星の運動(1)

1 図は，東京付近での太陽の昼間の動きで，ⓐ〜ⓒは，春分・秋分，夏至，冬至の日のいずれかを示している。　▶▶ **1**

□(1)　観測者のいる点Oから見て，北の方角はA〜Hのどれか。　（　　　　）

□(2)　太陽が真東からのぼり，真西に沈んでいるのは，ⓐ〜ⓒのどれか。　（　　　　）

□(3)　夏至の日の太陽の動きは，ⓐ〜ⓒのどれか。　（　　　　）

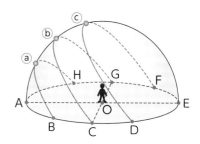

2 図は，季節と太陽の南中高度の関係を表したものである。　▶▶ **1**

□(1)　図中のBはいつか。次のⓐ〜ⓔから選びなさい。　（　　　　）

　ⓐ　春分のころ　　ⓘ　秋分のころ
　ⓤ　夏至のころ　　ⓔ　冬至のころ

□(2)　図中のCはいつか。(1)のⓐ〜ⓔから選びなさい。　（　　　　）

□(3)　グラフがⓐのようになる都市の緯度は，東京と比べて高いか，低いか。　（　　　　）

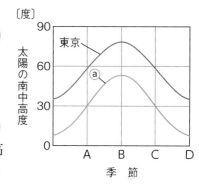

3 地球は太陽のまわりを公転している。　▶▶ **1**

図1

地球
太陽
地軸

図2

地球
太陽
地軸

□(1)　地球が公転するようすを正しく表しているのは，図1，図2のどちらか。　（　　　　）

□(2)　昼と夜の長さが変わらないのは，図1，図2のどちらか。　（　　　　）

□(3)　気温が高い季節や低い季節があるのは，図1，図2のどちらか。　（　　　　）

ヒント　**2** (3) 太陽の南中高度は，北にいくほど低くなることから考える。
　　　　3 (1) 地球の位置によって，太陽の南中高度や日の出，日の入りの方角が変化するかを考える。

2章　月と惑星の運動(2)

（　　）と　　　にあてはまる語句を答えよう。

1 月の運動と見え方

□(1)　図の①，②

□(2)　月は毎日，形が変わって見える。この
　　　ような月の見かけの形の変化を月の
　　　③（　　　　　　　）という。

□(3)　月の見かけの形は，
　　　新月（A）→④（　　　　　　）（B）
　　　→上弦の月（C）
　　　→⑤（　　　　　）（E）
　　　→下弦の月（G）→新月
　　　と変化し，同じ形に戻るまでには約
　　　29.5日かかる。

□(4)　月は太陽の光を反射して光り，地球の
　　　まわりを⑥（　　　　　）しているため，
　　　光って見える部分が変わるので，
　　　⑦（　　　　　　　）して見える。

□(5)　北極側から見ると，月は地球のまわり
　　　を⑧（　　　　　　）回りに公転してい
　　　る。そのため，同じ時刻に見える月は，
　　　前日よりも⑨（　　　　　）へ移動して
　　　見える。

□(6)　日没直後に見える月の位置と形を記録
　　　し，毎日同じ時刻の月を調べると，月
　　　が見える方角はしだいに⑩（　　　　）
　　　へ移動し，形はだんだん
　　　⑪（　　　　）なる。

□(7)　⑫（　　　　　）のとき，月は地球から見て太陽と同じ方向にあり，地
　　　球からは太陽の光を反射している面が見えない。一方，⑬（　　　　　）
　　　のとき，月は地球から見て太陽と反対側にあり，太陽の光を反射してい
　　　る面が全て見える。

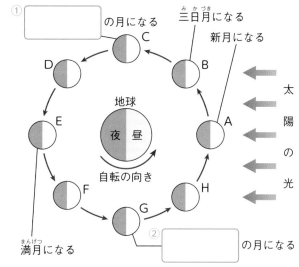

月の満ち欠け

	A	B	C	D	E	F	G	H
見え方	●	◐	◐	○	○	◐	◑	◕
観測時	—	夕方	夕方	夜中	夜中	夜中	夜明け	夜明け

午後6時ごろに観察した月の形と方角

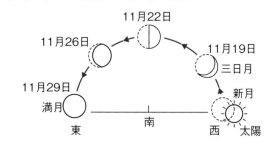

満月

2章　月と惑星の運動(2)

時間 15分　解答 p.25

□ **1 月の特徴にあてはまらないものを，次の㋐〜㋓から選びなさい。** ▸▸ 1

㋐ 自転している。　㋑ 地球のまわりを公転している。　(　　)

㋒ 自ら光を出している。　㋓ 球形の天体である。

2 月について，次の問いに答えなさい。 ▸▸ 1

□(1) 月は，ほぼ1か月の周期で形が変わっているように見える。次の(　あ　)〜(　え　)にあてはまる月の名前を，あとの㋐〜㋓からそれぞれ選びなさい。

新月→(　あ　)→(　い　)→(　う　)→(　え　)→新月

㋐ 上弦の月　㋑ 下弦の月　㋒ 三日月　㋓ 満月

あ(　　) い(　　) う(　　) え(　　)

□(2) 日没直後に上弦の月が明るく見えるのは，どの方角か。次の㋐〜㋓から選びなさい。

(　　)

㋐ 東　㋑ 西　㋒ 南　㋓ 北

□(3) 次の文は，月が満ち欠けして見える理由を述べようとしたものである。文中の(　あ　)〜(　う　)にあてはまる語句を答えなさい。

月は(　あ　)の光を反射して光っている。また，地球のまわりを(　い　)しているため，(　あ　)と地球，月のそれぞれの(　う　)関係が変わり，地球から見える月の明るい部分の範囲が変化する。これが月の満ち欠けである。

あ(　　) い(　　) う(　　)

□(4) 右の図は，地球のまわりを回る月を北極側から見たようすを表している。

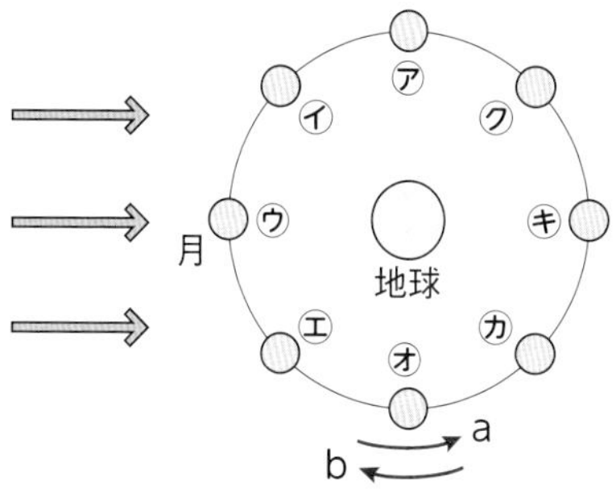

① 図で，月の移動の向きはa，bのどちらか。

(　　)

② 満月，新月になるのは，月がどの位置にあるときか。図の㋐〜㋗から選び，それぞれ記号で答えなさい。

満月(　　) 新月(　　)

③ 日の出のころ，南の空に見えるのはどの月か。図の㋐〜㋗から選びなさい。

(　　)

④ 一晩中空に出ている月はどの月か。図の㋐〜㋗から選びなさい。

(　　)

ミスに注意　2 (4) 太陽の光が左から当たっている図であることに注意する。

ヒント　2 (4) ④日の入りのころ東からのぼり，日の出のころ西に沈(しず)む月である。

2章　月と惑星の運動(3)

時間 10分　解答 p.26

(　　)と[　　　]にあてはまる数や語句を答えよう。

1 日食・月食

教科書p.252 ▸▸1

□(1) 地球から月までの距離が，太陽までの距離の約①(　　　　)分の1であり，月の直径が太陽の直径の約400分の1なので，地球から見ると，見かけ上，太陽と月はほぼ②(　　　　)大きさに見える。

□(2) 月が太陽を隠し，太陽の一部または全部が欠けて見えることを③(　　　　)という。③のうち，太陽の一部が隠される場合を④(　　　　　)，全部が隠される場合を⑤(　　　　　)という。

□(3) 満月が地球の影に入り，月の一部または全部が欠けて見えることを⑥(　　　　)という。⑥のうち，地球の影に満月の一部が隠される場合を⑦(　　　　　)，全部が隠される場合を⑧(　　　　　)という。

地球から月と太陽までの距離

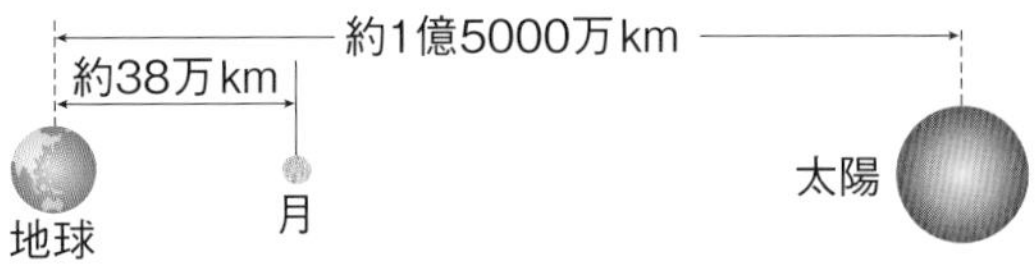
約1億5000万km
約38万km
地球
月
太陽

日食と月食のしくみ

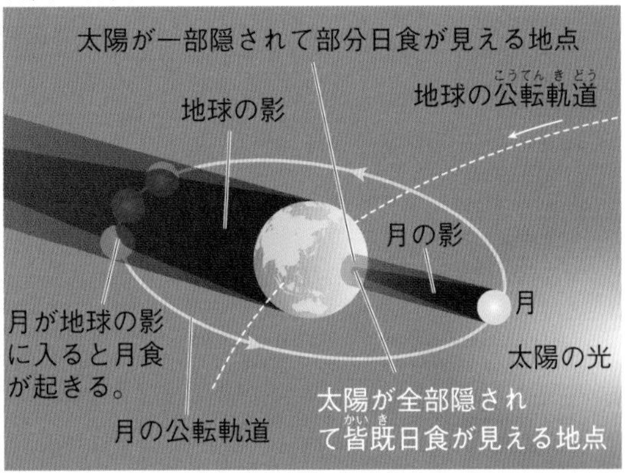
太陽が一部隠されて部分日食が見える地点
地球の影
地球の公転軌道
月の影
月
月が地球の影に入ると月食が起きる。
太陽の光
月の公転軌道
太陽が全部隠されて皆既日食が見える地点

2 惑星の運動と見え方

教科書p.253〜255 ▸▸2

□(1) 太陽のように自ら光を出している天体を①(　　　　)という。①のまわりを公転し，①の光を反射して光っている，水星，金星，火星，木星，土星などの天体を②(　　　　)という。

□(2) 金星は地球の公転軌道の③(　　　　)側で太陽のまわりを公転している。

□(3) 夕方の④(　　　　)の空に見える金星は，「よいの明星」とよばれる。明け方の⑤(　　　　)の空に見える金星は，「明けの明星」とよばれる。

□(4) 図の⑥，⑦

金星の公転と見え方

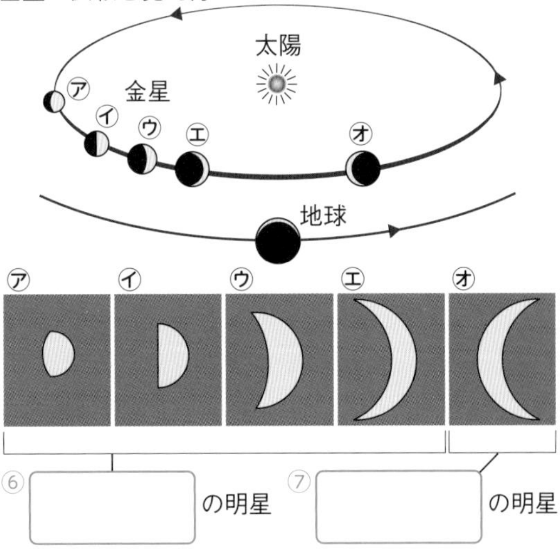
太陽
金星
㋐
㋑
㋒
㋓
㋔
地球
㋐ ㋑ ㋒ ㋓ ㋔
⑥ の明星
⑦ の明星

要点
- ●日食や月食は，太陽，月，地球が一直線上に並ぶときに起こる。
- ●金星は明け方に東の空か，夕方に西の空に見え，満ち欠けをする。

2章　月と惑星の運動(3)

時間 15分　解答 p.26

[1] 図は，地球のまわりを公転する月と地球，太陽の位置関係を表している。これについて，次の問いに答えなさい。 ▶▶ [1]

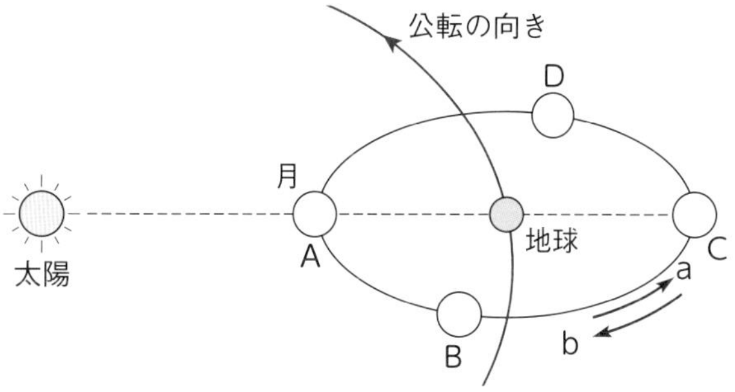

□(1) 月は，地球のまわりを，図のa，bのどちらの向きに回っているか。（　　）

□(2) 図のような位置に地球・太陽があるとき，月食，日食が起こるのは月がA〜Dのどの位置にきたときか。
月食（　　）　日食（　　）

□(3) 日食が起きるときの月は，新月，半月，満月のうちのどれか。（　　）

□(4) 次の㋐〜㋒から，正しいものを全て選びなさい。（　　）
㋐　月と太陽は，実際に同じ大きさである。
㋑　月と太陽は，見かけの大きさが等しい。
㋒　太陽と月の，地球からの距離の比と大きさの比は等しい。

[2] 図1は，太陽を中心とした金星と地球の公転軌道および地球に対する金星の位置A〜Dを示している。図2は，金星が図1のA〜Dのいずれかにあるときの，地球から観測した金星の形を模式的に表している。 ▶▶ [2]

図1

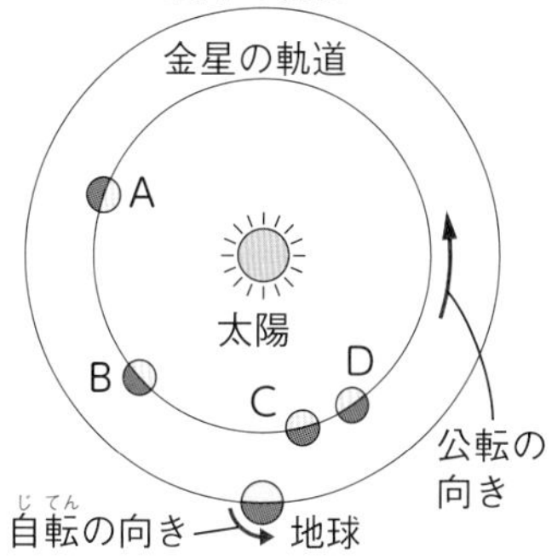

図2

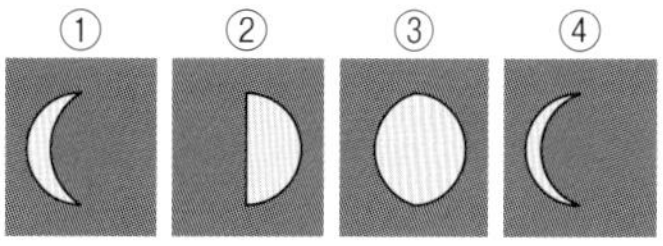

※肉眼で見た向きにしてある。

□(1) 図1のAに金星があるとき，金星はいつごろ，どの方角の空に見えるか。次の㋐〜㋓から選びなさい。
㋐　明け方，東の空　　㋑　明け方，西の空
㋒　夕方，東の空　　㋓　夕方，西の空　（　　）

□(2) 金星が公転によって図1のB→C→Dと位置を変えたとき，地球から観測した金星の形（図2）の変化を示しているものを，次の㋐〜㋓から選びなさい。（　　）
㋐　①→②→③　　㋑　①→④→②
㋒　②→④→①　　㋓　②→④→③

□(3) Bの位置にある金星が見えるとき，この金星は何とよばれるか。（　　）

□(4) 「明けの明星」とよばれる金星がある位置はどこか。図のA〜Dから全て選びなさい。（　　）

[ヒント] [1] (3) 日食が起きるのは，太陽－月－地球の順に並んだときである。
[2] (1) 地球と太陽を結ぶ線の左側にあるときは夕方，右側にあるときは明け方に見える。

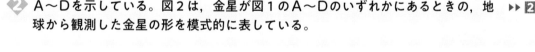

2章　月と惑星の運動

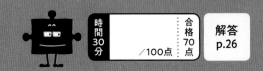

時間30分　／100点　合格70点　解答p.26

[よく出る] **1** **図１は，いろいろな月の見え方を表したものであり，図２は，地球のまわりを公転(こうてん)する月のいくつかの位置を，太陽の光の方向と関係づけて表したものである。** 34点

□(1) 図１のＡ～Ｄを，新月に続けて満(み)ち欠(か)けの順に並べ，記号で答えなさい。

□(2) 新月は，図２のどの位置にある月か。㋐～㋗から選びなさい。

□(3) 図１のＡ～Ｄの月は，図２のどの位置にあるときに見えるか。㋐～㋗からそれぞれ選びなさい。

□(4) 日の入りのころ東からのぼってくる月は，図２のどの位置の月か。㋐～㋗から選びなさい。[思]

□(5) 日食(にっしょく)および月食(げっしょく)が起こるときの月の位置は，図２のどの位置か。㋐～㋗からそれぞれ選びなさい。

□(6) [記述] 月が満ち欠けをして見えるのはなぜか。その理由を簡単に説明しなさい。[思]

図１

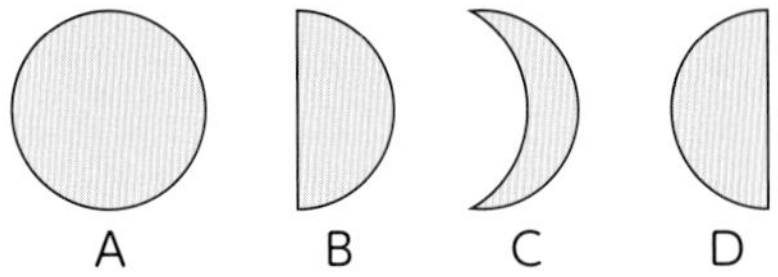

図２

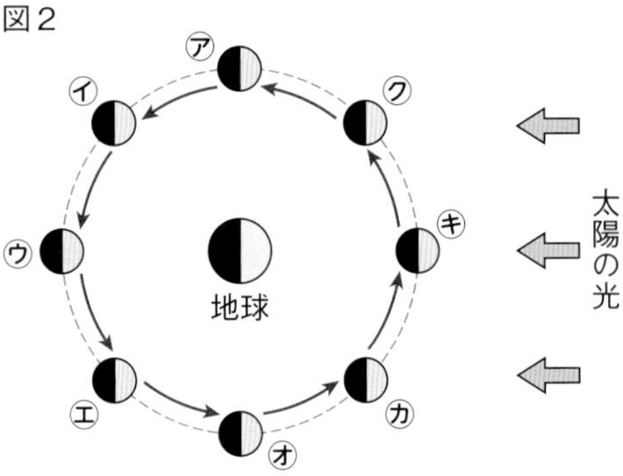

2 **図１のＰは，日没(にちぼつ)後に金星が見えた位置である。図２は，Ｐの位置に金星が見えた日の前後数か月間の金星の満ち欠けのようすを表しているが，観察した順には並んでいない。** 28点

□(1) 図１のように，日没後に西の空に見える金星は，何とよばれているか。

□(2) 図１で，金星がＰの位置に見えたときから1時間後に，金星はどの向きに移動しているか。図１の㋐～㋓から選びなさい。

[点UP] □(3) 図２の㋔～㋘を，観察した順に左から並べなさい。

□(4) [記述] 図２のように，金星の見かけの大きさが変化するのはなぜか。簡単に説明しなさい。[思]

□(5) [記述] 金星が真夜中には見ることができないのはなぜか。簡単に説明しなさい。[思]

図１

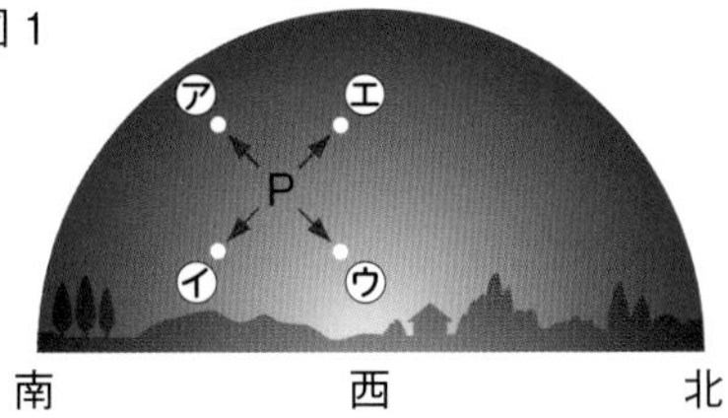

図２

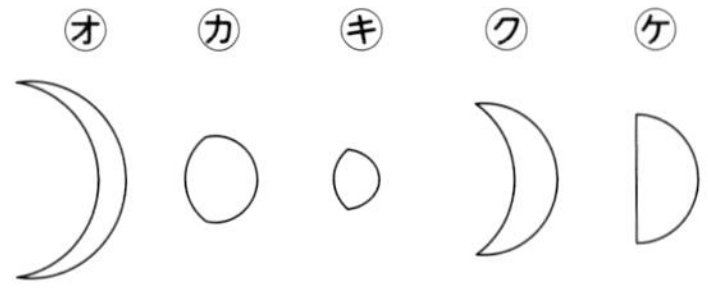

□(6) 月と金星の共通点といえることがらはどれか。次の①～④から選び，番号で答えなさい。

① 自ら光を出してかがやいている。

② 地球から見ると，満ち欠けをする。

③ 地球から見ると，大きさが大きく変化する。

④ 地球から見ると，夕方か明け方だけ見える。

成績評価の観点　[技]…観察・実験の技能　[思]…科学的な思考・判断・表現

❸ 日食および月食について，次の問いに答えなさい。 38点

よく出る □(1) 日食および月食が起こるときは，太陽，地球，月がどのような順に一直線に並んだときか。次の㋐～㋒からそれぞれ記号で答えなさい。

㋐ 太陽－地球－月　　㋑ 太陽－月－地球　　㋒ 地球－太陽－月

□(2) 日食および月食が起こるとき，月はどうなっているか。月の満ち欠けのようすを表す名前をそれぞれ答えなさい。

□(3) 右の図は，日食が起こっているときのようすを表している。皆既(かいき)日食および部分日食が見えている地点はどこか。図の㋐～㋓からそれぞれ選びなさい。

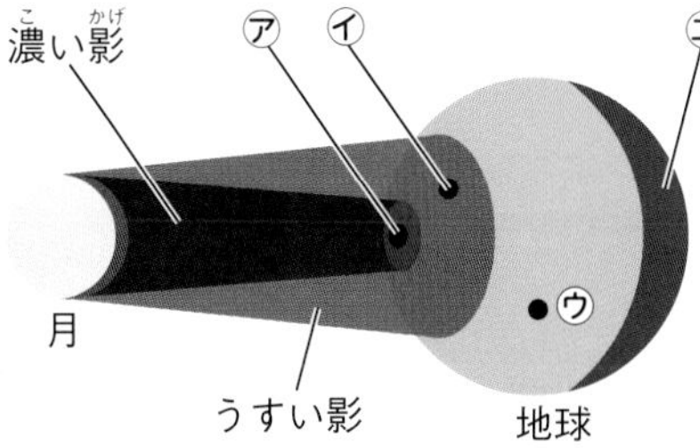

□(4) 記述 月食に比べると，ふつう日食が続いている時間は短い。その理由を簡単に説明しなさい。思

□(5) 日食が起こるのは，地球からは太陽と月がほぼ同じ大きさに見えることが理由の1つである。太陽の直径が月の直径の400倍であるとすると，地球から太陽までの距離(きょり)は，地球から月までの距離の何倍と考えられるか。ただし，太陽と月はちょうど同じ大きさに見えるとする。

点UP □(6) 記述 日食や月食は，(2)で答えた月のときにいつも起こるわけではない。その理由を簡単に説明しなさい。思

❶	(1) 新月→　→　→　→ 3点			(2) 3点
	(3) A 3点	B 3点	C 3点	D 3点
	(4) 4点	(5) 日食 3点		月食 3点
	(6) 6点			
❷	(1) 4点	(2) 4点	(3)　→　→　→　→ 4点	
	(4) 6点			
	(5) 6点			(6) 4点
❸	(1) 日食 3点	月食 3点	(2) 日食 3点	月食 3点
	(3) 皆既日食 4点		部分日食 4点	
	(4) 6点			
	(5) 6点	(6) 6点		

定期テスト予報 月や金星の満ち欠けは，地球と太陽との位置関係と一緒に出題されやすい。
月や金星の明るい面のどの範囲(はんい)が，地球から見えるのかをおさえておきましょう。

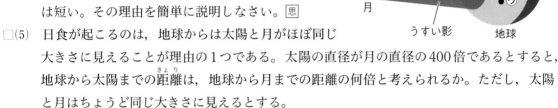

3章　宇宙の中の地球(1)

（　　　）と□にあてはまる語句を答えよう。

1 太陽のすがた

教科書p.256〜259　

□(1)　図の①〜③

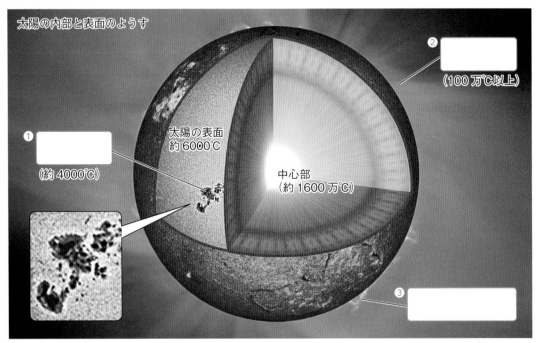

太陽の内部と表面のようす

② □□□（100万℃以上）

① □□□（約4000℃）

太陽の表面 約6000℃

中心部（約1600万℃）

③ □□□

□(2)　太陽は高温の④（　　　　　）のかたまりであり，多量の光や熱を宇宙空間に放射する⑤（　　　　　）である。

□(3)　太陽の黒点は時間とともに移動し，周辺部では動く速さがにぶり，形も変形して見える。このことから，太陽は⑥（　　　　　）していて，⑦（　　　　　）形であることがわかる。

□(4)　太陽の黒点がまわりよりも暗く（黒く）見えるのは，黒点の温度が，まわりよりも⑧（　　　　　）からである。

□(5)　天体望遠鏡での太陽の観察では，レンズを直接のぞくと⑨（　　　　　）をいためる危険があるため，直接のぞいてはいけない。

太陽・月・地球の直径と地球からの距離

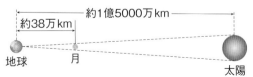

約1億5000万km
約38万km
地球　月　太陽

天体	直径(km)	地球からの距離(km)
太陽	約140万	約1億5000万
月	約3500	約38万
地球	約1万2800	0

地球と月の距離を約38cmとしたとき

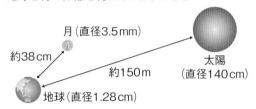

月(直径3.5mm)
約38cm
太陽(直径140cm)
約150m
地球(直径1.28cm)

要点
●太陽は，高温の気体の集まりで，自ら光や熱を放射する恒星である。
●太陽の黒点の移動と形の変化から，太陽は球形で自転していることがわかる。

3章　宇宙の中の地球(1)

時間 15分　解答 p.27

1 図は，太陽のつくりのようすを模式的に表したものである。 ▸▸ 1

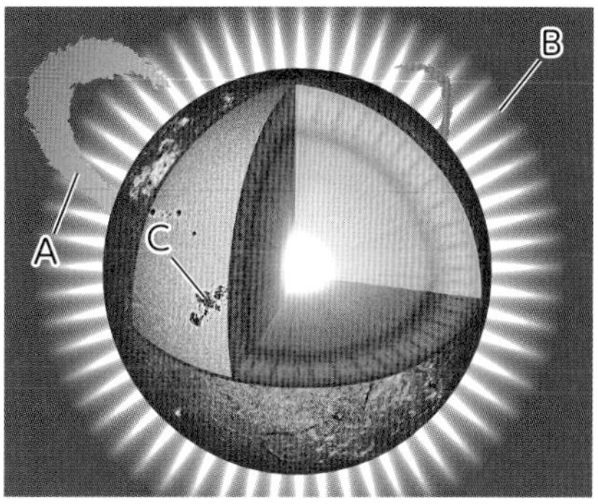
B
A
C

□(1) 太陽の表面上で，炎が噴き出したようなAを何というか。（　　　）

□(2) 太陽をとり囲んでいる，100万℃以上もあるBの層を何というか。（　　　）

□(3) Cのように黒く見える部分を何というか。（　　　）

□(4) (3)の部分の温度を，次の㋐〜㋓から選びなさい。（　　　）

㋐ 約4000℃　㋑ 約6000℃　㋒ 約1万℃　㋓ 約1600万℃

□(5) 太陽の表面の温度を，(4)の㋐〜㋓から選びなさい。（　　　）

□(6) 太陽の直径は，地球の直径のおよそ何倍か。次の㋐〜㋓から選びなさい。

㋐ 約25倍　㋑ 約55倍　㋒ 約109倍　㋓ 約209倍　（　　　）

□(7) 地球から太陽までの距離はおよそ何kmか。次の㋐〜㋓から選びなさい。

㋐ 約50万km　㋑ 約150万km　（　　　）

㋒ 約500万km　㋓ 約1億5000万km

2 図は，太陽の黒点の動きを観察してスケッチしたものである。 ▸▸ 1

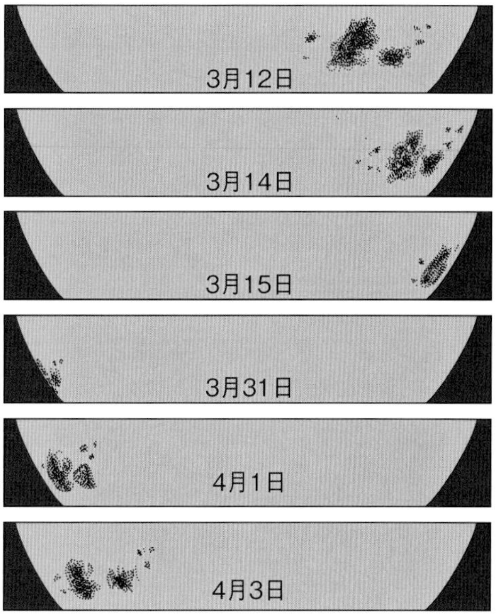
3月12日
3月14日
3月15日
3月31日
4月1日
4月3日

□(1) 黒点の位置は，図の右，左のどちらの向きに移動しているか。（　　　）

□(2) 黒点の図のような動きから，太陽は何という運動をしていることがわかるか。次の㋐〜㋒から選びなさい。（　　　）

㋐ 公転　㋑ 自転　㋒ 年周運動

□(3) 黒点の形は，太陽の周辺部では形がつぶれて見える。このことから，太陽についてどのようなことが考えられるか。次の㋐〜㋒から選びなさい。（　　　）

㋐ 球形である。

㋑ 気体である。

㋒ 自転している。

ヒント 1 (5) 太陽の表面の温度は，黒く見える部分の温度より高い。

2 (1) 日づけの順に動きをたどると，いったん太陽の裏側を通っていることがわかる。

単元5

地球と宇宙―教科書256〜259ページ

3章　宇宙の中の地球(2)

時間 10分　解答 p.27

(　　) と [　　] にあてはまる語句を答えよう。

1 太陽系のすがた／生命の星 地球

教科書p.260～267 ▶▶1 2

□(1) 図の①, ②

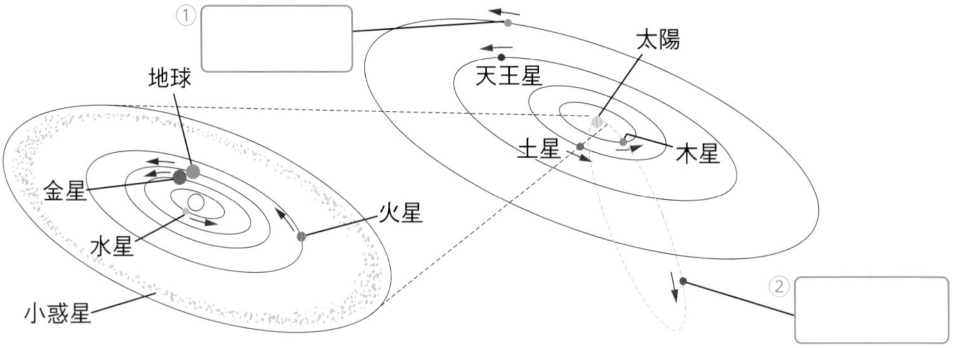

□(2) 太陽と，太陽を中心として運動している天体の集まりを，③(　　　　)という。

□(3) 水星，金星，地球，火星は，小型で主に岩石からなる密度が大きい惑星で，④(　　　　)型惑星という。また，木星，土星，天王星，海王星は，大型で主に水素やヘリウムなどの気体からなる密度が小さい惑星で，⑤(　　　　)型惑星という。

□(4) 惑星のまわりを公転する天体を⑥(　　　　)という。

□(5) 火星と木星の軌道の間には，岩石でできた⑦(　　　　)がある。

□(6) すい星から出たちりが地球の大気とぶつかって光る現象を，⑧(　　　　)という。

□(7) 地球には生命体が存在するが，生命体が存在し続けるためには，豊富な⑨(　　　　)と，⑨が液体で存在できる適度な温度を保ち，酸素を含む⑩(　　　　)が重要である。

2 銀河系と宇宙の広がり

教科書p.268～274 ▶▶2

□(1) 図の①

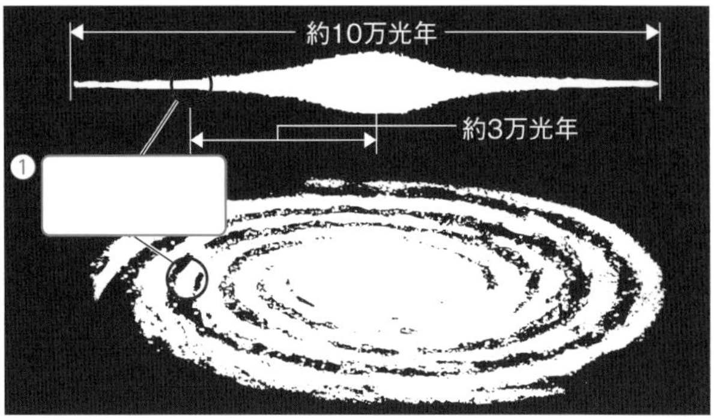

□(2) 恒星の集団を②(　　　　)といい，ガスのかたまりをともなう天体を③(　　　　)という。

□(3) 太陽系や星座をつくる星々が属する，千億個以上の恒星からなる集団を④(　　　　)という。④は天の川銀河ともいう。

□(4) 銀河系の外にある，恒星が数億個～1兆個以上集まった星の大集団を⑤(　　　　)という。

要点
- ●太陽と，太陽のまわりを公転している天体の集まりを太陽系という。
- ●太陽系は銀河系に属していて，銀河系の外には多数の銀河がある。

3章　宇宙の中の地球(2)

時間 15分　解答 p.28

1 図は，太陽系の惑星の軌道を北極上空から見たものである。A～Fは太陽に近い順に並んでいるが，Fより遠い惑星は省略してあり，太陽からの距離の比率は正確ではない。 ▶▶1

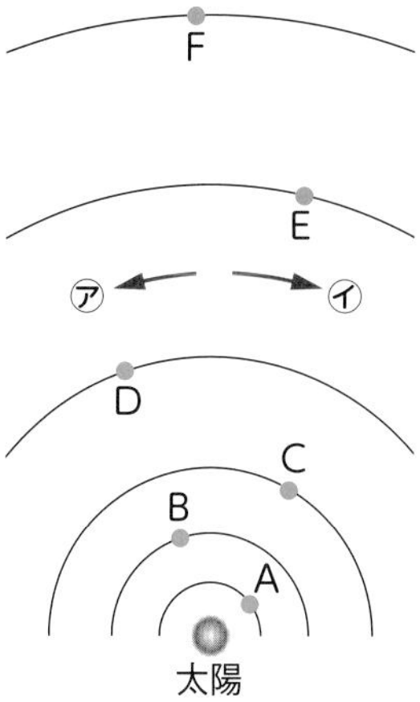

□(1) 惑星の公転の向きは，図の㋐，㋑のどちらか。（　　）

□(2) 惑星の公転周期が長いものから順に，A～Fの記号を並べなさい。
（　→　→　→　→　→　）

□(3) 地球は，A～Fのどれにあたるか。（　　）

□(4) 太陽系の惑星の中で，最も直径が大きいのはA～Fのうちどれか。（　　）

□(5) この図では，あと何個の惑星が省略されているか。（　　）

□(6) DとEの間にたくさんある，岩石でできた小さな天体を何というか。（　　）

□(7) 地球のまわりを回っている月のような天体を何というか。（　　）

□(8) 地球型惑星のなかまはどれか。地球を含めてA～Fから全て選びなさい。（　　）

□(9) 太陽系の惑星の中で，木星型惑星だけの特徴はどれか。次の㋐～㋔から全て選びなさい。（　　）

㋐　球形である。　㋑　主に気体でできている。　㋒　密度が大きい。
㋓　直径が大きい。　㋔　太陽の光を反射して光る。

2 図は，宇宙に無数に存在する恒星の大きな集団のうち，地球や太陽を含むものを模式的に表したものである。 ▶▶1 2

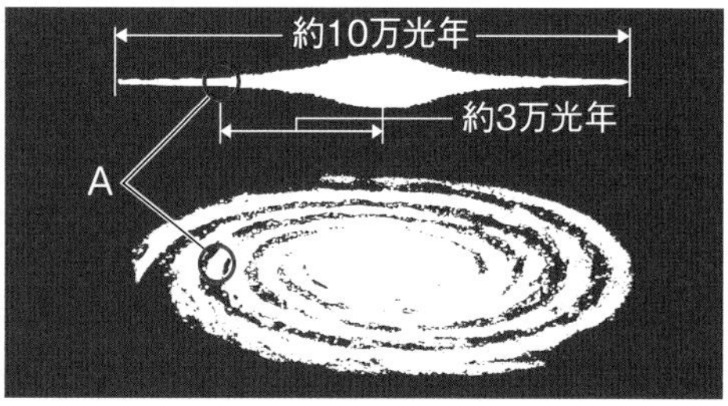

□(1) 図の，非常に多くの恒星が集まってできている大きな集団を何というか。（　　）

□(2) 図のAは太陽を中心とした天体の集団である。Aを何というか。（　　）

□(3) Aに含まれている地球からは，(1)の中心方向にある恒星は帯状に密集して見える。これを何というか。（　　）

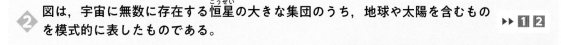

ヒント 1 太陽系の惑星は，水星，金星，地球，火星，木星，土星，天王星，海王星である。
2 (3) 恒星が川のように帯状に見えるものである。

3章　宇宙の中の地球

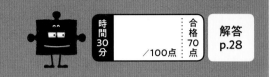

時間30分　　／100点　合格70点　解答 p.28

❶ 次の文の①～⑧にあてはまる語句や数字を，あとの㋐～㋟からそれぞれ選びなさい。　24点

太陽は，地球から約(　①　)kmも離(はな)れているので，月と同じくらいの大きさに見えるが，実際は太陽の直径は地球の約(　②　)倍もある。太陽は，表面では約(　③　)℃，中心部では約(　④　)℃であり，高温の(　⑤　)からできていて，はげしい活動が起こっている。表面に見られる(　⑥　)は，まわりに比べると温度が(　⑦　)くなっていて，その位置が日がたつにつれて変化し，周辺部では形がつぶれて見えることから，太陽が球形であり，(　⑧　)していることがわかる。

㋐ 固体　㋑ 液体　㋒ 気体　㋓ 109　㋔ 黒点(こくてん)
㋕ 1600万　㋖ 3000万　㋗ 1億5000万　㋘ 200万　㋙ 低　㋚ 高
㋛ 自転(じてん)　㋜ 4000　㋝ 6000　㋞ 100万　㋟ 公転(こうてん)

❷ 図1は，太陽のようすを模式的に表したものである。　30点

図1

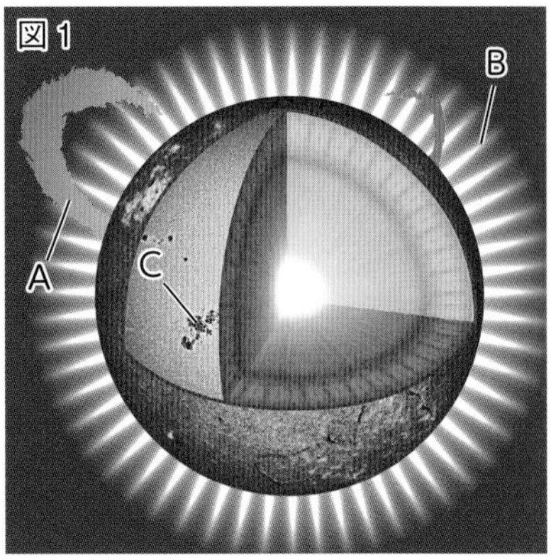

□(1) 次の①～③にあてはまる部分を，図1のA～Cからそれぞれ選び，記号で答えなさい。
① 太陽の活動が活発なときに多く見られ，約11年の周期で数が変化している。
② 皆既日食(かいきにっしょく)のときには観測できるうすいガスの層で，100万℃以上の高温になっている。
③ 約10000℃の高温のガスが噴(ふ)き上がっているように見える。

□(2) 図1のA～Cの部分は，それぞれ何というか。名前を答えなさい。

よく出る □(3) [記述] 図1のCの部分が黒く見えるのはなぜか。簡単に説明しなさい。[思]

□(4) Cの部分の観測を続けていると，しだいに東から西に向かって移動していった。このことからわかることはどのようなことか。次の㋐～㋓から選びなさい。
㋐ 太陽は東から西の向きに自転している。
㋑ 太陽の活動は，表面より中心部のほうが活発である。
㋒ 太陽は球形である。
㋓ 太陽は気体でできている。

□(5) [作図] 図2は，太陽表面の中心部に見えたCを模式的に円で表している。Cが周辺部へ移動したときの見え方を，形の変化がわかるようにかきなさい。[思]

図2

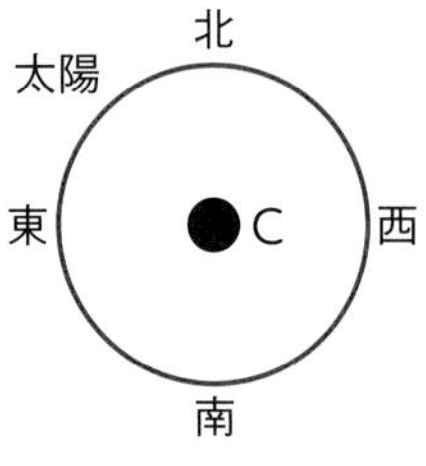

成績評価の観点　[技]…観察・実験の技能　[思]…科学的な思考・判断・表現

3 図は，太陽系の8つの惑星の軌道を表している。 36点

□(1) 図のA～Hの惑星の名前を答えなさい。

[点UP] □(2) 次の①～④の文は，太陽系の天体について述べたものである。下線部が正しい場合には○を書きなさい。まちがっている場合には正しく直しなさい。

① 地球にいちばん近い惑星は火星である。

② 月は地球の衛星である。

③ 惑星の公転の向きは，地球型惑星と木星型惑星で逆向きである。

④ 太陽系には，8つの惑星とその惑星の衛星，太陽以外に天体がない。

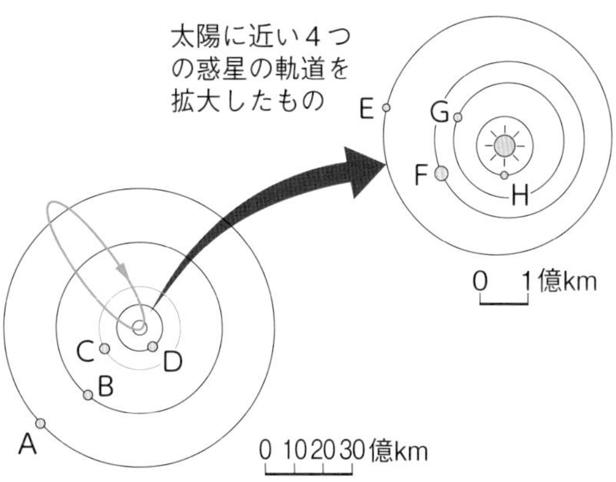

太陽に近い4つの惑星の軌道を拡大したもの
E
G
F
H
0 1億km
C
D
B
A
0 10 20 30億km

4 図は，宇宙に数多くある恒星の集団のうち，太陽系を含むものを表している。 10点

□(1) 太陽系を含む図の恒星の集団を何というか。

□(2) 図の（あ）にあてはまる数はどれか。次の㋐～㋒から選びなさい。

㋐ 1万　　㋑ 10万　　㋒ 100万

□(3) 太陽系は，図の恒星の集団の円盤の中心から約何光年離れているか。（い）にあてはまる数を答えなさい。

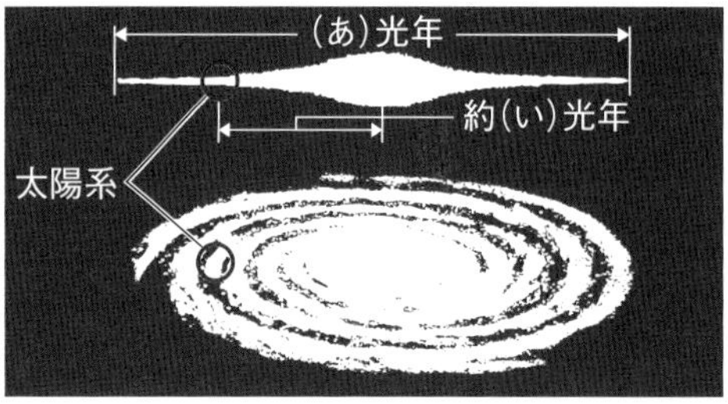

（あ）光年
約（い）光年
太陽系

1	① 3点		② 3点		③ 3点		④ 3点	
	⑤ 3点		⑥ 3点		⑦ 3点		⑧ 3点	
2	(1)	① 3点		② 3点		③ 3点		
	(2)	A 3点		B 3点		C 3点		
	(3) 4点							
	(4) 4点			(5) 図2に記入 4点				
3	(1)	A 3点	B 3点	C 3点	D 3点			
		E 3点	F 3点	G 3点	H 3点			
	(2)	① 3点	② 3点	③ 3点	④ 3点			
4	(1) 3点		(2) 3点		(3) 4点			

定期テスト予報 太陽は表面のようすと黒点の動きについて出題されやすいでしょう。
太陽の特徴が黒点の動きからいろいろ推定できることをおさえておきましょう。

1章　自然環境と人間

時間 10分　解答 p.29

（　）と［　］にあてはまる語句を答えよう。

1 自然環境の変化

教科書p.288〜295　▶▶❶❷

□(1) 地球上の①（　　　）は，周囲の環境に影響（えいきょう）を受けるとともに，その環境を変えてきた。これまでの生育環境に適合した生物にとって，②（　　　）に大きな変化があれば，その影響は避（さ）けられない。

□(2) 生物は自然環境において③（　　　）の関係にある。その中で④（　　　）の急激な増加は，自然環境や生態系（せいたいけい）に大きな影響を与（あた）え，多くの野生生物は数を減らし，一部は⑤（　　　）した。

□(3) 近年，地球の気温が上昇（じょうしょう）している。これを⑥（　　　）といい，気温の上昇だけでなく，⑦（　　　）の上昇など，さまざまな環境変化が起こると予想されている。

□(4) もともと生息していなかった地域に，人間の活動によって持ちこまれて定着した生物を⑧（　　　）という。

□(5) 川の汚（よご）れの程度は，そこにすんでいる⑨（　　　）の調査で調べることができる。

□(6) 図の⑩，⑪

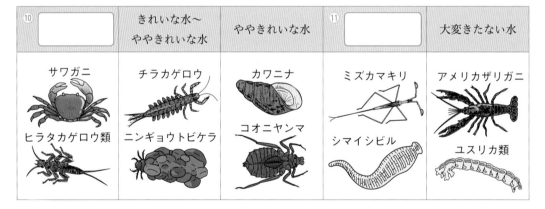

⑩［　　　］	きれいな水〜ややきれいな水	ややきれいな水	⑪［　　　］	大変きたない水
サワガニ ヒラタカゲロウ類 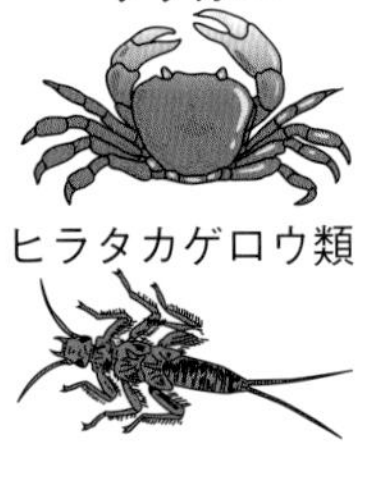	チラカゲロウ ニンギョウトビケラ 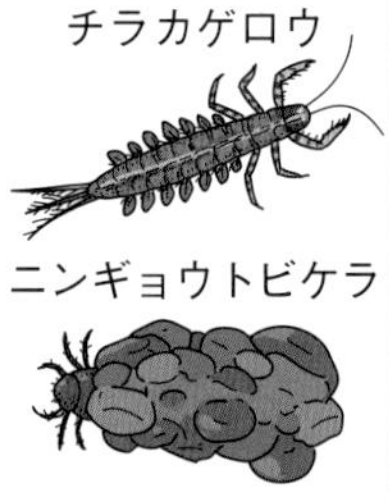	カワニナ コオニヤンマ 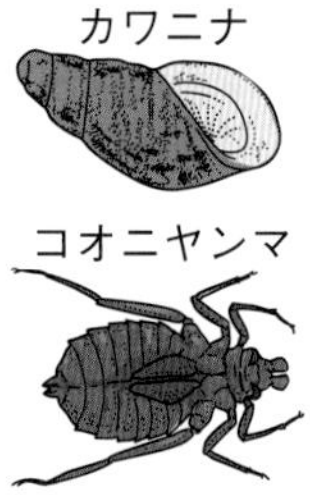	ミズカマキリ シマイシビル 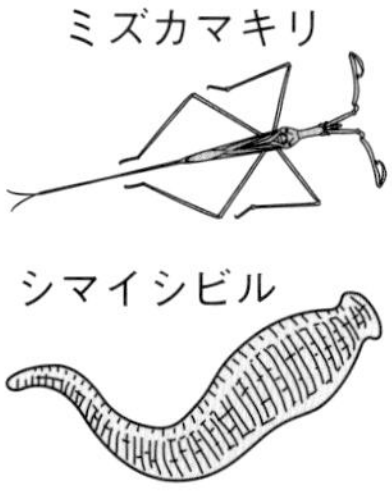	アメリカザリガニ ユスリカ類 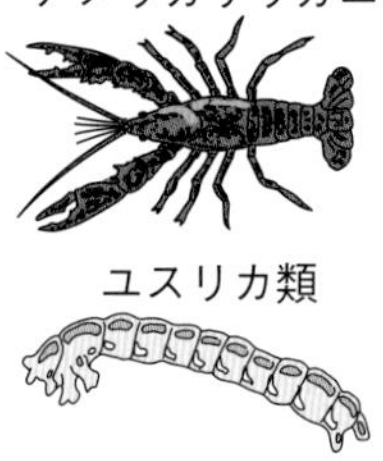

2 地域の自然災害

教科書p.296〜300　▶▶❸

□(1) 日本列島は，年間を通して大陸性と海洋性のさまざまな①（　　　）の影響を強く受けるため，②（　　　）や豪雨（ごうう），竜巻（たつまき）など，さまざまな災害が発生する。

□(2) 日本列島は4枚の③（　　　）がぶつかる場所にあり，地震（じしん）の揺（ゆ）れによる災害だけでなく，④（　　　）が発生して大きな災害をもたらすことがある。

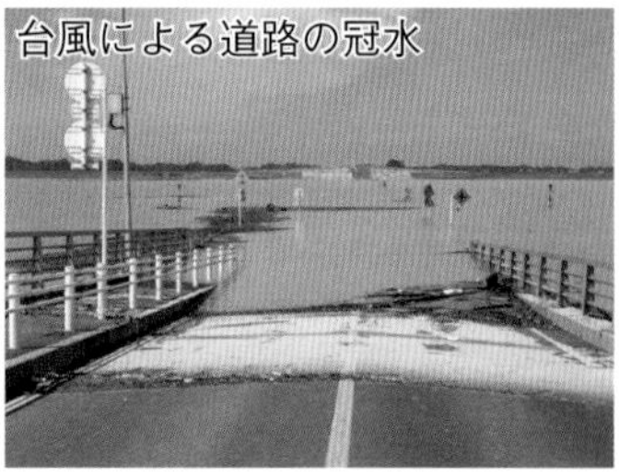
台風による道路の冠水

□(3) 火山は，噴火（ふんか）すると火山弾（かざんだん）や火山ガスなどの⑤（　　　）により，大きな被害（ひがい）をもたらす。

要点　●人間の活動は，自然環境や生態系に大きな影響を与えている。

1章　自然環境と人間

時間 15分　解答 p.29

1 人間の活動範囲が広がるにつれて，ある地域に本来すんでいなかった生物が持ちこまれ，野生化して定着するようになる場合がある。 ▸▸1

□(1) 下線部のような生物を何というか。（　　　）

□(2) (1)のような生物が入ってくることは，その地域の生態系に問題を生じる場合がある。それはなぜか。次の㋐～㋓から選びなさい。（　　　）

㋐ その地域の土や水などを汚すことが多いから。

㋑ 本来その地域にすんでいる生物の存在がおびやかされる場合があるから。

㋒ 環境の変化が起こりにくくなるから。

㋓ 新しい種類の生物が誕生しにくくなるから。

2 川の水の汚れの程度を調べるには，その川にすむ生物の種類と数を調べる。次のA～Hの生物は，川の水を調べる手掛かりとなる生物である。 ▸▸1

A サワガニ　B ミズカマキリ　C シマイシビル　D アメリカザリガニ
E カワニナ　F タニシ類　G ユスリカ類　H ヒラタカゲロウ類

□(1) A～Hのような基準となる生物を何というか。（　　　）

□(2) 大変きたない水にすむ生物はどれか。A～Hから全て選びなさい。（　　　）

□(3) ある川Xにすむ生物の種類と数を調べたところ，右の表のような結果になった。川の水の汚れぐあいを次の㋐～㋔の5段階に分けたとき，川Xの汚れぐあいはどの段階といえるか。最も適するものを選びなさい。（　　　）

サワガニ	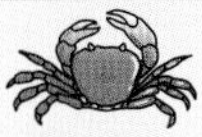	3	アメリカザリガニ	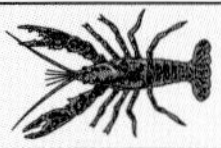	0
カワニナ	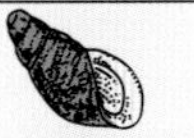	12	ミズカマキリ	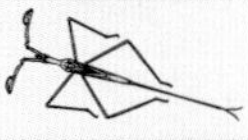	1
タニシ類	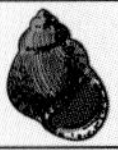	1	ユスリカ類	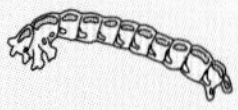	0
ヒル	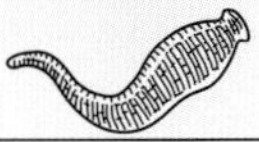	1	ヒラタカゲロウ類	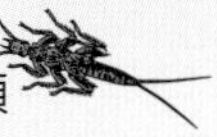	4

㋐ 大変きたない水　㋑ きたない水
㋒ ややきれいな水　㋓ きれいな水
㋔ きれいな水～ややきれいな水

3 自然環境がもたらす災害について，次の問いに答えなさい。 ▸▸2

□(1) 日本列島で，年間を通してさまざまな気団の影響を受けるためにもたらされる災害としてあてはまらないものはどれか。次の㋐～㋔から選びなさい。（　　　）

㋐ 台風　㋑ 豪雨　㋒ 津波　㋓ 竜巻　㋔ 大雪

□(2) 日本で地震や火山の災害が多いのはなぜか。「プレート」という言葉を使って簡単に説明しなさい。（　　　）

ヒント 2 (3) カワニナの数が最も多いことから考える。

2章　科学技術と人間(1)

時間 10分　解答 p.30

(　　)にあてはまる語句を答えよう。

1 エネルギーの利用

教科書p.302～305 ▸▸1

□ 日本では電気エネルギーのほとんどを①(　　　　　)発電，水力発電，原子力発電から得ている。

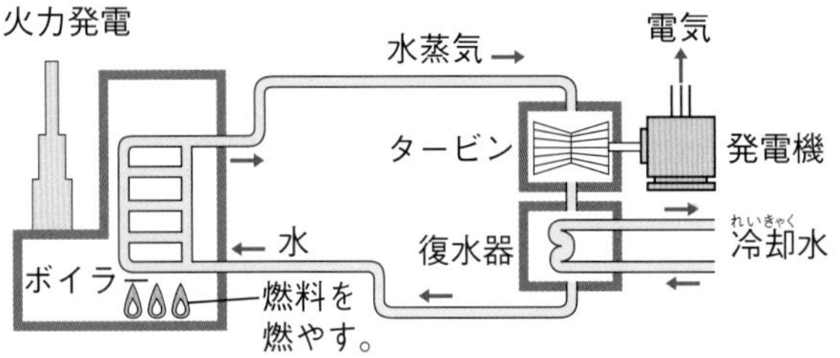

【石油など】化学エネルギー→(ボイラー)②(　　　　　)エネルギー→(発電機)電気エネルギー

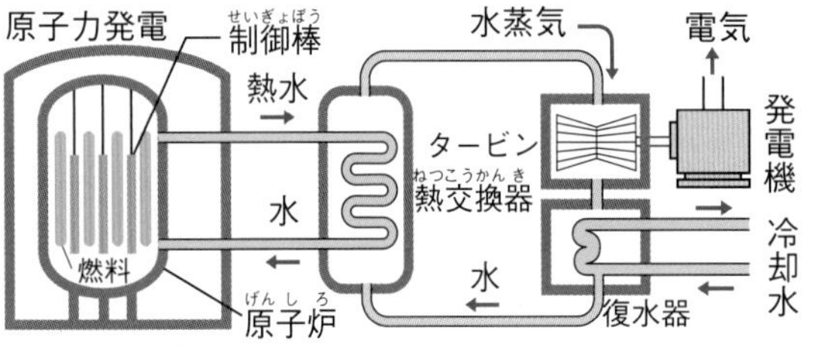

【ウラン】③(　　　　　)エネルギー→(原子炉)熱エネルギー→(発電機)電気エネルギー

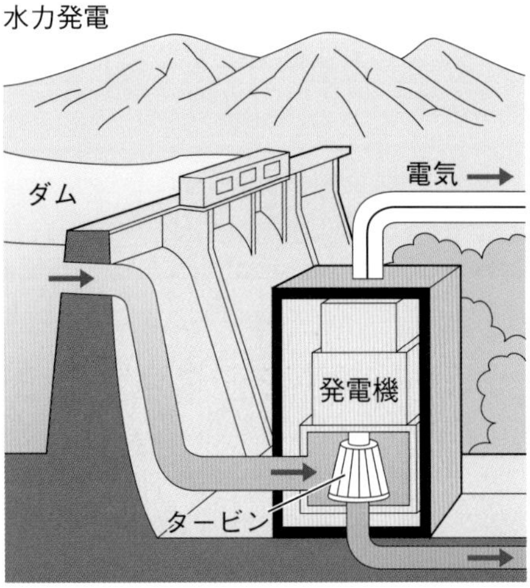

【高い所の水】④(　　　　　)エネルギー→(発電機)電気エネルギー

2 エネルギー利用の課題，放射線(ほうしゃせん)の性質

教科書p.306～311 ▸▸2

□(1) 火力発電に使う石油，石炭，天然ガスなどは，①(　　　　　)ともよばれている。

□(2) 化石燃料(かせきねんりょう)を燃やすと，硫黄(いおう)酸化物や窒素(ちっそ)酸化物が排出(はいしゅつ)され，②(　　　　　)の原因となる。また，二酸化炭素が大気中にたまり，③(　　　　　)の原因になるとも考えられている。

□(3) 太陽のエネルギーなど，いつまでも利用できるエネルギーを④(　　　　　)という。

□(4) 原子力発電は，少量の核(かく)燃料から大きなエネルギーが得られ，⑤(　　　　　)をほとんど排出しないが，使用済み核燃料の中には強い⑥(　　　　　)を出し続ける物質が含(ふく)まれるため，安全な形での管理が必要とされる。

□(5) 放射線は，目に見えず，物体を⑦(　　　　　)性質(透過性(とうかせい))，原子を⑧(　　　　　)にする性質(電離(でんり)作用)がある。放射線を受けることを⑨(　　　　　)という。

要点 ●火力発電，原子力発電は熱エネルギー，水力発電は位置エネルギーを利用。

時間 15分　解答 p.30

❶ 図は，火力発電，原子力発電，水力発電のしくみを模式的に表したものである。 ▶▶ [1]

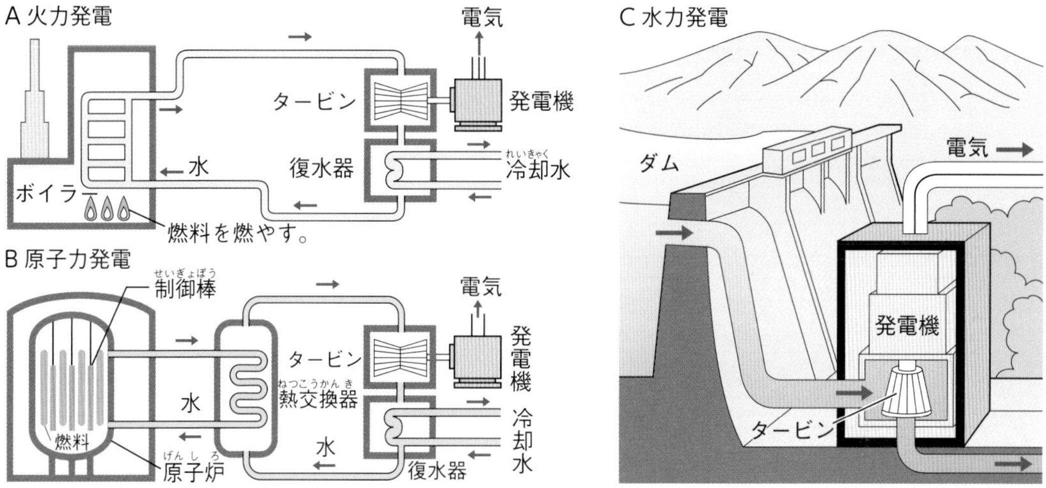

□(1)　火力発電，原子力発電，水力発電のうち，現在，1年間に発電される電力量が最も多いのはどれか。　(　　　　)

□(2)　図のA火力発電，B原子力発電で使用される燃料は何か。次の㋐～㋓からそれぞれ選びなさい。　A(　　　　)　B(　　　　)

㋐　化石燃料　　㋑　動物のふん

㋒　薪　　㋓　ウラン

□(3)　A火力発電もB原子力発電も，燃料から放出される何エネルギーを利用しているか。

(　　　　　　　　　　)

□(4)　水力発電では，もとの何エネルギーが最終的に電気エネルギーに変えられているか。

(　　　　　　　　　　)

❷ エネルギーの利用とその課題について，次の問いに答えなさい。 ▶▶ [2]

□(1)　原子力発電は，少量の核燃料から大きなエネルギーを得ることができるが，さまざまな問題点もある。その問題点にあてはまらないものはどれか。次の㋐～㋓から選びなさい。

㋐　原子炉内に放射性物質がたまっていく。　(　　　　)

㋑　使用済みの核燃料の処理や管理が困難である。

㋒　放射線を1000年以上も出し続ける物質を残してしまう。

㋓　大気中に有害な二酸化硫黄や二酸化炭素などを放出する。

□(2)　いつまでも枯渇することなく，環境を汚すこともほとんどないエネルギーをまとめて何というか。　(　　　　　　　　)

ミスに注意　❷(1) 火力発電の問題点が1つだけ混ざっている。

2章　科学技術と人間(2)

( )と□にあてはまる語句を答えよう。

1 いろいろな物質の利用

教科書p.312〜317　▶▶**①**

□(1) 動物の毛や絹，綿や麻などの植物でできている繊維を①( )という。

□(2) ポリエチレンやポリスチレンなど，石油などから人工的につくられた物質を②( )という。

□(3) 図の③〜⑤

ポリエチレン(PE)		③[_____] (PP)	
特徴 軽い(水に浮く)。水や薬品に強い。		特徴 とても軽い。100℃でも変形しない。	
④[_____] (PVC)		ポリスチレン(PS)	
特徴 燃えにくい。薬品に強い。		特徴 軽い発泡材料(発泡ポリスチレン)にもなる。	
ポリエチレンテレフタラート (PET)		⑤[_____] (PMMA)	
特徴 うすい透明な容器をつくりやすい。		特徴 厚い透明な板をつくりやすい。	

□(4) 新しい素材の1つである⑥( )は，鉄に比べて密度が小さく，引っ張り強度が10倍もあり，しなやかであるため，航空機の機体などに使われている。

2 くらしを支える科学技術

教科書p.319〜323　▶▶**②**

□(1) 住居は①( )の発明により一新した。近年は，②( )による揺れへの対策も進んでいる。

□(2) 人やものを運ぶ技術は，18世紀後半のワットによる③( )の改良をきっかけに，自動車や汽車，電車など，大量の人や品物を高速で運ぶ機械が次々と考案された。

□(3) 情報を伝える科学技術に関しては，20世紀の後半から，処理技術の革新と，コンピュータの④( )化が大きく進んだ。ノートパソコンや携帯電話が⑤( )を通じて世界中のコンピュータとつながり合い，情報の入手と伝達がたやすくなった。

□(4) くらしに必要なものやエネルギーを，現在そして将来の世代に渡って安定して手に入れることができる社会を，⑥( )とよぶ。

要点　●科学技術は，自然環境や資源，安全などに注意しながら利用する必要がある。

2章　科学技術と人間(2)

時間 15分　解答 p.30

1 図は，あるペットボトルのラベルの一部である。 ▸▸ 1

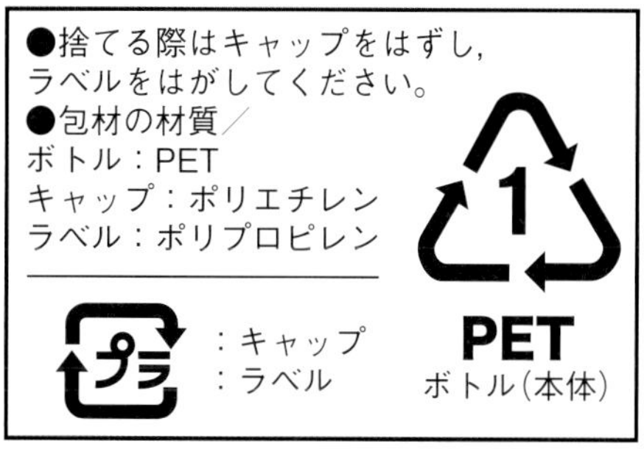
●捨てる際はキャップをはずし，
ラベルをはがしてください。
●包材の材質／
ボトル：PET
キャップ：ポリエチレン
ラベル：ポリプロピレン
1
プラ
：キャップ
：ラベル
PET
ボトル(本体)

□(1) PETや，ポリエチレン，ポリプロピレンなど，多くのプラスチックの原料となっているものは何か。（　　　）

□(2) PETは何の略語か。（　　　）

□(3) PETのように，①ポリエチレンと②ポリプロピレンを表す略語を，次の㋐～㋔からそれぞれ選びなさい。①（　　　）②（　　　）

㋐ PE　㋑ PP　㋒ PS　㋓ PVC　㋔ PMMA

□(4) PETが飲料用の容器に使われているのはなぜか。最も適切な理由を，次の㋐～㋒から選びなさい。（　　　）

㋐ 透明(とうめい)でじょうぶだから。　㋑ 薬品に強いから。

㋒ さびないから。

□(5) プラスチックは，有機物，無機物のどちらか。（　　　）

2 科学技術の進歩について，次の問いに答えなさい。 ▸▸ 2

□(1) 食品と科学技術の関わりについて述べた文のうち，正しいものはどれか。次の㋐～㋓から選びなさい。（　　　）

㋐ 化学肥料(ひりょう)の発明は，農作物の特性を改良することに役立ってきた。

㋑ 全ての食物(しょくもつ)は生物やその加工品なので，科学技術は役に立っていない。

㋒ 作物の特性を改良するには，いろいろな種類の間で交配を試すしかない。

㋓ 食品として利用する作物などの遺伝子(いでんし)を扱う技術が向上している。

□(2) 人やものを運ぶ手段は，18世紀後半の産業革命の時期に改良された蒸気機関の登場によって一気に加速された。この蒸気機関を改良した人物はだれか。（　　　）

□(3) パソコンや携帯電話(けいたいでんわ)で，Web上のサイトやホームページなどを見ることができるのは，世界中のコンピュータをつなぎ合う技術のおかげである。コンピュータをつなぎ合っているしくみ(通信回線)を何というか。（　　　）

□(4) 通信手段はいろいろな過程を経て進歩してきた。㋐～㋒の通信手段を出現した順に左から並べなさい。（　　→　　→　　）

㋐ 手紙(航空郵便)　㋑ スマートフォン　㋒ 飛脚(ひきゃく)

ヒント 1 (5) プラスチックは，加熱すると燃えて二酸化炭素を発生する。
2 (1) 近年，遺伝子の本体であるDNAを扱う技術が進歩している。

❶ 自然環境について，次の問いに答えなさい。 　15点

□(1)　川や湖沼の環境を調べることについて，①，②の問いに答えなさい。

　①　調べるときに指標となるものを，簡易水質検査器以外に1つあげなさい。

　②　ある川から，右の図のようなサワガニやカワゲラ類が多数見つかった。この川の水の汚れの程度はどれくらいと考えられるか。次の㋐～㋤から選びなさい。

サワガニ
カワゲラ類

　　㋐　きれいな水　　　㋑　少しきたない水

　　㋒　きたない水　　　㋤　大変きたない水

□(2)　もともと生息していなかった地域に，人間の活動によって持ちこまれて定着した生物は，その場所にもともとすんでいた生物の生存をおびやかすことがある。

　①　このような生物を何というか。

　②　次の生物のうち，①にあてはまるのはどれか。次の㋐～㋤から選びなさい。

　　㋐　スズメ　　　㋑　ゲンジボタル　　　㋒　ブルーギル　　　㋤　ニホンイシガメ

□(3)　絶滅が心配されている生物の保護をよびかけるために，いろいろな団体が作成している，そうした生物の一覧を何というか。

❷ 日本列島付近では地震が多く，また，火山も多数存在する。これについて次の問いに答えなさい。 　21点

□(1)　次の文は，日本列島付近で起こる地震について述べたものである。文中のA～Dにあてはまる語句を，あとの㋐～㋘から選びなさい。

　「地球の表面は，十数枚の岩盤である（　A　）で覆われている。これらの（　A　）は1年間に数cm程度の速さで動いている。日本列島の（　B　）側では，海の（　A　）が沈みこみ，陸の（　A　）との境界にひずみがたまるため，数十年程度の間隔で巨大（　C　）が発生し，それにともなう（　D　）が起こって大きな被害が出ることがある。」

　㋐　西　　　　㋑　東　　　　㋒　プレート　　　㋤　断層
　㋕　地震　　　㋖　台風　　　㋗　津波　　　　　㋘　噴火

□(2)　次の文は，火山の災害について述べたものである。文章中のA～Cにあてはまる語句を，あとの㋐～㋤から選びなさい。

　「火山の噴火によって，溶岩や（　A　）がふき出され，建物や田畑に被害が出る。また，（　B　）を起こした場合には，大きな被害が出ることもある。降り積もった（　A　）が（　C　）を引き起こすこともある。」

　㋐　火砕流　　　㋑　火山灰　　　㋒　液状化現象　　　㋤　土石流

❸ 次の文を読んで，あとの問いに答えなさい。 36点

火力発電の燃料に使う（　A　）や，原子力発電の燃料に使う（　B　）には数に限りがある。また，（　A　）を使うときに放出される（　C　）は，<u>地球から宇宙へ出ていく熱を吸収して地表に再放出する性質</u>がある。さらに，（　A　）に含まれる硫黄（いおう）の成分が酸化物となって大気中に放出されたり，空気中の（　D　）を酸化して酸化物をつくり出し，（　E　）の原因となる。原子力発電では，1000年単位で放射線（ほうしゃせん）を出し続ける使用済み核（かく）燃料が残り，その管理に大きな課題が生じる。

□(1) 文中の（　A　）〜（　E　）にあてはまる適切な語句を，次の㋐〜㋗からそれぞれ選びなさい。

　㋐　酸素　　㋑　窒素（ちっそ）　　㋒　二酸化炭素　　㋓　化石燃料（かせきねんりょう）

　㋔　オゾン　　㋕　ウラン　　㋖　オゾンの層の破壊（はかい）　　㋗　酸性雨

□(2) （　A　）の例を3つあげなさい。

 □(3) 下線部のはたらきが原因で，地球規模で起こっている環境問題を何というか。

□(4) 有限なエネルギー資源に対して，いつまでも利用できるエネルギーを何というか。

□(5) (4)で答えたエネルギーの資源を，次の㋐〜㋓から2つ選びなさい。

　㋐　太陽　　㋑　天然ガス　　㋒　地熱　　㋓　石油

 □(6) 記述 水力発電は，大気中に有害な物質を放出することのない発電方式であるが，その発電量は近年ほぼ一定で変化が見られない。その理由を簡単に説明しなさい。 思

❹ 次の問いに答えなさい。 8点

□(1) 次の㋐〜㋔の文のうち，正しいものはどれか。全て選びなさい。

　㋐　化石燃料やウランは無限にある。

　㋑　化石燃料を燃やしても，大気中に有害な気体が増えることはない。

　㋒　原子力発電では大気中に二酸化炭素をほとんど出さない。

　㋓　大気中に含まれる二酸化炭素や水蒸気は，地球から宇宙へ逃げる熱を吸収する。

　㋔　風力発電や地熱発電などの発電量は，全発電量の$\frac{1}{3}$を占めるようになった。

□(2) 放射線に関する㋐〜㋖の文のうち，正しいものはどれか。全て選びなさい。

　㋐　放射線には，α線（アルファ）とβ線（ベータ）の2種類だけがある。

　㋑　放射線は目に見えない。

　㋒　放射線には，物体を通り抜（ぬ）ける能力がある。

　㋓　放射線が人体に与（あた）える影響（えいきょう）を表す単位は，グレイ（Gy）である。

　㋔　放射線には電離（でんり）作用があり，がんの治療（ちりょう）に利用されている。

　㋕　放射線には，人工放射線と自然放射線がある。

　㋖　物体を通り抜ける能力は，α線が最も強い。

❺ 科学技術とその進歩について，次の問いに答えなさい。　　　　　　　20点

□(1)　次の文は，科学技術の進歩と食料の生産について述べたものである。文中の（　A　）〜
（　C　）にあてはまる適切な語句を書きなさい。

19世紀から20世紀にかけて生まれた（　A　）によって，食料である作物の収穫量(しゅうかくりょう)を上げ
ることができるようになった。また，人工的な交配によって行われていた作物の（　B　）
も，遺伝子(いでんし)の本体が（　C　）であることが明らかになると，遺伝子そのものを扱う技術
が向上して作物の（　B　）の新しい手法が生まれた。

□(2)　次の文を読んで，①，②の問いに答えなさい。

新聞やラジオ，テレビなどの発達により，わたしたちは大量の情報を速く受けとれるよう
になった。それだけでなく，持ち運びが容易な（　）電話，ファクシミリ，パソコンなど
の普及によって，1人ひとりが情報を発信し受けとることが，いつでも，また世界のどこ
でも可能になってきている。

①　文中の（　）に適切な言葉を入れなさい。
②　世界中のコンピュータをつなぎ合い，情報を速く交換(こうかん)できるようにしたしくみを何と
いうか。

❶	(1)	① 　　　　　3点	② 　　　　　3点
	(2)	① 　　　　　3点	② 　　　　　3点
	(3)	3点	

| ❷ | (1) | A 　　3点 B 　　3点 C 　　3点 D 　　3点 |
| | (2) | A 　　　3点 B 　　　3点 C 　　　3点 |

❸	(1)	A 3点 B 3点 C 3点 D 3点 E 3点
	(2)	5点
	(3)	4点
	(4)	4点	(5) 　　　3点
	(6)	5点

| ❹ | (1) | 　　　4点 | (2) 　　　4点 |

| ❺ | (1) | A 　　4点 B 　　4点 C 　　4点 |
| | (2) | ① 　　　4点 ② 　　　4点 |

定期テスト 予報　いろいろな発電方法についての，エネルギーの変換(へんかん)が出題されやすいでしょう。発電のため
の燃料の種類や，エネルギーの流れをしっかりおさえておきましょう。

テスト前に役立つ!

\\ 定期テスト //

予想問題

◀ チェック!

テスト前に解いて,わからない問題やまちがえた問題は,もう一度確認しておこう!

● テスト本番を意識し, 時間を計って解きましょう。

● 取り組んだあとは, 必ず答え合わせを行い,
  まちがえたところを復習しましょう。

● 観点別評価を活用して, 自分の苦手なところを確認しましょう。

定期テスト
予想問題
1

1章　力の合成と分解
2章　水中の物体に加わる力
3章　物体の運動（1）

時間30分　／100点　合格70点　解答 p.32

❶ 力について，次の各問いに答えなさい。

28点

よく出る □(1) [作図] 次の①，②の合力を作図しなさい。

①

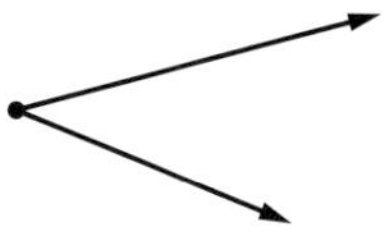

②

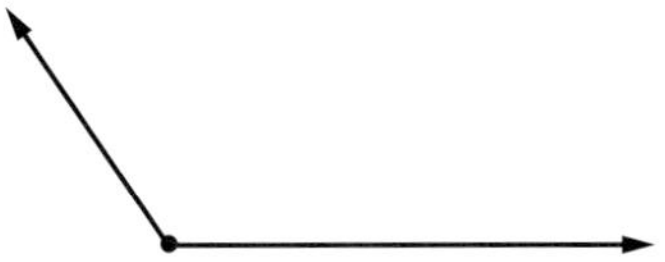

□(2) [作図] 次の①，②の力を┈┈の方向の２つの力に分解しなさい。

①

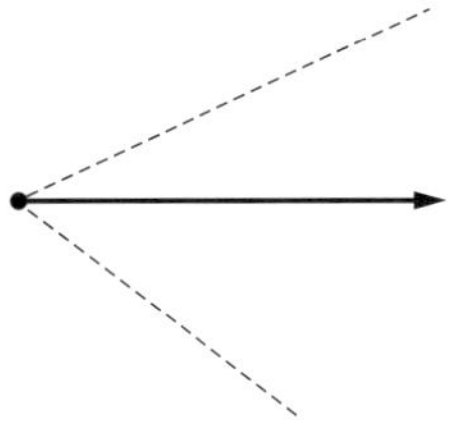

②

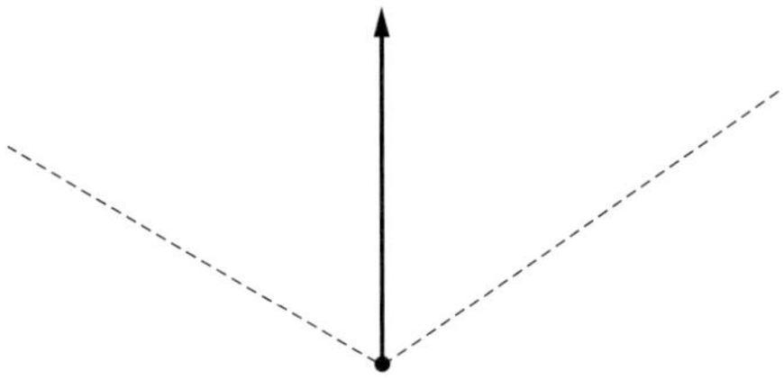

❷ 物体Aを空気中でばねばかりに下げると，0.22 Nを示した。これを図のように水中に入れると，ばねばかりは0.16 Nを示した。

14点

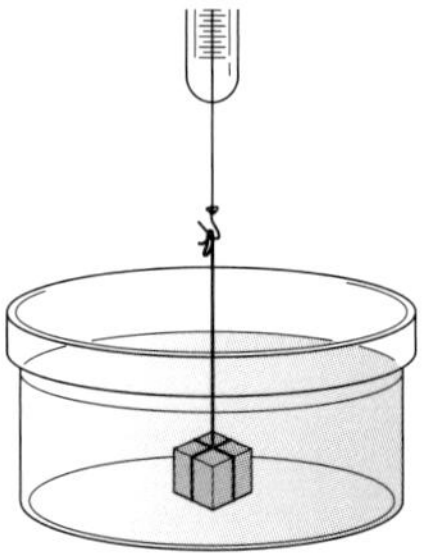

点UP □(1) [計算] 物体Aが水から受けた浮力の大きさは何Nか。

□(2) 物体A全体を水中に入れたまま，物体Aが底に着かないようにして物体の深さを変えた。このとき，ばねばかりの示す値はどうなったか。次の㋐～㋒から選びなさい。

㋐ 大きくなった。　㋑ 小さくなった。

㋒ 変わらなかった。

❸ 下の図のような記録タイマーを使って，テープを引く速さを変えて手の動いた速さを調べたら，㋐～㋒の記録が得られた。記録タイマーは1秒間に50打点するものとし，テープは右から左に引かれたものとする。

21点

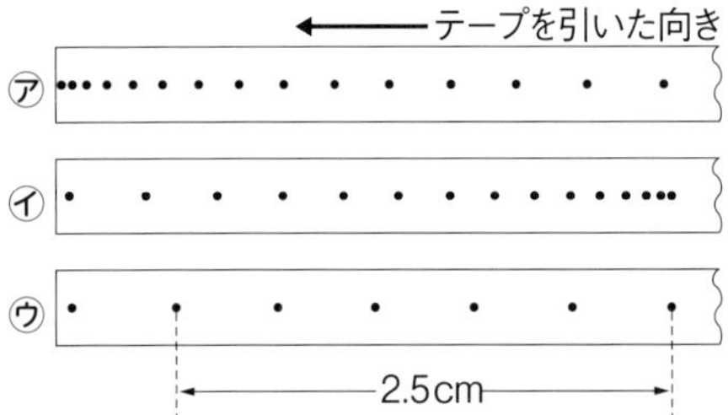

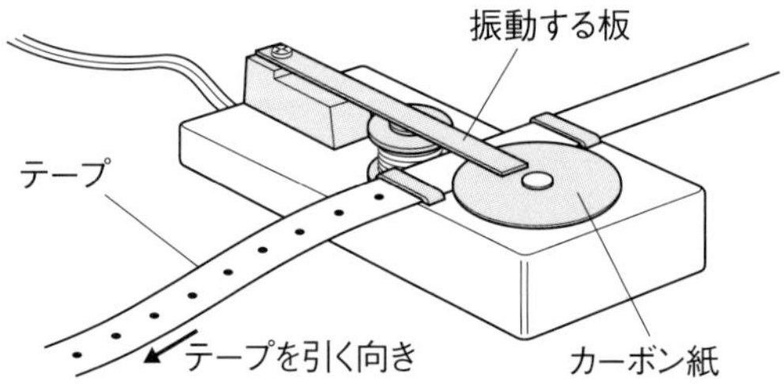

よく出る □(1) 速さがしだいに増加する運動は，㋐～㋒のどれか。

□(2) 速さがしだいに減少する運動は，㋐～㋒のどれか。

□(3) [計算] テープ㋒を手が引いたときの速さは何cm/sか。

[成績評価の観点]　[技]…観察・実験の技能　[思]…科学的な思考・判断・表現

❹ 一定の時間間隔でストロボスコープを光らせ，転がるボールを撮影したところ，下の図のようになった。

14点

□(1) 図のABの間，ボールの転がる時間と速さとの関係をグラフに表したものはどれか。最も適切なものを⑦〜⑤から選びなさい。

はじめの位置

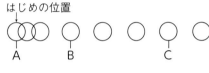

A　　　B　　　　　　C

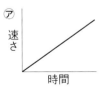  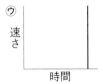 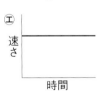

□(2) 図のBCの間，ボールが転がる時間と転がった距離との関係をグラフに表したものはどれか。最も適切なものを⑦〜⑤から選びなさい。

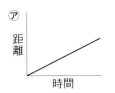 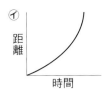 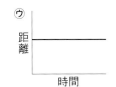 

❺ 図のように，水平な机の上に置かれた台車とおもりが，滑車を通して糸でつながれ，おもりが台車を引いている。この台車の動きを，1秒間に60打点する記録タイマーでテープに記録し，それを6打点ごとに切って順にa，b，c，…とし，その長さをはかった結果，下の表のようになった。

23点

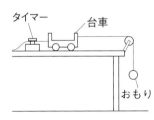

区間	a	b	c	d	e	f	g	h	i
1区間の長さ〔cm〕	2	4	6	8	10	12	12	12	12

□(1) 区間a〜fでは，各区間ごとに台車の速さは何cm/sずつ速くなっているか。

□(2) 作図 区間a〜iを，台車が運動するとき，時間と速さの関係を，右の図にかきなさい。

□(3) 計算 区間a〜iで，台車が移動した距離は何cmか。

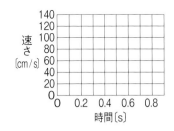

❶	(1)	①	図に記入 7点	②	図に記入 7点	(2)	①	図に記入 7点	②	図に記入 7点
❷	(1)				7点	(2)				7点
❸	(1)		7点	(2)		7点	(3)				7点
❹	(1)				7点	(2)				7点
❺	(1)		7点	(2)	図に記入	9点	(3)				7点

❶ ／28点　　❷ ／14点　　❸ ／21点　　❹ ／14点　　❺ ／23点

127

定期テスト予想問題

運動とエネルギー｜教科書10〜45ページ

3章　物体の運動（2）
4章　仕事とエネルギー

❶ 次の①～⑤の現象は，下の㋐～㋒のどれと最も関係が深いか。それぞれ選び，記号で答えなさい。
20点

□① 雨粒にはたらく重力と空気の抵抗がつり合って落ちていく運動。

□② 走っている電車が止まるとき，乗客の体が前にたおれそうになる性質。

□③ ロケットが燃料を燃やして噴射し，上昇していくときの力の関係。

□④ 池にはった氷の上で木片をすべらせたら，一定の速さで進む運動。

□⑤ だるま落としで木片をたたいてぬくと，上の木片はまっすぐ下に落ちる性質。

　　㋐　慣性　　　　㋑　作用・反作用　　　　㋒　等速直線運動

❷ 計算 図は，摩擦のある水平な床の上で一定の速さで荷物を動かしているようすである。このとき，ひもを水平に引く力は200Nであった。
12点

□(1) 図で，荷物にはたらいている摩擦力の大きさは何N
か。

□(2) 図で，荷物を2m移動させたとき，ひもを引く力がした仕事は何Jか。

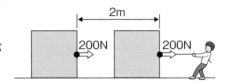

❸ 計算 図1は，Aさんが定滑車を使って一定の速さで10kgの荷物を持ち上げているようすを表している。質量が100gの物体にはたらく重力の大きさを1Nとし，ひもと滑車の重さや，ひもと滑車の間の摩擦は考えないものとする。
42点

□(1) 図1で，ひもを1m真下に引いて荷物を1m持ち上げたとき，ひもを引く力の大きさは何Nか。

□(2) (1)のとき，Aさんがした仕事は何Jか。

□(3) 図1で，ひもを斜めに引いて荷物を1m持ち上げたとき，Aさんがした仕事は何Jか。

□(4) (3)のとき，荷物を1m持ち上げるのにかかった時間は20秒であった。Aさんがした仕事の仕事率は何Wか。

□(5) 荷物を持ち上げるのに，図2のように定滑車に加えて動滑車を1個組み合わせた。荷物を1m持ち上げたとき，ひもを引く長さは何mか。

□(6) (5)のとき，Aさんがした仕事は何Jか。

□(7) いろいろな道具や装置を使って荷物を同じ高さまで持ち上げるときの仕事について，(2)，(3)，(6)の結果に示されることが成り立つことを何というか。

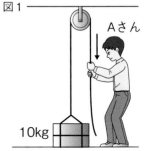

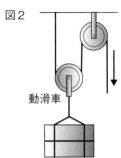

成績評価の観点　技…観察・実験の技能　思…科学的な思考・判断・表現

❹ カーテンレールで図のような装置をつくり，台からの高さが20cmの点Aから金属球を静かに転がしたところ，金属球は点B，C，Dを通過して点Fまで上がった。空気の抵抗や摩擦は考えないものとし，位置エネルギーの基準を点Cの高さとする。　16点

□(1)　点Fの台からの高さは何cmか。

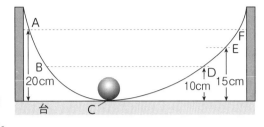

□(2)　金属球が点Aでもっていた位置エネルギーを10Jとする。

　①　点Cはレール上でもっとも低い位置であるとすると，金属球が点Cを通過する瞬間にもっている運動エネルギーは何Jか。

　②　点BとDは台からの高さが同じ10cmであるとすると，金属球が点Bおよび点Dを通過する瞬間にもっている位置エネルギーは何Jか。

　③　金属球が点Eを通過する瞬間にもっている運動エネルギーは何Jか。

❺ 図のように，たき火の火に手をかざすと，たき火から離れていても手や体の表面にあたたかさを感じた。　10点

□(1)　手や体の表面があたたかさを感じたのは，たき火の熱が赤外線などの光として放出されているからである。このような熱の伝わり方を何というか。

□(2)　(1)と同じ熱の伝わり方にあてはまるものを，次の㋐〜㋓から選びなさい。

　㋐　熱いスープにスプーンを入れると，スプーンが熱くなった。

　㋑　エアコンの風向を下に向けて温風を出すと，部屋全体があたたまった。

　㋒　夏の晴れた日の道路が，太陽の光で熱くなっていた。

　㋓　風呂で熱い湯船につかると，冷えた体があたたかくなった。

❶	①		②		③	
		4点		4点		4点
	④		⑤			
		4点		4点		
❷	(1)			(2)		
			6点			6点
❸	(1)			(2)		
			6点			6点
	(3)			(4)		
			6点			6点
	(5)			(6)		
			6点			6点
	(7)					
			6点			
❹	(1)		4点	(2) ①	4点	②	4点	③	4点
❺	(1)			(2)		
			5点			5点

❶ ／20点　❷ ／12点　❸ ／42点　❹ ／16点　❺ ／10点

定期テスト
予想問題
3

1章　生物の成長とふえ方
2章　遺伝の規則性と遺伝子
3章　生物の種類の多様性と進化

時間 30分　／100点　合格 70点

解答 p.33

❶ 右の図は，カエルの生殖，発生，成長のようすを模式的に表したものである。　32点

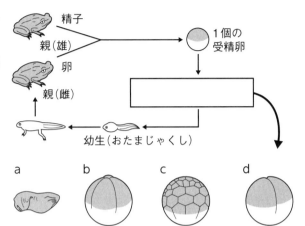

□(1)　カエルのような生殖のしかたを何というか。

□(2)　図中の□□内のa〜dは，それぞれ発生の過程の一部を示している。a〜dを発生の順に並べかえなさい。

□(3)　次の①，②の器官をそれぞれ何というか。
　　①　精子をつくる器官
　　②　卵をつくる器官

❷ 図のように，代々丸い種子ができるエンドウと代々しわのある種子ができるエンドウを受粉させ，できた丸い種子を自家受粉させた。　36点

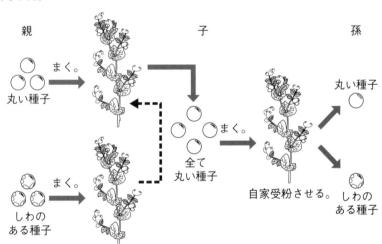

□(1)　丸としわの形質のように，どちらか一方しか現れない形質どうしを何というか。

□(2)　丸の形質としわの形質は，どちらが顕性の形質といえるか。

□(3)　顕性の形質に対するもう一方の形質を何というか。

よく出る □(4)　丸い種子をつくる形質を伝える遺伝子をA，しわのある種子をつくる形質を伝える遺伝子をaとすると，子の代の遺伝子の組み合わせはどうなるか。次の㋐〜㋒から選びなさい。
　　㋐　AA　　㋑　Aa　　㋒　aa

よく出る □(5)　孫の代の遺伝子の組み合わせと，できた種子の数の比はどうなるか。次の㋐〜㋓から選びなさい。
　　㋐　AA：Aa：aa＝1：1：1　　㋑　AA：Aa：aa＝1：2：1
　　㋒　AA：Aa：aa＝3：1：1　　㋓　AA：Aa：aa＝3：3：1

□(6)　親の遺伝子が，子から孫へと受け継がれていくとき，孫の代に現れる遺伝子の組み合わせが(5)になるのは，遺伝に関する法則が成り立っているからである。この法則は何か。

　成績評価の観点　技…観察・実験の技能　　思…科学的な思考・判断・表現

③ 図は，スズメ，コウモリ，クジラ，ヒトの前あし（腕）の骨格を表したものである。　32点

□(1) スズメ，コウモリ，クジラの前あしの特徴を，
　　　次の⑦〜①からそれぞれ選びなさい。
　　　⑦　陸上を歩くのに適している。
　　　①　水中を泳ぐのに適している。
　　　⑦　空を飛ぶのに適している。
　　　①　木の上を伝って移動するのに適している。

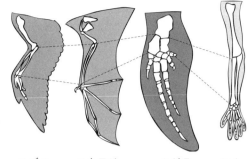

スズメ　　コウモリ　　クジラ　　ヒト

□(2) 図の4種類の生物の前あしは，もとは魚類の
　　　何という部分だったと考えられるか。次の⑦
　　　〜①から選びなさい。
　　　⑦　背びれ　　　　①　胸びれ　　　⑦　尾びれ　　　①　えら

□(3) 図の4種類の生物の前あしは，どれももとは同じもので それが変化してできたと考えられ
　　　る。このような関係にある体の部分を何というか。

□(4) (3)の中には，はたらきを失って痕跡のみとなっているものもある。これを何というか。

□(5) (4)の例として正しいものを，次の⑦〜①から全て選びなさい。
　　　⑦　チョウのはね
　　　①　ヘビの後あし
　　　⑦　クジラの後あし
　　　①　イカの外とう膜の内側にある骨のようなもの

□(6) 次の文の□□にあてはまる語句を書きなさい。
　　　(3)や(4)は，生物が長い時間をかけて変化してきたことの証拠であると考えられている。こ
　　　のような変化を□□□という。

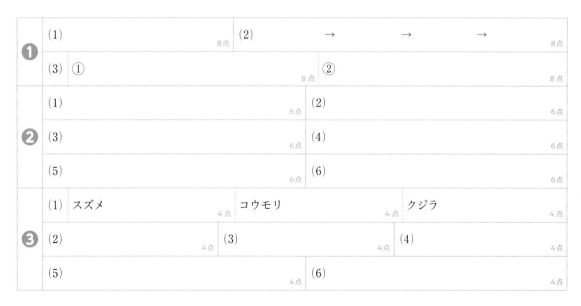

①	(1)		8点	(2)	→	→	→	8点
	(3) ①		8点	②				8点
②	(1)		6点	(2)				6点
	(3)		6点	(4)				6点
	(5)		6点	(6)				6点
③	(1) スズメ	4点	コウモリ	4点	クジラ			4点
	(2)	4点	(3)	4点	(4)			4点
	(5)	4点	(6)					4点

定期テスト
予想問題
4

1章　生物どうしのつながり 2章　自然界を循環する物質

時間30分　／100点　合格70点　解答 p.34

[よく出る] **1 図は，ある湿原に生活する生物どうしのつながりを模式的に示したものである。図中の→は有機物の，⇨は無機物の流れを表している。** 24点

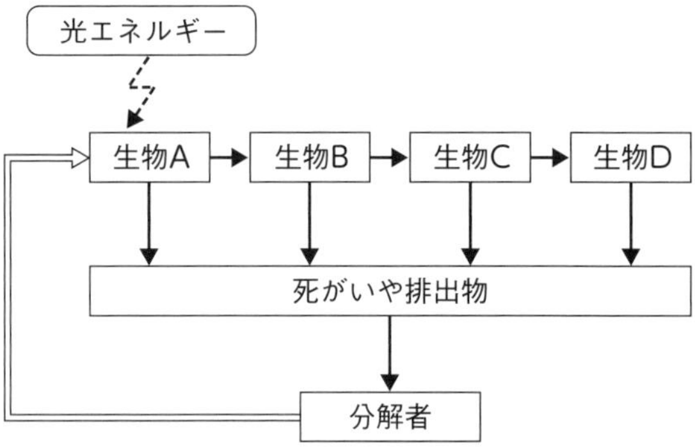

□(1) 生物A～D間の矢印で示されるつながりを何というか。

□(2) 生物Aは(1)のつながりの出発点である。生物Aを自然界の中では何というか。

□(3) 生物B，C，Dを，生物Aに対して自然界の中では何というか。

□(4) 図中の生物Cの数量が急激に増加した場合，生物B，Dの数量は一時的にどうなるか。[思]

2 図は，土の中での生物の数量関係を表したピラミッドである。 12点

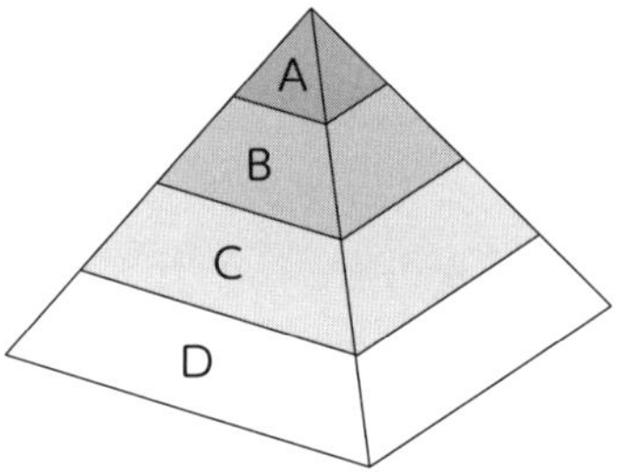

□(1) A，B，Cにあてはまる生物の組み合わせとして適切なものを，次の㋐～㋓から選びなさい。

㋐ A…ムカデ，B…モグラ，C…ダニ
㋑ A…モグラ，B…ムカデ，C…ミミズ
㋒ A…ミミズ，B…モグラ，C…ダニ
㋓ A…ダンゴムシ，B…センチコガネ，C…モグラ

[点UP] □(2) Dには落ち葉や動物の死がいがあてはまるが，これらの有機物は土の中の分解者とよばれる生物によって，無機物に分解される。分解者にあてはまる生物を，次の㋐～㋓から全て選びなさい。

㋐ コケ植物　㋑ 菌類　㋒ 細菌類　㋓ 昆虫類

[よく出る] **3 図は，自然界の生物どうしのつながりと，炭素の循環を模式的に示したものである。** 24点

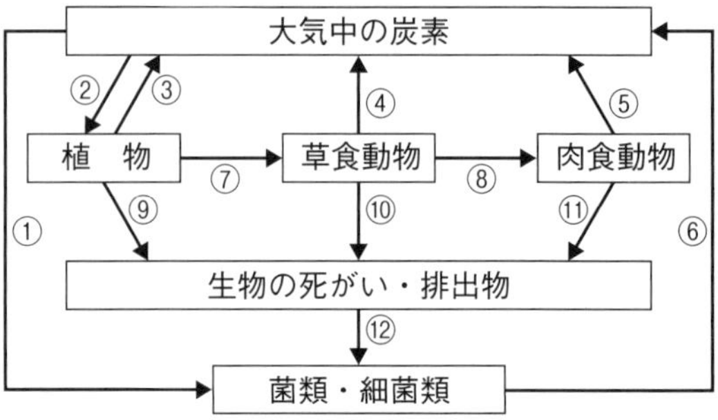

□(1) 図の大気中の炭素は，おもに何という物質に含まれているか。

□(2) 図の炭素の移動を示した矢印の中で，正しく表していないものはどれか。①～⑫から選びなさい。[思]

□(3) 光合成による炭素の移動を表す矢印を，①～⑫から選びなさい。

□(4) 生物の呼吸による炭素の移動を表す矢印を，①～⑫から全て選びなさい。

[成績評価の観点] [技]…観察・実験の技能　[思]…科学的な思考・判断・表現

❹ 図のように，水そうに池の水を入れてメダカを飼育した。しばらくたってから水槽の水や砂の一部をとり出して顕微鏡で観察したところ，ケイソウやミジンコ，細菌類などが見られた。

40点

- □(1) 水そうの中では，
  ケイソウ→ミジンコ→メダカ
  のように，「食べる・食べられる」の関係がある。
  このような関係のつながりを何というか。
- □(2) 次の文の{ }から正しいものをそれぞれ選び，記号で答えなさい。
  水そうの中では，①{㋐　メダカやミジンコ　　㋑　細菌類など}が，生物の死がいや排出物の中の@有機物を無機物に変えている。そこで，これらの生物は，
  ②{㋐　生産者　　㋑　消費者　　㋒　分解者}とよばれる。オオカナダモやケイソウは，この⑥無機物を吸収して，再び有機物に変えている。このような生活をしている生物は，
  ③{㋐　生産者　　㋑　消費者　　㋒　分解者}とよばれる。
- □(3) (2)の下線部@のはたらきは，ほぼ全ての生物が行っているはたらきである。このはたらきを何というか。
- □(4) 植物や植物プランクトンが行う(2)の下線部⑥のはたらきを何というか。
- □(5) (4)のはたらきは何のエネルギーを利用しているか。
- □(6) 水そうの中のメダカの数を減らすと，ミジンコとケイソウの数は一時的にどうなると考えられるか。次の㋐～㋓からそれぞれ選びなさい。思
  - ㋐　全ていなくなる。
  - ㋑　他の生物に食べられるものが減るのでふえる。
  - ㋒　他の生物に食べられるものがふえるので減る。
  - ㋓　数はほとんど変化しない。

❶	(1) 　　　　　　4点	(2) 　　　　　　4点	(3) 　　　　　　4点
	(4) 生物B 　　　　　　6点	生物D 　　　　　　6点	
❷	(1) 　　　　　　6点	(2) 　　　　　　6点	
❸	(1) 　　　　　　6点	(2) 　　　　　　6点	
	(3) 　　　　　　6点	(4) 　　　　　　6点	
❹	(1) 　　　4点	(2) ① 　　4点　② 　　4点　③ 　　4点	
	(3) 　　　4点	(4) 　　　4点	(5) 　　　4点
	(6) ミジンコ 　　　　　　6点	ケイソウ 　　　　　　6点	

定期テスト
予想問題
5

1章　水溶液とイオン
2章　化学変化と電池

時間30分　／100点　合格70点　[解答 p.35]

1 図のような装置を使って，いろいろな水溶液に電流が流れるかを調べた。　16点

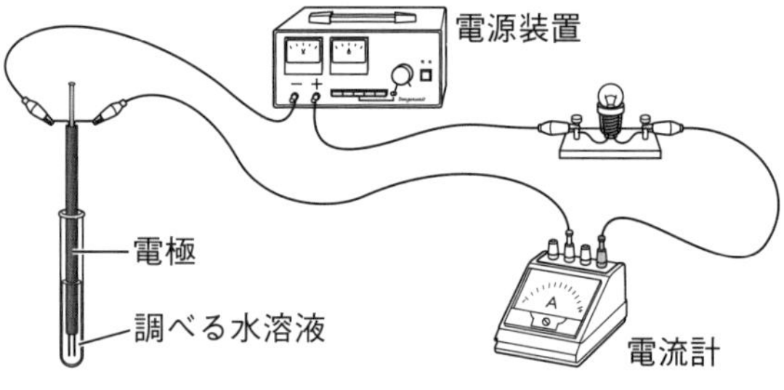

□(1) [記述] この実験では，調べる水溶液をかえるとき，どのようなことをしなければならないか。簡単に説明しなさい。[技]

□(2) 電流が流れたものを，次の㋐～㋕から全て選びなさい。

㋐ 砂糖水　　㋑ 食塩水
㋒ 塩酸　　㋓ エタノール水溶液
㋔ 精製水　　㋕ 水酸化ナトリウム水溶液

□(3) (2)で答えた水溶液に溶けている物質を何というか。

2 図のような装置で，塩酸の電気分解を行った。　31点

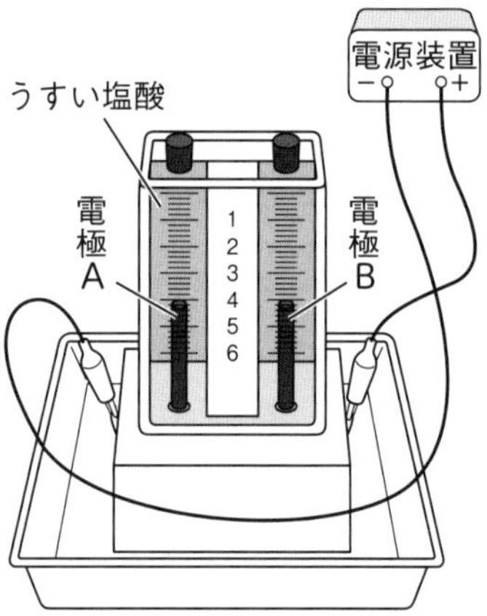

□(1) 陽極は，図の電極A，電極Bのどちらか。

□(2) 陽極側にたまった気体に，水性ペンで赤く色をつけたろ紙を入れると，ろ紙はどうなるか。

□(3) (2)の結果から，陽極から発生した気体は何であることがわかるか。

[よく出る] □(4) 陰極側にたまった気体が何であるかを調べるためには，どのような実験を行えばよいか。次の㋐～㋓から選びなさい。

㋐ マッチの炎を近づけ，気体が燃えるかどうかを調べる。
㋑ 火のついた線香を気体の中に入れ，線香が激しく燃えるかどうかを調べる。
㋒ 気体を集気びんに入れ，石灰水を加えて振り，石灰水が白くにごるかどうかを調べる。
㋓ 塩化コバルト紙を気体の中に入れ，塩化コバルト紙の色が変わるかどうかを調べる。

□(5) 陰極から発生した気体は何か。

□(6) 電極B側にたまった気体と電極A側にたまった気体の体積を比べたら，電極A側にたまった気体の方が体積が大きかった。この理由を，次の㋐～㋓から選びなさい。

㋐ 電極B側にたまった気体の方が，電極A側にたまった気体よりも水に溶けやすいから。
㋑ 電極A側にたまった気体の方が，電極B側にたまった気体よりも水に溶けやすいから。
㋒ 塩化水素は，電極B側にたまった気体と電極A側にたまった気体の原子の数が2：1の割合で結びついているから。
㋓ 塩化水素は，電極B側にたまった気体と電極A側にたまった気体の原子の数が1：2の割合で結びついているから。

[点UP] □(7) この実験で起こった化学変化を，化学反応式で表しなさい。

[成績評価の観点]　[技]…観察・実験の技能　[思]…科学的な思考・判断・表現

❸ イオンの表し方について，次の問いに答えなさい。　19点

□(1) 次の①〜③のイオンを，化学式で表しなさい。
　① ナトリウムイオン　② 亜鉛イオン　③ 水酸化物イオン

[点UP] □(2) 塩化銅が水に溶けて電離するようすを，化学反応式で表しなさい。

❹ 図のような電池をつくり，モーターにつないだところ，モーターが回った。　34点

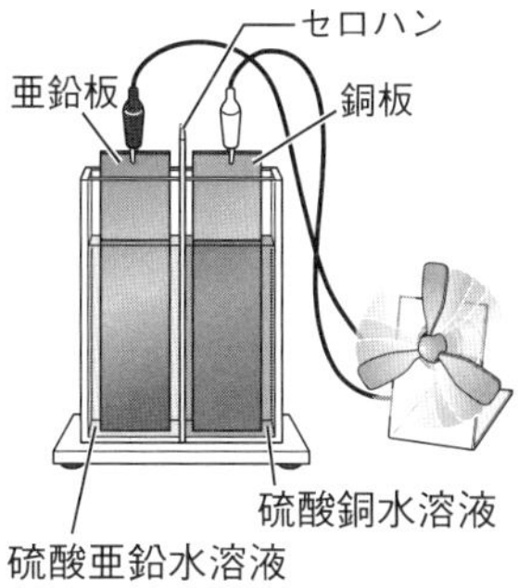
セロハン
亜鉛板
銅板
硫酸銅水溶液
硫酸亜鉛水溶液

□(1) モーターが回っているとき，亜鉛板と銅板で起こっている化学変化を化学反応式で表しなさい。ただし，電子は e^- を使って表すものとする。

[よく出る] □(2) モーターをしばらく回したとき，亜鉛板と銅板の表面はどうなったか。次の㋐〜㋓からそれぞれ選びなさい。
　㋐ 凸凹ができ，黒くなった。　㋑ 黒い物質が付着した。
　㋒ 赤い物質が付着した。　㋓ 変化はなかった。

□(3) この電池で－極は，亜鉛板と銅板のどちらか。

□(4) [記述] この電池は，一次電池と二次電池のどちらか。理由を含めて簡単に説明しなさい。[思]

❶	(1) 8点		
❶	(2) 4点	(3) 4点	
❷	(1) 4点	(2) 4点	
❷	(3) 4点	(4) 4点	
❷	(5) 4点	(6) 4点	
❷	(7) 7点		
❸	(1) ① 4点	② 4点	③ 4点
❸	(2) 7点		
❹	(1) 亜鉛板 7点		
❹	(1) 銅板 7点		
❹	(2) 亜鉛板 4点	銅板 4点	(3) 4点
❹	(4) 8点		

❶ /16点　❷ /31点　❸ /19点　❹ /34点

3章　酸・アルカリとイオン

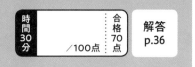

時間30分　／100点　合格70点　解答 p.36

1 次のA～Cの水溶液について，いろいろな性質を調べる実験を行った。下の表はその結果をまとめたものであるが，いくつか空らんがある。 24点

A　塩酸　　B　水酸化ナトリウム　　C　食塩水

	A	B	C
青色リトマス紙の色の変化	X	変化なし	変化なし
赤色リトマス紙の色の変化	変化なし	Y	変化なし
(あ)の色の変化	変化なし	赤色	変化なし
マグネシウムリボンとの反応	Z	変化なし	変化なし

□(1)　表の空らんX～Zに適切な言葉を，表にならってそれぞれ答えなさい。

よく出る □(2)　(あ)は，ある薬品を示している。この薬品(液体)の名前を答えなさい。

□(3)　水溶液が酸性，アルカリ性を示すもとになるイオンを，それぞれ化学式で書きなさい。

2 図のように，スライドガラスに塩化ナトリウム水溶液をしみこませたろ紙とｐＨ試験紙を置き，両端をクリップでとめ，pH試験紙の中央に塩酸をつけて，電圧を加えた。 28点

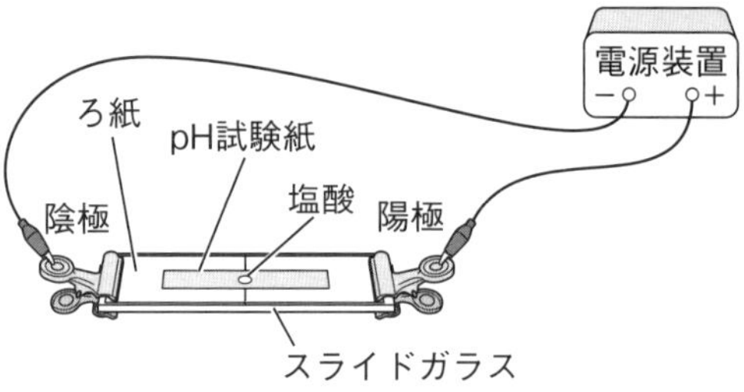
電源装置
－
＋
ろ紙
pH試験紙
陰極
塩酸
陽極
スライドガラス

□(1)　塩酸をつけた部分は何色に変化するか。

□(2)　(1)のことから，塩酸は酸性，中性，アルカリ性のどの性質であることがわかるか。

□(3)　(1)の色は，陽極と陰極のどちら側へ移動するか。

□(4)　(3)で答えたことから，pH試験紙の色を変えたものは，＋と－のどちらの電気をもつと考えられるか。

□(5)　塩酸と同じように(2)の性質がある水溶液を，次の㋐～㋓から選びなさい。

㋐　アンモニア水　　㋑　水酸化ナトリウム

㋒　食塩水　　㋓　酢

点UP □(6)　pH試験紙やBTB液などは，色の変化によって，酸性，アルカリ性，中性を調べることができる。このような薬品を何というか。

□(7)　酸性やアルカリ性の強さをpHという数値で表すと，７が中性である。pHの値と酸性，アルカリ性の強さについて，正しいものはどれか。次の㋐～㋒から選びなさい。

㋐　塩酸を水でうすめると，pHの値は０に近くなる。

㋑　水酸化ナトリウム水溶液を水でうすめると，pHの値は14に近くなる。

㋒　食塩水を水でうすめても，pHの値は７のまま変わらない。

　成績評価の観点　[技]…観察・実験の技能　[思]…科学的な思考・判断・表現

❸ 右の図1のように，塩酸10mLに緑色のBTB液を加えた。 48点

□(1) 塩酸に緑色のBTB液を加えたとき，液の色は何色に変わるか。 図1

よく
出る □(2) (1)の液に，水酸化ナトリウム水溶液を液の色が緑色になるまで
1滴ずつ加えた。緑色になったところで，その液をスライドガ
ラスに少量とってかわかし，ルーペで観察すると白い結晶が観
察できた。この結晶は何か。物質名を書きなさい。

□(3) (2)のように，酸性の水溶液とアルカリ性の水溶液が中和してで
きる物質を何というか。

□(4) 塩化水素の電離のようすを，化学式を使って表しなさい。

□(5) 水酸化ナトリウムの水溶液中での電離を表す式を書きなさい。

□(6) この実験で起きた化学変化を，化学反応式で表しなさい。

点
UP □(7) [作図] 塩酸に水酸化ナトリウム水溶液を少量ずつ加えて 図2
いくときの，ビーカー内の水溶液中に存在するイオン
の種類と数の変化をグラフに表すとき，ナトリウムイ
オン（Aとする）と水素イオン（Bとする）のグラフを，
図2にかきなさい。ただし，水酸化ナトリウム水溶液
を10mL加えたとき，液が緑色に変わったとする。図
2には，塩化物イオンの数のグラフがかかれている。

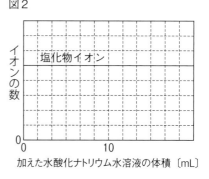

加えた水酸化ナトリウム水溶液の体積〔mL〕

<table>
<tr><td>時間
30分</td><td>合格
70点
/100点</td><td>解答
p.37</td></tr>
</table>

よく出る ① 日本のある場所で，透明半球を用いて，ある日の太陽の動きを調べた。図の×印は，1時間ごとの太陽の位置を油性ペンで記録したもので，それらを点線でなめらかに結んでいる。また，点〇は透明半球の底面の中心を表し，A〜Dは点〇から見た東西南北のいずれかの方角を示している。　　　　　　22点

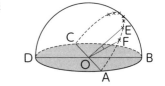

□(1) 透明半球上に太陽の位置を記録するとき，油性ペンの先端の影を，図のどの点に一致させるか。技

□(2) ∠EOFの大きさは何度か。

□(3) 太陽が動く向きを，次のⓐ，ⓑから選びなさい。

　　ⓐ　A→F→E　　ⓑ　E→F→A

□(4) このような太陽の動きを何運動というか。

□(5) 記述 (4)の運動が見られる理由を，簡単に説明しなさい。思

② 図1は，ある夜，ある星座の位置A，Bを時間をおいて2回観察し，スケッチしたものである。図2は，同じ夜の北極星とある恒星Xの高度の関係を示している。　　　　　　23点

□(1) 図1の星座は何という星座か。名前を答えなさい。

□(2) 図1のAとBで，先にスケッチしたのはどちらか。記号で答えなさい。思

点UP □(3) 計算 図1のAとBは，何時間の間をおいて観察したものか。

□(4) 図2の恒星Xについて述べた文のうち，正しいものはどれか。次のⓐ〜ⓔから選びなさい。

　　ⓐ　常に同じ位置にあって動かない。

　　ⓑ　地平線の下に隠れることがある。

　　ⓒ　北極星を中心として時計回りに回って見える。

　　ⓓ　天球の天頂の位置を中心として円をえがくように見える。

□(5) 図2のときの恒星Xの高度は何度か。

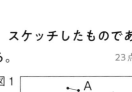
図1

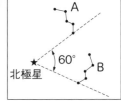
図2

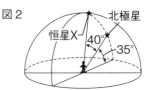

③ 星や星座について，次の各問いに答えなさい。　　　　　　10点

□(1) 星は，一晩のうちに東から西へ移動して見えるが，これは地球の何という動きのためか。

□(2) ある星を毎日決まった時刻に観察すると，どのように見えるか。次のⓐ〜ⓒから選びなさい。

　　ⓐ　毎日同じ方角に見える。

　　ⓑ　しだいに東へ移っていくように見える。

　　ⓒ　しだいに西へ移っていくように見える。

④ 図は，日本のある場所で，春分・夏至・秋分・冬至のそれぞれの日に，太陽の動いた道すじを透明半球上に記録したものである。図で，太陽がE，F，Gの位置にきたとき，真南の方角であった。 25点

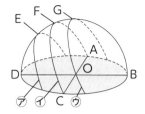

□(1) 太陽が真南にくることを何というか。

□(2) 春分・夏至・秋分・冬至のそれぞれの日の，太陽の動く道すじを，図の㋐〜㋒からそれぞれ選びなさい。

□(3) 夏至の日に太陽が最も高くなるときの高度を，図のA〜G，Oの記号を使って，∠XYZのように表しなさい。

⑤ 図1は，日本のある地点における1月15日と1月30日の日の入り直後に西の地平線近くに見えた星座の位置を示したものである。また，図2は，地球の公転のようすと，<u>天球上の太陽の見かけ上の通り道</u>付近にある12星座の位置を示したものである。 20点

□(1) 下線部を何というか。

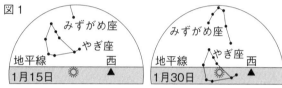

図1

 □(2) 記述 太陽が下線部の通り道を移動するように見えるのはなぜか。簡単に説明しなさい。思

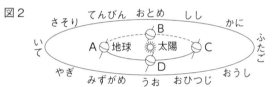

□(3) 地球が夏至の日の位置にあるとき，日本において，真夜中に真南に見える星座はどれか。図から選んで答えなさい。

図2

 □(4) 日本で日の出のころ，いて座が真南に見えるときの地球の位置はどこか。図2のA〜Dから選び，記号で答えなさい。

定期テスト
予想問題
8

2章　月と惑星の運動
3章　宇宙の中の地球

時間30分　／100点　合格70点　解答p.37

[よく出る] **1** **図は，満ち欠けして見える月のいろいろな形を表している。** 25点

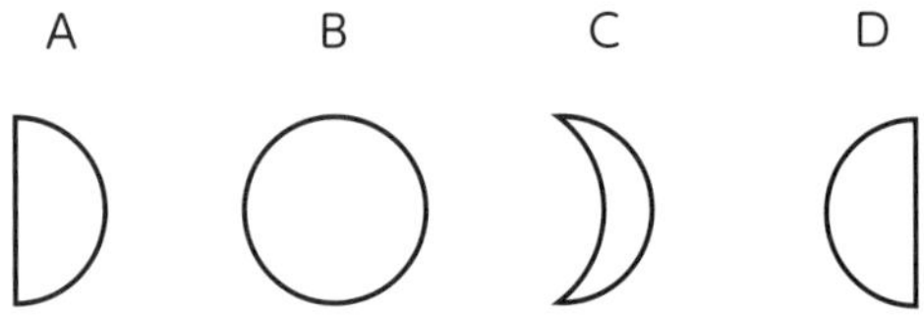

□(1)　新月から約2週間後の月はどれか。A～Dの記号で答えなさい。また，その月の名前を書きなさい。

□(2)　日没ごろ，西の空の低いところに見える月はどれか。A～Dの記号で答えなさい。

□(3)　晴れていれば，一晩中見ることのできる月はどれか。A～Dの記号で答えなさい。

□(4)　[記述] 月は，いつも同じ面を地球に向けているが，それはなぜか。簡単に説明しなさい。[思]

2 **天体望遠鏡を用いて，太陽の観測を行った。** 28点

□(1)　次の文中の{　}から正しいものをそれぞれ選び，記号で答えなさい。
天体望遠鏡の対物レンズを太陽に向け，太陽投影板にうつる望遠鏡の影が最も小さくなるように調節し，太陽の像を観察した。観測中，投影板の記録用紙に映る黒点が少しずつ動いていった側に，①{㋐　東　㋑　西}と方位を記した。黒点が黒く見えるのは，周囲より温度が②{㋐　低い　㋑　高い}ためである。黒点は約1か月で太陽を1周するように見えることがあるが，これは，太陽が③{㋐　公転　㋑　自転}していることを示す。

□(2)　[記述] 右の図は，黒点の動きを模式的に表したもので，図中の点線は黒点aとbがそれぞれ動いた道すじを示している。黒点aは30日，黒点bは27日かかってそれぞれ1周した。このことから，太陽の表面がどのような状態になっていると考えられるか。簡単に説明しなさい。[思]

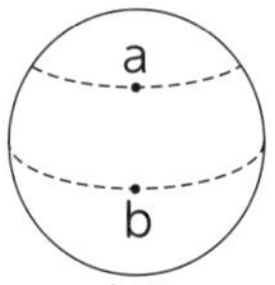

太陽

□(3)　黒点の温度は約何℃か。㋐～㋓から選びなさい。
㋐　約1600万℃　　㋑　約100万℃
㋒　約6000℃　　㋓　約4000℃

[点UP] □(4)　[計算] 記録用紙上にうつった太陽の像の直径が109 mmになるように調節したところ，太陽の中心付近にある黒点の直径が2.2 mmになった。この黒点の直径は地球の直径の何倍か。小数第二位を四捨五入して，小数第一位までの数で答えなさい。ただし，太陽の直径は地球の109倍であるとする。[思]

3 **月について，次の各問いに答えなさい。** 10点

□(1)　月は，一晩のうちに東から西へ移動して見えるが，これは地球の何という動きのためか。

□(2)　毎日観測すると，月の出の時刻はどのようになるか。㋐～㋒から選びなさい。
㋐　毎日ほぼ同じである。　　㋑　しだいに遅くなる。
㋒　しだいに早くなる。

[成績評価の観点]　[技]…観察・実験の技能　[思]…科学的な思考・判断・表現

よく出る ❹ **図1は，太陽を中心とした地球と金星の公転軌道，および地球に対する金星の位置A～Dを表している。図2は，金星が図1のA～Dのいずれかの位置にあるとき，地球から観察した金星の形を模式的に表している。** 22点

図1

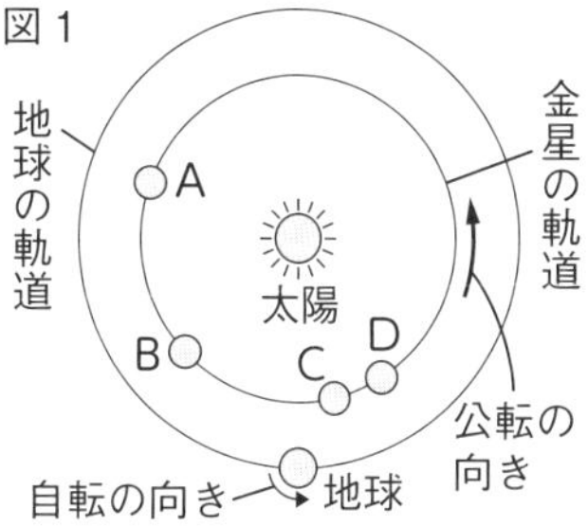

図2

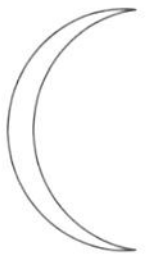

※肉眼で見た向きにしてある。

□(1) 図1のDに金星があるとき，金星はいつごろどの方角に見えるか。次の㋐～㋓から選びなさい。

㋐ 明け方，東の空　㋑ 夕方，東の空
㋒ 明け方，西の空　㋓ 夕方，西の空

□(2) 図1のA～Dのうち，金星が図2のように見えるのはどの位置にあるときか。記号で答えなさい。

□(3) 図1のA～Dのうち，金星が最も小さく見えるのはどの位置にあるときか。記号で答えなさい。

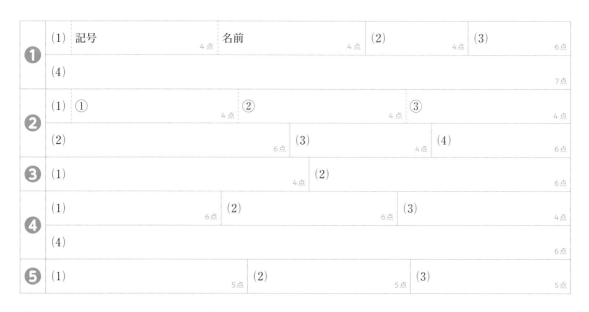

点UP □(4) [記述] 金星を真夜中に観察することはできないが，それはなぜか。簡単に説明しなさい。[思]

❺ **銀河系について，次の各問いに答えなさい。** 15点

□(1) おうし座に見られるすばるは，恒星が集まったもので，肉眼でも6～8個の星が見える。このような恒星の集まりを何というか。

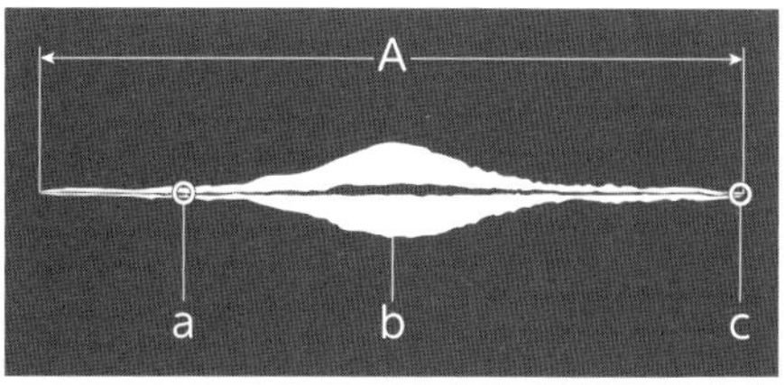

□(2) 右の図は，銀河系を表したものである。Aで示した距離はどれくらいか。次の㋐～㋓から選びなさい。

㋐ 約1000光年　㋑ 約1万光年　㋒ 約3万光年　㋓ 約10万光年

□(3) 太陽は，図の銀河系の中に含まれている。その位置を，図のa～cから選びなさい。

❶	(1) 記号 4点	名前 4点	(2) 4点	(3) 6点
	(4) 7点			
❷	(1) ① 4点	② 4点	③ 4点	
	(2) 6点	(3) 4点	(4) 6点	
❸	(1) 4点	(2) 6点		
❹	(1) 6点	(2) 6点	(3) 4点	
	(4) 6点			
❺	(1) 5点	(2) 5点	(3) 5点	

❶ /25点　❷ /28点　❸ /10点　❹ /22点　❺ /15点

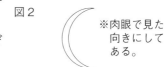

定期テスト 予想問題 9

1章　自然環境と人間
2章　科学技術と人間

時間 30分　／100点
合格 70点
解答 p.38

❶ 自然の災害について，次の問いに答えなさい。　　　　　　　　　　　　　　35点

□(1) 台風によって引き起こされる災害を，次の⑦〜④から全て選びなさい。
　　⑦　土砂崩れ　　　④　火砕流　　　⑦　土地の液状化　　　④　河川の氾濫

□(2) 台風以外の気象災害の種類を，2つあげなさい。

□(3) 太平洋の海底を震源とする地震が起こったとき，日本の太平洋側の海岸地域に災害をもたらす可能性のある現象は何か。

□(4) 右の図は，日本付近でのプレートの動きを模式的に表している。

日本海　　日本列島　　太平洋
陸のプレート
海のプレート

　　① 海のプレートが動く向きは，図の⑦，④のどちらか。

　　② 作図 プレートの動きが原因で起こる地震の震源はどのあたりか。解答らんの図に✕印を1つかきなさい。

❷ 次のA〜Cの文を読んで，あとの各問いに答えなさい。　　　　　　　　　　40点

A　この発電方式による電気エネルギーは，もとをたどれば（　ⓐ　）が姿を変えたものといえる。地形などの自然条件が整うことが必要なことや，自然環境の破壊という問題などがあり，これ以上の新たな発電所建設は難しい。

B　この発電方式では，燃料として（　ⓑ　）を出す物質が用いられている。使用済み（　ⓒ　）の中の放射性物質が外部にもれると，人体や農作物などに悪影響をおよぼすので，安全管理に問題をかかえている。

C　この発電方式では，燃料として（　ⓓ　）や天然ガスが用いられている。これらが燃えるときに発生する二酸化硫黄などは，大気汚染につながるので問題となっている。

□(1) A〜Cは，それぞれ何という発電方式について述べたものか。「〜発電」といういい方で発電方式の名前をそれぞれ答えなさい。

□(2) A〜Cの文中の空らん（　ⓐ　）〜（　ⓓ　）にあてはまる言葉を，⑦〜④からそれぞれ選びなさい。
　　⑦　放射線　　　④　二酸化炭素　　　⑦　窒素酸化物　　　④　化学エネルギー
　　④　太陽のエネルギー　　　④　石油　　　④　核燃料

□(3) Cの方法で発電されるまでのエネルギーの変換の流れとして正しいものを，次の⑦〜④から選びなさい。
　　⑦　光エネルギー　→ 電気エネルギー
　　④　位置エネルギー　→ 電気エネルギー
　　⑦　化学エネルギー　→ 熱エネルギー　→ 電気エネルギー
　　④　核エネルギー　→ 熱エネルギー　→ 電気エネルギー

　　成績評価の観点　　技…観察・実験の技能　　思…科学的な思考・判断・表現

[3] 科学技術の向上について，次の問いに答えなさい。　25点

□(1) 飲料用の容器やレジ袋，歯ブラシなどに使われる，石油などから人工的につくられる物質を何というか。

□(2) 次の㋐～㋓のうち，(1)にあてはまらないものを選びなさい。

㋐ ポリエチレン　　㋑ ステンレス
㋒ ポリ塩化ビニル　　㋓ アクリル樹脂

□(3) 鉄に比べて密度が$\frac{1}{4}$と小さく，引っ張り強度が10倍あり，航空機の機体や釣りざおなどに使われている新しい素材を何というか。次の㋐～㋓から選びなさい。

㋐ アクリル繊維　　㋑ ナイロン繊維
㋒ 炭素繊維　　㋓ ポリエステル繊維

[点UP] □(4) 病気の原因となる微生物の増殖を妨げるために，医薬品として利用されている物質を何というか。

□(5) 人やものを運ぶ技術が進歩するきっかけになった，18世紀の後半のできごとは何か。次の㋐～㋓から選びなさい。

㋐ セメントの発明
㋑ 化学肥料の開発や農作物の品種改良
㋒ 電子工学とそれを活用するコンピュータの発達
㋓ ワットによる蒸気機関の改良

[1]	(1) 5点	
	(2) 5点	5点
	(3) 5点	② 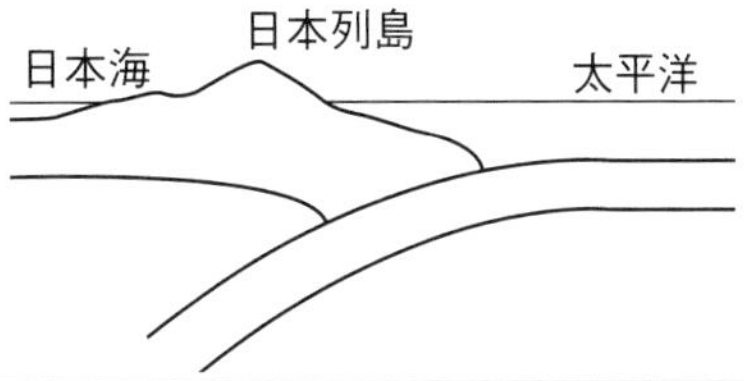 10点
	(4) ① 5点	
[2]	(1) A 5点　B 5点　C 5点	
	(2) ⓐ 5点　ⓑ 5点　ⓒ 5点　ⓓ 5点	
	(3) 5点	
[3]	(1) 5点	(2) 5点
	(3) 5点	(4) 5点
	(5) 5点	

[1] /35点　[2] /40点　[3] /25点

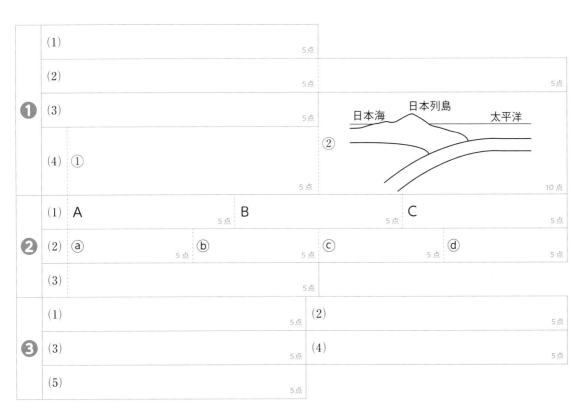

教科書ぴったりトレーニング 解答集
〈大日本図書版・中学理科3年〉

この解答集は取り外してお使いください。

p.6～11 ぴたトレ0

運動とエネルギー　の学習前に(1)

1章／2章／3章　①速さ　②ニュートン　③作用点　④摩擦力　⑤等しい　⑥反対　⑦一直線　⑧圧力　⑨パスカル　⑩気圧(大気圧)　⑪ヘクトパスカル

考え方

1章／2章／3章⑤～⑦

例えば，机の上に置かれている本には，下向きの重力(地球が本を引く力)と，上向きの机からの垂直抗力(机が本を押す力)の2力がつり合っている。

1章／2章／3章⑧

同じ力の大きさでも，力のはたらく面積が大きいほど，圧力は小さい。また，力のはたらく面積が同じでも，力の大きさが大きいほど，圧力は大きい。

運動とエネルギー　の学習前に(2)

4章　①燃焼　②電気エネルギー　③放射線　④放射性物質　⑤光　⑥熱　⑦音　⑧運動(動き)　⑨上

考え方

4章①

燃焼も酸化の一種である。

4章⑤～⑧

私たちは電気を光や音，熱，運動などに変えて利用している。また，光電池に光を当てたり，手回し発電機のハンドルを回したりして，電気をつくる(発電する)こともできる。発電所では発電機(電磁誘導を利用して，電流を連続的に発生するようにした装置)を使って，電気をつくっている。

4章⑨

金属と，水や空気では，あたたまり方が異なる。

生命のつながり　の学習前に

1章／2章　①受精卵　②子宮　③子房　④被子植物　⑤やく　⑥柱頭　⑦果実　⑧種子　⑨細胞　⑩細胞模　⑪核

3章　①裸子植物　②コケ植物　③脊椎動物

考え方

1章／2章①～②

メダカもヒトも，受精した卵(受精卵)が育って，子が誕生する。

1章／2章⑨～⑪

動物の体も植物の体も細胞からできている。どちらも核と細胞質はもつが，細胞壁・液胞・葉緑体は植物の細胞に見られる。

3章①～②

シダ植物やコケ植物は胞子でふえる。葉・茎・根の区別ができるものがシダ植物で，区別ができないものがコケ植物である。

種子植物は，胚珠が子房の中にある被子植物と，子房がなく胚珠がむき出しの裸子植物に分けられる。被子植物は子葉が1枚の単子葉類と，子葉が2枚の双子葉類に分けられる。

3章③

哺乳類のみ胎生で，そのほかは卵生である。また，魚類はえら呼吸，は虫類・鳥類・哺乳類は肺呼吸であるが，両生類は子はえら呼吸や皮膚呼吸，親は肺呼吸や皮膚呼吸である。体の表面は，魚類やは虫類はうろこ，両生類は湿った皮膚，鳥類は羽毛，哺乳類は体毛で覆われている。

自然界のつながり／地球の明るい未来のためにの学習前に

単元3　①食物連鎖　②環境　③細胞の呼吸(内呼吸)　④光合成　⑤葉緑体

単元6　①有機物　②無機物　③密度　④導体　⑤絶縁体(不導体)　⑥原子　⑦分子　⑧単体　⑨化合物

[考え方]

単元3①～⑤

植物を食べる動物，また，その動物を食べる動物がいて，生物は「食べる・食べられる」という関係でつながっている。動物の食べ物のもとをたどっていくと，光合成により栄養分をつくり出すことができる植物にたどり着く。

単元6①～②

木やプラスチックは有機物である。有機物の多くは炭素のほかに水素を含んでおり，燃えると二酸化炭素のほかに水が発生する。

単元6③

物質の密度は，その物質の種類によって決まっているので，密度のちがいにより，物質を区別することができる。

単元6④

電流の流れにくさを表す量を電気抵抗（または単に抵抗）という。

単元6⑥～⑨

例えば，酸素原子２つが結びつき酸素分子を，水素原子２つが結びつき水素分子を，水素原子２つと酸素原子１つが結びつき水分子をつくる。水素分子や酸素分子は単体，水分子は化合物である。

化学変化とイオン　の学習前に

１章／２章　①原子　②元素記号　③化学式
④化学反応式　⑤分解　⑥電気分解
⑦異なる　⑧同じ　⑨電子　⑩逆

３章　①中性　②青色　③赤色　④赤色　⑤青色

[考え方]

１章／２章①～②

化学変化と，物質が固体，液体，気体の間で状態を変える状態変化を区別する。なお，１種類の元素からできている物質を単体，２種類以上の元素からできている物質を化合物という。

１章／２章⑤～⑥

例えば，水に電流を流して水素と酸素に分解する変化は電気分解である。また，酸化銀を加熱して酸素と銀に分解するように，分解には，加熱することによって物質が分解する熱分解もある。

１章／２章⑨～⑩

電子は－（負）の電気をもち，電源の－極から＋極に移動するが，これは電流の向きとは逆である。

３章①～⑤

例えば，酸性の水溶液には塩酸や炭酸水，中性の水溶液には食塩水，アルカリ性の水溶液には水酸化ナトリウム水溶液やアンモニア水がある。

地球と宇宙　の学習前に

１章　①東　②西　③変わらない（同じ）

２章　①東　②西　③変わらない（同じ）　④太陽

３章　①ある　②星座　③太陽

[考え方]

１章①～②／２章①～③

月も太陽も，時刻とともに東から南の空を通って西へと動く。

１章③

星（星座）は，時刻とともに動くが，月や太陽の動き方とはちがう。

２章④

月は太陽の光を受けて輝いていて，月と太陽の位置関係が変わるから，日によって月の形が変わって見える。

３章①～②

例えば，はくちょう座のデネブは白っぽい１等星，さそり座のアンタレスは赤っぽい１等星である。

1 運動とエネルギー

p.12　ぴたトレ1

1 ①力の合成　②合力　③和　④同じ

2 ①小さい　②間　③差　④0　⑤平行四辺形

考え方

1 (1)力の大きさは，矢印の長さで表される。

2 (3)力を表す記号「F」は，力という意味の英語，forceからきている。

p.13　ぴたトレ2

1 (1)力の合成　(2)8N　(3)イ　(4)3N

2 (1)ア，エ

(2)
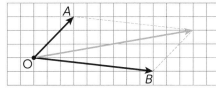

考え方

1 (2)向きが同じ2つの力の合力の大きさは，2つの力の大きさの和になる。

$$3N + 5N = 8N$$

(4)向きが反対の2つの力の合力の大きさは，2つの力の大きさの差になる。

$$5N - 2N = 3N$$

2 (1)アとウの合力を正しく作図すると，下の図に示すようになる。

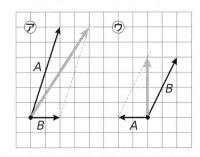

(2)力Aと力Bを表す矢印を2辺とする平行四辺形の対角線をかく。点Oからのびる対角線が，力Aと力Bの合力となる。

p.14　ぴたトレ1

1 ①力の分解　②分力　③平行　④重力W　⑤合力　⑥0

2 ①垂直　②垂直抗力　③大きく　④小さく

考え方

1 (2)分力を作図するときは，分解する向きを最初に決めておく必要がある。

2 (3)台車が水平面にあるとき，斜面に平行な分力Aは0Nになり，斜面に垂直な分力Bは重力Wと同じになる。

p.15　ぴたトレ2

1
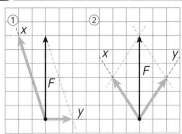

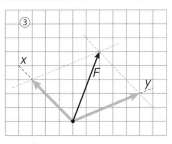

2 (1)イ　(2)ウ　(3)0N

3 (1)ア　(2)分力Aⓐ　分力Bイ　重力ウ

考え方

1 力Fの矢印の先から分力の方向にそれぞれ平行な線を引き，分力の方向との交点を先とする矢印を力Fの始点からひく。

2 (1)(2)図のように，2人で持った物体が静止している場合は，力A，力B，重力Wの3つの力がつり合っている。このとき，力Aと力Bの合力Fが重力Wとつり合っていると考えることもできる。

(3)物体に力が加わっていても静止して動かない場合は，物体に加わっている3つの力はつり合っていて，3つの力の合力は0Nになっている。

3 (1)斜面上の物体には重力と垂直抗力がはたらいている。このとき，垂直抗力は斜面に垂直な分力Bとつり合っている。

(2)斜面の角度が大きくなるほど，斜面に平行な分力は大きくなり，斜面に垂直な分力は小さくなる。物体にはたらく重力は角度によらず，いつも一定である。

❶ (1)①10N ②9N ③1N ④0N

(2)①

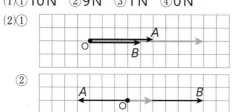

②

(3)小さくなっている。

❷ (1)下図2，大きさ6N (2)12cm

(3)下図3

(4)力Aとなす角度が大きいから。

(5)6N

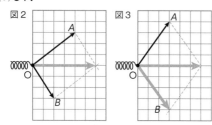

❸ (1)5N

(2)

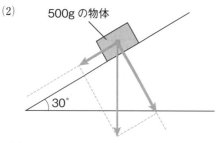

(3)変わらない。 (4)大きくなる。 (5)5N

考え方

❶(1)2つの力の向きが同じとき，合力の大きさは，2つの力の大きさの和になる。また，2つの力の向きが反対のとき，合力の大きさは，2つの力の大きさの差になる。

①4N＋6N＝10N

②7N＋2N＝9N

③4N－3N＝1N

④10N－10N＝0N

(2)①2つの力の向きが同じなので，大きさは2つの力の大きさの和，向きは2つの力と同じ向きになる。

②2つの力の向きが反対なので，大きさは2つの力の大きさの差，向きは大きい方の力と同じになる。

❷(1)力Aを表す矢印と力Bを表す矢印を2辺とする平行四辺形をかき，その対角線を引くと，長さが6目盛り(6N)となる。

(2)1Nで2cm伸びるので，6Nでは，

$$2\,cm \times \frac{6\,N}{1\,N} = 12\,cm\ 伸びる。$$

(3)対角線の長さ(合力の大きさ)は(1)で求めた値で変わらないので，図2にかいた合力を力Aと力Bに分解することを考える。力Aの矢印を1辺とし，合力を対角線とする平行四辺形を，点Oを1つの頂点としてかく。

(4)図形的な性質を言葉では説明しにくいので，要点を短くまとめよう。合力の大きさが一定なので，力Aと力Bのなす角度が大きくなると，力Bの大きさは大きくなる。

(5)糸の間の角度を120°にすると，右の図のように，力A，力B，合力で2つの正三角形をくっつけた形になるため，ばねばかりA，Bの引く力と合力は同じ大きさになる。

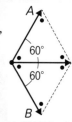

❸(1)500gの物体にはたらく重力の大きさは，1N×500÷100＝5Nである。

(2)最初に，物体の中心に作用点をとり，図のように重力を表す矢印をかく。次に，重力を分解する向きに線をかく。

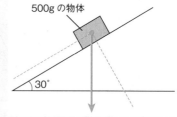

重力を表す矢印は，1Nの力を0.5cmの矢印で表すので長さは，5×0.5cm＝2.5cmである。物体の中心から真下に2.5cmの矢印をかいて，その矢印の先から分力の方向にそれぞれ平行な線を引き，分力の方向との交点を先とする矢印を物体の中心からひく。

(3)角度が変わらないなら，斜面上のどこに置いても，物体にはたらく力の大きさは変わらない。

(4)斜面の角度が小さくなると，斜面に平行な分力は小さくなる。一方，斜面に垂直な分力は大きくなる。

(5)斜面の角度が90°になると，斜面に平行な分力の大きさは，重力の大きさと同じになる。

p.18　ぴたトレ1

[1]　①浮力　②小さく　③上　④大きい　⑤変わらない　⑥重力　⑦水中

[2]　①水圧　②あらゆる　③向き　④大きい　⑤大きい　⑥水圧　⑦浮力

[考え方]

[1] 浮力が重力より大きいと，物体は水面に浮き上がる。逆に，浮力よりも重力が大きいと，物体は水に沈む。

p.19　ぴたトレ2

◆1　(1)㋐　(2)浮力　(3)大きくなる。　(4)0.5 N　(5)㋒

◆2　(1)水圧　(2)㋓　(3)㋑　(4)浮力

[考え方]

◆1 (1)(2)水中で物体に上向きにはたらく力を浮力という。

(4)浮力の大きさは，重力の大きさ(空気中でのばねばかりの値)から，水中に入れたときのばねばかりの値を引けば求めることができる。

0.8 N − 0.3 N = 0.5 N

(5)物体の全体が水中に入っているとき，浮力の大きさは深さによって変わらない。よって，ばねばかりの値も変わらない。

◆2 (2)水圧は，水中にある物体のあらゆる面に対して垂直にはたらき，深さが深くなるほど大きくなる。

(3)どの面に加わる水圧も，深くなるほど大きくなる。

p.20～21　ぴたトレ3

❶　(1)①0.3 N　②0.9 N　(2)㋑　(3)0.3 N　(4)㋑

❷　(1)㋐　(2)水にはたらく重力

❸　(1)㋒　(2)㋑

(3)物体の下側に加わる上向きの水圧が，上側に加わる下向きの水圧より大きいから。

[考え方]

❶ (1)空気中ではかったばねばかりの値と水中ではかったばねばかりの値の差が浮力の大きさである。

①1.2 N − 0.9 N = 0.3 N

②浮力の大きさは，物体の水中に入っている部分の体積によって決まる。

→物体が全て水中に入ると，深さが変わっても，浮力の大きさは変わらない。

→容器の底から物体の底面までの距離が4 cmのときと2 cmのときは，ばねばかりの示す値が変わらない(浮力の大きさが変わらない)から，物体が全て水中に入っている。

1.2 N − 0.3 N = 0.9 N

(2)浮力の大きさは，水の深さによって変わらない。これは，水の深さが深くなって，物体が受ける水圧が大きくなっても，上面が受ける水圧と底面が受ける水圧の差が変わらないためである。

(3)物体の全体が水中に入ったあとは，物体が容器の底に達するまで浮力の大きさは変わらない。よって，容器の底から物体の底面までの距離が1 cmのときのばねばかりの目盛りは，4 cmと2 cmのときと同じになる。

❷ (1)(2)水圧は，上にある水の重さ(水にはたらく重力)によって生じる圧力であるから，上にある水が多いほど大きくなる(水の深さが深くなるほど水圧は大きくなる)。

❸ 水圧が加わるとゴム膜がへこむ。このとき加わる水圧が大きいほど，ゴム膜のへこみ方が大きくなる。

(1)同じ深さであれば，水圧の大きさは向きに関係なく等しい。よって，ゴム膜のへこみ方は左右で同じになる。

(2)水圧はあらゆる向きから加わるので，どちらのゴム膜もへこむ。ただし，水圧は深いほど大きいので，下のゴム膜の方がへこみ方が大きくなる。

(3)上側に加わる水圧と，下側に加わる水圧の差が，上向きの力である浮力を生み出している。

p.22 ぴたトレ1

[1] ①向き ②距離 ③時間 ④平均の速さ ⑤瞬間の速さ

[2] ①記録タイマー ②番号 ③移動距離 ④速さ ⑤一定 ⑥狭く ⑦広い ⑧遅い ⑨速く

[考え方]

[1] (2)「cm/s」はセンチメートル毎秒，「m/s」はメートル毎秒，「km/h」はキロメートル毎時と読む。s は second (秒)，h は hour (時) を表す。

[2] (1)記録タイマーは，東日本では$\frac{1}{50}$秒ごとに，西日本では$\frac{1}{60}$秒ごとに点を打つものが多い。

p.23 ぴたトレ2

[1] (1)①㋑ ②㋐ (2)8 (m/s) 28.8 (km/h)

[2] (1)速さ (2)0.1秒 (3)㋓ (4)㋐ (5)㋒

[考え方]

[1] (1)㋒は，速さは変化するが，向きは変化しない運動。

(2) $\frac{400\ \text{m}}{50.0\ \text{s}} = 8\ \text{m/s}$

1時間は，(60×60)秒なので，8 m/s の速さで1時間に移動する距離(きょり)は，(8×60×60) mになる。よって，

$\frac{(8 \times 60 \times 60)\ \text{m}}{1\ \text{h}} = 28800\ \text{m/h}$

$= 28.8\ \text{km/h}$

[2] (1)打点間の距離は，運動の速さが速いほど広くなり，遅(おそ)いほど狭(せま)くなる。

(2)1秒間に50回打点する場合は，1打点間の時間は，1秒÷50 = $\frac{1}{50}$秒である。

したがって，5打点では，

$\frac{1}{50}$秒×5 = $\frac{1}{10}$秒 = 0.1秒

(3)打点間の距離が一定なのは，速さが一定であることを示している。

(4)しだいに遅くなるようにテープを引くときは，はじめは打点間の距離が広く，しだいに狭くなる。

(5)しだいに速くなるようにテープを引くときは，はじめは打点間の距離が狭く，しだいに広くなる。

p.24 ぴたトレ1

[1] ①向き ②等速直線運動 ③等速直線運動 ④比例 ⑤平行 ⑥原点 ⑦速さ ⑧時間

[2] ①一定 ②一定 ③変化

[考え方]

[1] (4)台車は重力と垂直抗力(すいちょくこうりょく)を受けているが，合力(ごうりょく)が0 Nのため，力を受けていないと考える。

p.25 ぴたトレ2

[1] (1)㋐ (2)㋒ (3)等速直線運動

[2] (1)50 cm/s (2)2500 cm (3)㋐

[3] (1)70 cm/s (2)㋑ (3)㋒

[考え方]

[1] (1)ⓐⓑ間の打点の間隔(かんかく)はだんだん広くなっているので，台車は速くなっている。

(2)ⓑⓔ間の打点の間隔は一定になっているので，速さは一定になっている。

(3)一定の速さで進む台車は等速直線運動(とうそくちょくせんうんどう)をしている。

[2] (1)グラフが原点から右上がりの直線となっているので，速さは一定であるとわかる。グラフより，0.2秒間で10 cm進んでいるので，速さは，

10 cm ÷ 0.2 s = 50 cm/s である。

(2)一定の速さで運動しているので，移動距離(きょり)は，速さ×時間で求められる。

50 cm/s × 50 s = 2500 cm

(3)一定の速さで運動しているときの時間と速さの関係をグラフにすると，横軸(よこじく)(時間)に平行なグラフとなる。

[3] (1)7cm ÷ 0.1 s = 70 cm/s

(2)テープの増え方から台車はだんだん速くなっている。

(3)台車は速くなっているが，速さの増え方は時間によらずほぼ一定である。

p.26 ぴたトレ1

[1] ①速さ ②平行 ③大きく ④大きく ⑤直線 ⑥曲線 ⑦自由落下運動

[2] ①増加 ②減少 ③向き ④平行 ⑤摩擦力

考え方

[1] (4)重力の大きさは常に一定なので，自由落下運動の速さも一定の割合で変化する。また，自由落下運動のときに速さの変化の割合が最大になる。

[2] 身のまわりの運動では物体が受ける力の向きと運動の向きが同じとは限らない。

p.27 ぴたトレ2

◆1 (1)速くなっている。
(2)㋐　(3)㋒　(4)㋒

◆2 (1)逆向き　(2)上るとき㋑　下るとき㋐

考え方

◆1 (1)5打点ごとに，つまり，一定時間ごとに切りとったテープの長さがしだいに長くなっているのは，台車の速さがしだいに速くなっていることを示している。
(2)(3)斜面の角度を大きくすると，重力の斜面に平行な分力の大きさが大きくなるので，台車の速さは速くなる。
(4)時間と距離の関係をグラフに表すと，原点を通る曲線になる。

◆2 (1)斜面を上向きに運動している球は，斜面に平行で下向きの力を受けている。
(2)斜面を上るとき，球は運動と反対向きの力を受けている。このような場合，速さは減少する。また，斜面を下るときは運動と同じ向きの力を受けている。このような場合，速さは時間とともに増加する。

p.28 ぴたトレ1

[1] ①慣性　②等速直線運動　③慣性の法則
④うしろ　⑤前　⑥0

[2] ①左　②右　③反作用　④大きさ　⑤一直線
⑥反対

考え方

[1] (2)慣性の法則は，全ての物体で成り立つ。

[2] 作用と反作用の2つの関係は，つり合っている2つの力の関係と似ている。しかし，作用と反作用は2つの力が異なる物質に加わり，つり合いは2つの力が同じ物体に加わるというちがいがある。

p.29 ぴたトレ2

◆1 (1)慣性　(2)㋒　(3)慣性の法則　(4)㋐

◆2 (1)㋓　(2)ⓐとⓒ

考え方

◆1 (1)物体がそれまでの運動を続けようとする性質を慣性という。
(3)物体が静止を続けたり，等速直線運動を続けることを，慣性の法則という。

◆2 (1)A君がB君を押すと，B君は右向きの力を受けるので右向きに動く。A君はB君を押すと同時に反作用として左向きの力を受けるので左向きに動く。
(2)作用と反作用は，大きさが等しく，一直線上にあり，向きが反対である。また，2つの力は，異なる物体に加わるので，ⓐとⓒが作用と反作用の関係である。ⓐとⓑはつり合いの関係なので，まちがえないように注意する。

p.30〜31 ぴたトレ3

❶ ①ⓑ　②ⓒ　③ⓐ

❷ (1)0.1秒　(2)80 cm/s　(3)一定である。
(4)等速直線運動　(5)150 cm/s　(6)㋒

❸ (1)147 cm/s　(2)34.3 cm　(3)980 cm/s
(4)122.5 cm　(5)㋒

❹ ①×　②○　③○　④×

考え方

❶ ①打点間の距離がしだいに広がっているⓑを選ぶ。
②打点間の距離がしだいに狭くなっているⓒを選ぶ。
③運動の方向に力を受けないので，等速直線運動を行う。打点間の距離も一定になる。

❷ (1)1秒間に50打点するので，5打点は，
$\frac{1}{50}$秒×5＝$\frac{1}{10}$秒を表す。
(2)5打点つまり0.1秒で8 cm進んでいるので，8 cm÷0.1 s＝80 cm/sである。
(3)各区間のテープの長さは，①〜⑤まで一定の割合(約2.6 cmずつ)で長くなっている。これは速さが一定の割合で増加していることを示している。速さが一定の割合で増加するのは，一定の大きさの力がはたらき続けているときである。
(4)テープ⑥〜⑧は全て同じ長さなので，この間は速さが一定になっている。これは，台車が水平面に達し，等速直線運動をしていることを示している。

(5)0.1秒間で15 cmずつ進んでいるので，
15 cm ÷ 0.1 s = 150 cm/s
(6)水平面上を運動する台車には，重力と垂直抗力だけがはたらき，つり合っている。

❸ (1)テープ②の長さは14.7 cmなので，0.1秒間に14.7 cm進むから，
14.7 cm ÷ 0.1 s = 147 cm/s
(2)テープの上端を結んだグラフは右上がりの直線なので，①～⑤のテープの長さは一定の割合で増えている。①～③では9.8 cmずつ増えているので，④も③から9.8 cm増えて，
24.5 cm + 9.8 cm = 34.3 cm と考えられる。
(3)各テープの長さは，0.1秒間に落下する距離を表しているので，テープ①～③から求められる速さは，49 cm/s，147 cm/s，245 cm/s となる。したがって，
147 cm/s − 49 cm/s = 98 cm/s などから，おもりの速さは，0.1秒ごとに98 cm/s ずつ速くなっていることがわかる。
よって，1秒ごとでは，
$98\ \mathrm{cm/s} \times \dfrac{1\ \mathrm{s}}{0.1\ \mathrm{s}} = 980\ \mathrm{cm/s}$ ずつ速くなる。
(4)テープ⑤の長さは，(2)より
34.3 cm + 9.8 cm = 44.1 cm であり，
0.5秒間に落下した距離は①～⑤のテープの長さの和であるから，
4.9 cm + 14.7 cm + 24.5 cm + 34.3 cm + 44.1 cm = 122.5 cm
(5)物体の落下のようすは，物体の質量には関係しない。

❹ ①③A君がB君を力Fで押すと，A君もその反作用として，力Fと同じ大きさで逆向きの力を受ける。
②A君は力Fとは逆向き，つまり右向きの力を受けて[a]の向きに動く。

p.32 ぴたトレ1

1 ①仕事　②力　③距離　④ジュール　⑤20　⑥20

2 ①重力　②上　③摩擦力　④力(摩擦力)　⑤距離　⑥4　⑦0　⑧垂直

[考え方]
1 (2)仕事の単位は，電力量と同じ単位のジュール(記号J)を使う。
2 (3)台車やころ(丸い棒)を使って床と物体の摩擦力を小さくすれば，仕事を小さくすることができる。

p.33 ぴたトレ2

❶ (1)仕事　(2)力の向きに動かした距離　(3)40 J　(4)いえない。　(5)0 J　(6)いえない。　(7)0 J

❷ (1)㋒　(2)㋑　(3)1.5 N　(4)0.9 J

[考え方]
❶ (1)物体に力を加えて，力の向きに移動させたとき，その力は物体に仕事をしたという。
(2)仕事の大きさは，力の大きさ〔N〕×力の向きに動かした距離〔m〕で表される。
(3)20 N × 2.0 m = 40 J
(4)(5)移動距離は0 mなので，仕事は0 Jである。
(6)(7)物体に加わる力の方向と物体の移動の向きが垂直なので，仕事をしたとはいえない。つまり，仕事は0 Jである。
❷ (1)床の上で物体を動かしている間は，物体に摩擦力が加わる。
(2)摩擦力は，木片の運動をさまたげる向きにはたらく。
(3)木片を引く力は摩擦力に等しいと考えてよい。
(4)1.5 N × 0.6 m = 0.9 J

p.34 ぴたトレ1

1 ①1　②100　③50　④2　⑤100　⑥$\frac{1}{2}$に(小さく)　⑦2倍に(大きく)　⑧仕事の原理　⑨成り立つ　⑩$\frac{1}{2}$　⑪2

2 ①仕事率　②仕事　③時間　④1　⑤よい

[考え方]
1 (2)定滑車は，ひもを引く方向が変わるだけで，ひもを引く距離と力の大きさは変わらない。
2 (1)仕事率の単位はワット(記号W)を使う。
1秒当たりに1 Jの仕事をしたときの仕事率が1 Wである。

ぴたトレ2

① (1)20 J　(2)10 N　(3)2 m　(4)20 J
　　(5)5 N　(6)4 m　(7)20 J　(8)4 m　(9)5 N
　　(10)仕事の原理

② (1)図1…300 J　図2…300 J
　　(2)図1…10 W　図2…30 W　(3)図2

考え方

① (1)質量1 kgのおもりにはたらく重力の大
　　　きさは10 Nなので，10 N×2 m＝20 J
　　(2)(3)定滑車では，ひもを引く力と引く距離
　　　は，おもりをまっすぐに持ち上げたとき
　　　と変わらない。
　　(4)10 N×2 m＝20 J
　　(5)(6)動滑車では，ひもを引く力は$\frac{1}{2}$になり，
　　　ひもを引く距離は2倍になる。
　　(7)5 N×4 m＝20 J
　　(8)(9)角度が30°の斜面では，ひもを引く力
　　　は$\frac{1}{2}$になり，ひもを引く距離は2倍にな
　　　る。
　　(10)道具を使っても使わなくても，仕事の大
　　　きさは物体がされた仕事と同じになる。
　　　これを，仕事の原理という。
② (1)質量10 kgの荷物にはたらく重力の大き
　　　さは，100 Nである。この荷物を3 m持
　　　ち上げる仕事は，100 N×3 m＝300 J
　　(2)図1は300 J÷30 s＝10 W，
　　　図2は300 J÷10 s＝30 W
　　(3)仕事率が大きいほど，決まった時間に大
　　　きな仕事ができて，能率がよい。

ぴたトレ3

① (1)300 J　(2)60 N　(3)50 N　(4)6 m
　　(5)300 J　(6)15 W

② (1)25 cm　(2)1.5 N　(3)イ　(4)1.5 J
　　(5)0.015 W

③ (1)イ　(2)①50 J　②100 cm　③54 J
　　④力Fは，動滑車にも仕事をしているから。

④ ①○　②×　③○　④×

考え方

① (1)質量10 kgの物体にはたらく重力の大き
　　　さは100 Nなので，
　　　100 N×3 m＝300 J

(2)重力：重力の斜面に平行な分力＝5：3
　　となるので，物体を斜面にそって引き上
　　げた力の大きさは，100 N×$\frac{3}{5}$＝60 N
　　となる。
　　300 J÷5 m＝60 Nと求めることもで
　　きる。
(3)100 N÷2＝50 N
(4)3 m×2＝6 m
(5)50 N×6 m＝300 J
(6)300 J÷20 s＝15 W

② (1)(2)図1で，ひもAを引く力は，おもりの
　　　重さ3 Nの半分で1.5 Nである。ばねは
　　　1本のひもAで手とつながっているので，
　　　ばねにかかる力も1.5 Nである。グラフ
　　　より，ばねの長さは25 cmとわかる。
　　(3)ひもAを引く力の大きさは変わっていな
　　　いので，ばねにかかる力もばねの長さも
　　　変わらない。
　　(4)重さ3 Nのおもりが50 cm＝0.5 m持ち
　　　上がっているので，
　　　3 N×0.5 m＝1.5 Jである。
　　(5)ひもAを引く距離は，
　　　50 cm×2＝100 cmなので，1.5 Jの
　　　仕事を100秒で行ったことになる。仕事
　　　率は，
　　　1.5 J÷100 s＝0.015 W

③ (1)1本につながっているひもの各部にかか
　　　る力は，どこでもひもを引く力の大きさ
　　　に等しい。
　　(2)①100 N×0.5 m＝50 J
　　　②動滑車を使っているので，物体が持ち
　　　　上がった距離の2倍で100 cm。
　　　③動滑車を使っているので，力Fの大き
　　　　さは，物体の重さ100 Nと動滑車の
　　　　重さ8 Nの和の108 Nの半分で54 N。
　　　　力の向きに動かした距離は②より1 m。
　　　　よって，54 N×1 m＝54 J

④ ①仕事率＝仕事÷時間であるから，仕事＝
　　　仕事率×時間の関係が成り立つ。
　　②摩擦力に逆らって仕事をしている。
　　③重力と同じ大きさの力で物体を持ち上げ
　　　る仕事をしている。
　　④時間が変われば，仕事の大きさも変わる。

p.38 ぴたトレ1

[1] ①エネルギー　②エネルギー　③ジュール

[2] ①位置エネルギー　②高い　③大きい
④大きい　⑤大きい

[考え方]
[1] (1)他の物体に対して仕事をすると，その分だけそれまでもっていたエネルギーが小さくなる。
[2] 物体の位置エネルギーの大きさは，高さの基準となる面をどこにするかによって変わる。

p.39 ぴたトレ2

[1] (1)エネルギー　(2)位置エネルギー
(3)㋐，㋒　(4)㋑　(5)㋑

[2] (1)位置エネルギー
(2)最も大きいC　最も小さいA
(3)高さ　(4)質量

[考え方]
[1] (1)仕事をする能力をエネルギーといい，仕事と同じジュールという単位で表す。
(2)(3)位置エネルギーの大きさは物体の質量と基準面からの高さで決まる。
(4)高さが同じときは，物体の質量が大きいほど位置エネルギーは大きい。
(5)質量が同じときは，物体の位置が高いほど位置エネルギーは大きい。
[2] (1)高さに関係するのは位置エネルギーである。
(2)AとBは質量が同じなので，高さが高いBの方が位置エネルギーは大きい。BとCは同じ高さなので，質量が大きいCの方が位置エネルギーは大きい。

p.40 ぴたトレ1

[1] ①運動エネルギー　②大きい　③大きい

[2] ①力学的エネルギー　②運動　③位置
④力学的　⑤力学的エネルギーの保存
⑥運動エネルギー

[考え方]
[2] (2)斜面を下る台車の運動や振り子の運動では，台車や振り子のもつ力学的エネルギーの大きさは，運動を始める前の位置エネルギーの大きさに等しい。

p.41 ぴたトレ2

[1] (1)運動エネルギー　(2)㋑　(3)㋑　(4)㋐，㋑

[2] (1)A，C　(2)B　(3)B　(4)A，C
(5)力学的エネルギー　(6)㋒

[考え方]
[1] (2)運動エネルギーは，物体の速さが大きいほど大きい。
(3)運動エネルギーは，物体の質量が大きいほど大きい。
[2] (1)高さが最も高いAとCの位置で，位置エネルギーが最大になる。
(2)高さが最も低いBの位置で，位置エネルギーが最小になる。
(3)位置エネルギーの減少分が運動エネルギーに移り変わるので，位置エネルギーが最小のBの位置。
(6)空気の抵抗や摩擦などがなければ，振り子の位置エネルギーと運動エネルギーの和，すなわち力学的エネルギーは一定となる。

p.42～43 ぴたトレ3

[1] (1)10 J　(2)重力　(3)位置エネルギー
(4)①㋒　②㋒

[2] (1)ⓖ　(2)ⓓ　(3)ⓓ　(4)力学的エネルギー
(5)摩擦力や空気の抵抗がはたらくから。

[3] (1)0.2 J　(2)㋐　(3)㋓　(4)㋐
(5)おもりのもつ力学的エネルギーは保存されるので一定になるから。

[考え方]
[1] (1)(2)物体を持ち上げるときの仕事は，重力に逆らってする仕事で，重力の大きさ(物体の重さ)と持ち上げた高さの積で表される。
(3)物体がもつ位置エネルギーは，重力に逆らってした仕事によって物体にたくわえられたエネルギーである。
(4)水平な床の上を運動しているので，位置エネルギーは一定である。また，速さが一定なので運動エネルギーも一定である。
[2] (1)摩擦や空気の抵抗がなければ，力学的エネルギーが保存されるので，金属球は反対側で，はじめと同じ高さまで上がる。

(2)(3)力学的エネルギーの保存により，位置エネルギーと運動エネルギーの和は一定であるから，位置エネルギーが最小になるⓓの位置で，運動エネルギーが最大となる。

(5)「実際には」とあるので，摩擦や空気の抵抗があることに注意しよう。金属球のエネルギーは，少しずつ熱や音などのエネルギーに変わり失われていくので，金属球のもつ力学的エネルギーは減少していく。

❸ (1) $1\ \mathrm{N} \times 0.2\ \mathrm{m} = 0.2\ \mathrm{J}$

(2)(1)の仕事は，おもりの位置エネルギーとしてたくわえられる。

(3)おもりがA点からB点へと動いている間は，位置エネルギーが減少し，その減少分が運動エネルギーに変換され，おもりはしだいに速くなる。B点からC点へと動いている間は，運動エネルギーが減少していき，その減少分が位置エネルギーに変換される。したがって，位置エネルギーはA点とC点の位置で最大となり，B点の位置で最小となる。グラフは㋓のようになる。

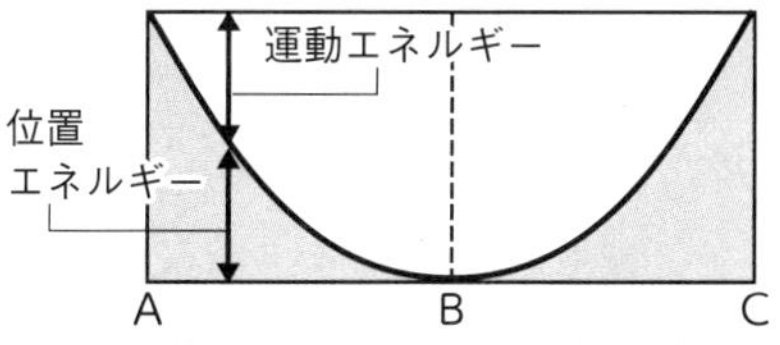

(4)おもりのもつ力学的エネルギーは保存されるので一定である。したがって，グラフは㋐のようになる。

p.44 ぴたトレ1

[1] ①弾性 ②電気 ③熱 ④光 ⑤音 ⑥化学 ⑦核 ⑧ジュール

[2] ①光(電気) ②熱 ③光 ④熱

[考え方]

[1] (8)エネルギーの単位は全てジュールなので，異なる種類のエネルギーでも，大きさを比べることができる。

[2] エネルギーの移り変わり方は一通りではない。

p.45 ぴたトレ2

❶ (1)E (2)D (3)B (4)C

❷ (1)㋒ (2)㋓ (3)熱

[考え方]

❶ A…電気エネルギーでモーターを回して風を起こしている。 B…ガソリンを燃やして，その化学エネルギーを運動エネルギーに変えている。 C…電気エネルギーを光エネルギーに変えて利用している。 D…電気エネルギーを音エネルギーに変えている。 E…自転車のペダルをこいで発電機を回し，電気エネルギーをつくり出している。

❷ (1)弓を引き絞って弓に弾性エネルギーをたくわえ，それを矢の運動エネルギーに変える。

(2)光電池が光エネルギーを電気エネルギーに変え，電気エネルギーでモーターを回している。

(3)石油の燃焼によって，化学エネルギーを熱エネルギーに変えている。

p.46 ぴたトレ1

[1] ①エネルギー変換効率 ②よい ③一定 ④上がれない ⑤一定 ⑥エネルギーの保存

[2] ①ちがう ②上 ③伝導(熱伝導) ④対流 ⑤放射(熱放射)

[考え方]

[1] (1)エネルギーが移り変わるとき，エネルギーの一部は目的以外のエネルギーとして逃げてしまう。

[2] (1)熱の伝わりやすさを熱伝導率といい，物質によってちがっている。

p.47 ぴたトレ2

❶ (1)①LED電球 ②エネルギー変換効率 (2)㋒ (3)常に一定になっている。 (4)エネルギーの保存

❷ (1)㋐ (2)㋒

❶(1)LED電球は発熱が少ないので，エネルギー変換効率（へんかんこうりつ）がよい。発熱が少ないということは，電気（でんき）エネルギーの大部分を光（ひかり）エネルギーに変えている。いいかえれば，より少ない電気エネルギーで他の電球と同じくらいの明るさにすることができることを意味している。

(2)〜(4)実際には空気の抵抗（ていこう）や摩擦（まさつ）などがあるため，力学的（りきがくてき）エネルギーは保存されないが，音や熱などのエネルギーに変わるものも含（ふく）めると，エネルギーは保存される。

❷(2)⑦は放射（ほうしゃ）の例，⑦は対流（たいりゅう）の例である。

❶(1)①電気エネルギー
　②A⑤　B⑦　C⑦　D⑪
(2)①光　②電気　③位置

❷(1)⑦　(2)⑦　(3)⑦　(4)エネルギーの保存

❸(1)①⑦　②⑦
(2)空気は対流によって，全体があたたまったり冷えたりするから。

❶(2)光電池は，光（ひかり）エネルギーを電気（でんき）エネルギーに変えて電流を発生させる装置である。モーターは，電気エネルギーを運動（うんどう）エネルギーに変えて他の物体に仕事（しごと）をする。仕事をされた物体には，された仕事に相当するエネルギーがたくわえられる。

❷(1)発電機Aは運動エネルギーを電気エネルギーに変えている。その電気エネルギーは，発電機Bを回転させる運動（うんどう）エネルギーに変わっている。
(2)(3)発電機を回転させると，エネルギーの一部は音（おと）エネルギーや熱（ねつ）エネルギーとなって逃（に）げてしまうので，回転数は20回転より少なくなる。

❸(1)①放射（ほうしゃ）は熱が光として放出される現象で，鏡などで反射すれば，熱が伝わる（逃げる）のをある程度防ぐことができる。
②熱は気体中も伝わるが，真空になっていて何もない空間であれば，伝導（でんどう）による熱の伝わりを防ぐことができる。
(2)あたたまった空気は上昇（じょうしょう）し，冷たい空気は下降する性質を利用して設置している。

生命のつながり

❶①細胞分裂　②ふえる　③大きく

❷①染色体　②形質　③遺伝子　④複製
⑤体細胞分裂　⑥核　⑦細胞質

❶(2)細胞分裂（さいぼうぶんれつ）によって細胞の数がふえることと，細胞分裂をした後にそれぞれの細胞が大きくなることで，生物は成長する。

❷(1)細胞分裂のとき核（かく）に変化が起きて，核の中に染色体（せんしょくたい）が見えてくる。
(5)1つの細胞に核は1つある。

❶(1)⑦　(2)染色体

❷(1)(うすい)塩酸　(2)A
(3)ⓐ→ⓔ→ⓒ→ⓕ→ⓓ→ⓑ

❶(1)図2では，細胞分裂（さいぼうぶんれつ）の途中（とちゅう）のいろいろな段階の細胞が見られるので，細胞分裂がさかんな根の先端（せんたん）部分のものである。
(2)細胞分裂の始めに染色体（せんしょくたい）が見られるようになる。

❷(1)細胞どうしの結合を切ってばらばらにし，観察しやすくするためにうすい塩酸に入れる。
(2)細胞分裂のいろいろな段階の細胞が見られるのでAである。
(3)核（かく）の中に染色体が現れ（ⓔ），染色体が中央部に並び（ⓒ），それぞれ両端（りょうたん）に引かれ（ⓕ），中央部にしきりが現れる（ⓓ）。染色体がまとまって核ができ（ⓑ），細胞分裂が終了する。

❶①生殖　②無性生殖　③有性生殖
④栄養生殖

❷①精細胞　②卵細胞　③生殖細胞　④花粉管
⑤受精　⑥受精卵　⑦胚　⑧発生

❶(3)無性生殖（むせいせいしょく）のうち，植物が行うものを栄養（えいよう）生殖（せいしょく）という。例えば，ジャガイモでは茎（くき）の一部である「いも」，セイロンベンケイでは葉から，新しい個体ができる。

[2] (1)～(5)花粉の中には精細胞ができ，花粉管を通って，胚珠の中の卵細胞まで移動する。精細胞と卵細胞が受精すると，それぞれの核が合体し，受精卵ができる。

p.53 ぴたトレ2

[1] (1)図1ジャガイモ　図2ミカヅキモ
(2)無性生殖　(3)㋐

[2] (1)㋓　(2)ⓓ　(3)㋑　(4)種子

[考え方]
[1] (1)ミカヅキモは，体が2つに分裂して新しい個体をつくる生物である。
(2)体細胞分裂をして新しい個体をつくる生殖を無性生殖という。
(3)㋑，㋒，㋓は有性生殖である。
[2] (1)図は胚珠が子房に包まれているので被子植物である。㋐，㋑，㋒は裸子植物。
(2)花粉は，おしべの先のやくでつくられる。
(3)花粉から花粉管がのび，その中を精細胞が胚珠に向かって移動し，精細胞により胚珠の中の卵細胞が受精する。
(4)受精後，胚珠(ⓑ)は成長して種子になり，子房(ⓕ)は果実になる。

p.54 ぴたトレ1

[1] ①卵　②精子　③卵巣　④精巣　⑤受精
⑥受精卵　⑦胚　⑧発生

[2] ①減数分裂　②半分　③体細胞分裂
④異なる　⑤同じ

[考え方]
[1] (4)動物では，自分で食物をとり始めるまでの間の子のことを胚という。
[2] ①②生殖細胞は減数分裂によってつくられ，生殖細胞の染色体の数はもとの細胞の半分になる。
⑤無性生殖では，子は親の特徴をそのまま受け継ぐ。

p.55 ぴたトレ2

[1] (1)あ…精子　い…卵　(2)あ…精巣　い…卵巣
(3)㋒　(4)胚　(5)発生

[2] (1)無性生殖　(2)体細胞分裂　(3)有性生殖
(4)ⓐ減数分裂　ⓑ受精　(5)遺伝子　(6)図1

[考え方]
[1] (1)動物の場合は，雄の生殖細胞を精子という。雌の生殖細胞は卵という。
(2)精子は雄の体の精巣で，卵は雌の体の卵巣でつくられる。
(3)精子や卵などの生殖細胞は減数分裂によってつくられる。このとき染色体の数は，分裂前の半分になる。
(4)動物の場合は，受精卵から自分で食物をとるようになるまでの時期の子を，胚という。
(5)受精卵が胚になり，親と同じような形に成長する過程を，発生という。
[2] (1)(2)無性生殖では，体細胞分裂によってふえる。
(3)有性生殖では，雄と雌の生殖細胞から受精卵がつくられる。
(4)減数分裂によってつくられた生殖細胞の染色体の数は半分になるが，雄と雌の生殖細胞が受精すると受精卵ができ，染色体の数はもとに戻る。
(5)染色体には，形質のもとになる遺伝子がある。
(6)無性生殖では，親と子で同じ染色体の組み合わせになっている。

p.56～57 ぴたトレ3

❶ (1)①A　②B
(2)細胞分裂がさかんだから。　(3)㋑

❷ (1)染色体　(2)㋓
(3)細胞と細胞を離れやすくするため。
(4)㋒，㋔　(5)㋐

❸ (1)①花粉　②柱頭　③やく　④花粉管
⑤精細胞　⑥子房　⑦卵細胞　⑧胚珠
(2)精細胞の核と卵細胞の核が合体すること。
(3)胚　(4)栄養生殖
(5)有性生殖

❹ (1)減数分裂
(2)右図

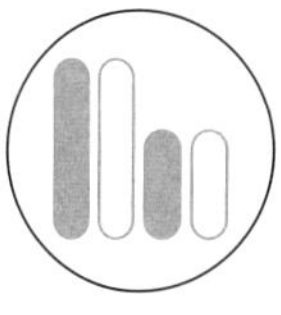

[考え方]
❶ (1)①分裂した後の細胞が，もとの大きさになっていくのはAの部分である。
②細胞分裂がさかんなのは先端部分。

(2)細胞分裂の観察には，細胞分裂がさかんに行われている部分の細胞を試料とする必要がある。

(3)分裂直後の細胞は，もとの細胞より小さい。

❷ (1)細胞分裂のときに現れるひも状のものを染色体という。

(2)染色体が中央部分に並んだ後，染色体が両端に引かれて分かれることになる。

(3)顕微鏡での観察がしやすいように，細胞どうしの結合を切って離れやすくする。

(4)染色体は複製された後，２つに分かれる。細胞が分裂して数がふえ，もとの大きさになることで，生物の体は大きくなる。

(5)細胞が分裂する前に，染色体が複製される。

❸ (1)②はめしべ，③はおしべでもよい。

(2)受精とは「核どうしの合体」であることを書くこと。植物の受精なので，生殖細胞は精細胞，卵細胞という言葉を用いること。

(3)⑦は受精して受精卵となり，分裂を繰り返して胚に成長する。

(4)サツマイモやジャガイモは，種いもでふえる。このような生殖は栄養生殖とよばれる。

(5)有性生殖では，子の細胞は両親とは異なる点に着目する。無性生殖は体細胞分裂でふえるので，子の細胞は親と同じである。

❹ (1)染色体の数が半分になる減数分裂である。

(2)ⓐとⓑの染色体を合わせればよい。

p.58 ぴたトレ1

[1] ①遺伝　②遺伝子　③純系　④対立形質　⑤自家受粉　⑥子

[2] ①減数分裂　②分離　③ＡＡ　④Ａａ　⑤顕性　⑥潜性

[考え方]

[1] (4)エンドウの対立形質には，種子の形，子葉の色，花の色などいろいろある。

(6)丸い種子をつくる純系としわのある種子をつくる純系の子は，全て丸い種子になる。

[2] (4)エンドウの種子の形では，丸の形質が顕性の形質，しわの形質が潜性の形質である。

p.59 ぴたトレ2

❶ (1)形質　(2)遺伝　(3)遺伝子　(4)㋑

❷ (1)減数分裂　(2)分離の法則　(3)①㋐　②㋓

[考え方]

❶ (1)生物の表す特徴を，形質という。

(2)(3)親の形質が子に伝わることを遺伝といい，形質を伝えるものを遺伝子という。

(4)種子の形に関する形質を選ぶ。

❷ (1)生殖細胞は，減数分裂でつくられる。

(2)対になっている遺伝子は，減数分裂のとき別々の生殖細胞に入る(分離の法則)。

(3)①顕性の形質だけが現れる。

②孫はＡＡ：Ａａ：ａａ＝１：２：１になる。ＡＡとＡａの種子は丸，ａａの種子がしわなので，丸：しわ＝３：１となる。

p.60 ぴたトレ1

[1] ①ＡＡ　②Ａａ(①，②順不同)　③丸　④しわ　⑤３

[2] ①染色体　②ＤＮＡ(デオキシリボ核酸)　③形質　④ＤＮＡ(デオキシリボ核酸)　⑤安全性

[考え方]

[1] 遺伝子の組み合わせがＡａである子を自家受粉させると，孫の代にはＡＡ，Ａａ，ａａの３種類の遺伝子の組み合わせの個体が現れる。ＡＡ，Ａａのように顕性の形質の遺伝子Ａをもつものは丸，ａａのように潜性の形質の遺伝子ａのみをもつものはしわとなる。

[2] (3)ＤＮＡは長い間には変化することがあり，形質を変化させることがある。

(4)遺伝子の本体であるDNAと形質との関係が解明されるにつれて，DNAを人工的に変化させ，人間にとって有用な形質をもつ生物をつくり出す技術も進歩してきている。

p.61 ぴたトレ2

[1] (1)ａａ　(2)ＡＡ：Ａａ：ａａ＝１：２：１

[2] (1)ａａ　(2)㋒　(3)ＤＮＡ

[考え方]

[1] (1)潜性の遺伝子だけの組み合わせになる。
(2)ＡＡ：Ａａ：ａａ＝122：251：127より，およそ１：２：１になっている。

[2] (1)潜性の形質ａの組み合わせのａａ。
(2)丸い種子の遺伝子の組み合わせは，ＡＡ：Ａａ＝１：２の個数の比になるから，
$5474 \times \frac{2}{3} = 3649.3\cdots$
(3)遺伝子の本体は，ＤＮＡ(デオキシリボ核酸)という物質である。

p.62〜63 ぴたトレ3

[1] (1)対立形質
(2)形質…丸
理由…表１の子には，全て丸の形質だけが現れたから。
(3)(あ)Ａａ　(い)ａａ
(4)(う)丸い種子　(え)２
(お)しわのある種子　(か)１
(5)３：１　(6)①顕性　②３：１

[2] (1)核(染色体)
(2)ＤＮＡ(デオキシリボ核酸)
(3)分離の法則

[3] (1)㋐
(2)㋓
(3)①Ｂｂ
②右図
(4)67％

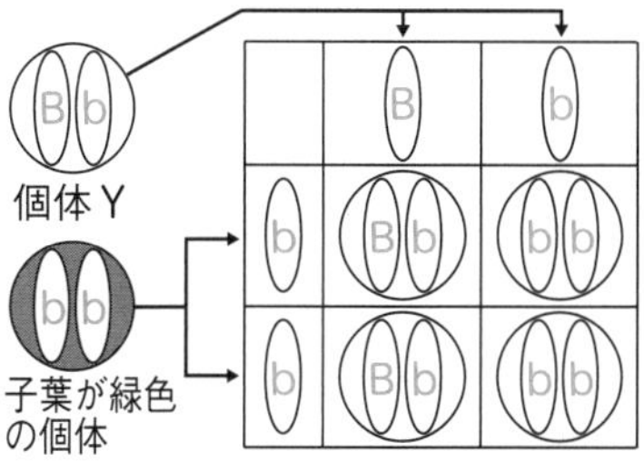

[考え方]

[1] (1)対立形質は，常に一方だけが現れる。
(2)Ａａの遺伝子の組み合わせをもつ子には顕性の形質だけが現れることを述べてあればよい。
(3)(あ)は，Ａ＋ａ→Ａａ，(い)は，ａ＋ａ→ａａ。
(4)(う)はＡを含むので丸い種子，(お)はａａなのでしわのある種子である。
(5)表３より，(ＡＡ＋Ａａ)：aa＝３：１である。
(6)孫の代では顕性：潜性＝３：１となる。

[2] (1)遺伝子は，核の中の染色体に存在する。

[3] (1)ＡＡのつくる生殖細胞はＡの１種類だけ。
(2)孫の代では，顕性：潜性＝３：１なので，Ｘはおよそ277×３＝831。最も近い数を選ぶ。
(3)①②潜性の形質のエンドウの生殖細胞はｂだけなので，相手の遺伝子の組み合わせがそのまま結果に現れる。
(4)孫の丸い種子はＡＡ：Ａａ＝１：２なので，Ａａのものは，
２÷３×100＝66.6…，よって67％である。

p.64 ぴたトレ1

[1] ①進化　②相同器官　③前あし　④翼
⑤シソチョウ(始祖鳥)　⑥は虫　⑦翼
⑧歯　⑨爪　⑩尾　⑪進化　⑫水中　⑬陸上
⑭水中　⑮陸上

[考え方]

[1] 相同器官の中には，例えばヘビやクジラの後あしのように，はたらきを失って痕跡のみとなっているものもある。これを痕跡器官という。

p.65 ぴたトレ2

[1] (1)①Ｄ　②Ｃ
(2)コウモリの翼Ｄ　クジラの胸びれＣ
ヒトの腕Ａ
(3)相同器官　(4)進化

[2] (1)①△　②○　③○　④△　⑤△　(2)㋒

[考え方]

[1] (1)(2)空中を飛ぶのに適しているのは鳥類やコウモリの翼であり，水中を泳ぐのに適しているのは魚類やクジラのひれである。Ｂはイヌの前あしで，陸上を歩くのに適している。
(3)どれも魚類の胸びれが変化してできたと考えられる。このように，同じものから変化したと考えられる体の部分を相同器官という。
(4)生物が長い時間をかけて変化することを進化という。

[2] (1)(2)シソチョウは外見は鳥類だが，長い尾，前あしの先に爪，口に歯があるなど，は虫類の特徴ももつ。このことと，は虫類が鳥類より先に出現していることから，鳥類はは虫類から変化してきたと考えられる。

p.66〜67 ぴたトレ3

1 (1)魚類 (2)①水中 ②陸上 (3)は虫類
(4)両生類の皮ふは湿っていて乾燥に弱いが，は虫類の体はかたいうろこで覆われていて乾燥に強いから。
(5)は虫類 (6)㋑

2 (1)㋐，㋓ (2)㋒

3 (1)シダ植物
(2)維管束があり，根から水を吸収するから。
(3)①胞子 ②種子 ③種子植物

[考え方]

1 (1)脊椎動物は，魚類，両生類，は虫類，哺乳類，鳥類の順に出現している。
(2)(3)脊椎動物は，水中で生活する魚類から水辺で生活する両生類，完全に陸上生活をするは虫類，哺乳類，鳥類へと，陸上の生活に適したものへ進化したと考えられる。
(4)両生類は湿った皮ふでの呼吸もしていて，水を通しにくいうろこで体が覆われたは虫類よりも乾燥に弱い。
(5)(6)シソチョウのようには虫類と鳥類の中間の生物の化石が発見されたことから，鳥類はは虫類から変化してきたと考えられる。

2 (1)シーラカンスの胸びれは，陸上生活をする脊椎動物の前あしの相同器官である。
(2)シーラカンスは，魚類が両生類へと変化する初期の段階を現していると考えられている。

3 (1)(2)根から水を吸収して維管束で水を運ぶシダ植物の方が，乾燥に強い。
(3)植物は，コケ植物，シダ植物，種子植物の順に，水中の生活から陸上の生活に適したものになっていると考えられる。

自然界のつながり

p.68 ぴたトレ1

1 ①生態系 ②食物網 ③食物連鎖 ④生産者 ⑤消費者 ⑥分解者

2 ①減る ②ふえる ③減る ④減る ⑤C(植物) ⑥つり合い

[考え方]

1 (2)食物網の中で，「食べる・食べられる」という関係の生物どうしを順番につないで，1本の鎖のようにつないだものを食物連鎖という。

2 生態系において，どの生物がふえたり，減ったりしても，多くの場合やがてもとに戻り，つり合いは保たれる。

p.69 ぴたトレ2

1 (1)食物連鎖 (2)㋒，㋔

2 (1)㋑ (2)㋐ (3)㋑ (4)A㋐ C㋑ (5)食物網

[考え方]

1 (2)㋒…ミミズは土とともに枯れ葉などの有機物を体内にとりこみ，有機物を細かくすることでエネルギーを得て生活のために利用する。モグラは土の中にすむ肉食の小動物で，ミミズなどを食べる。
㋔…ミジンコは，ケイソウなどの植物プランクトンを食べ，そのミジンコをフナなどの魚が食べる。
㋐…アオムシはモンシロチョウの幼虫なので，アオムシ→モンシロチョウが誤り。
㋑…クモは肉食動物なので，イネ→クモが誤り。また，バッタは草食の昆虫なので，クモ→バッタも誤り。
㋓…ミジンコとミカヅキモの順序が逆なので誤り。
㋕…イワシもサンマも海の小形の魚で，プランクトンをおもに食べているので，誤り。

[2] (1)数量を表すピラミッドなどで最下層に位置する生物は，生産者(せいさんしゃ)である植物や植物プランクトンである。したがって，Aはケイソウなどの植物プランクトンを表す。Bはその植物プランクトンを食べる草食性の動物で，ここではミジンコなどの動物プランクトンがあてはまる。Cは小形の肉食または雑食性の動物(プランクトンを食べる)で，フナなどの魚があてはまる。最上位のDはカワセミ(鳥)があてはまる。

(2)Aの植物プランクトンは自ら有機物(栄養分)をつくるので，自然界の中では生産者とよばれる。

(3)図のB，C，Dの生物は，自ら有機物をつくることができないので，他の生物を食べることで栄養分を得ている。このことから，自然界の中では消費者(しょうひしゃ)とよばれている。

(4)Bの生物が減ると，Bに食べられていたAは食べられる量が減るので一時的にふえる。Cは食物であるBの量が不足するので，一時的に減る。

(5)「食べる・食べられる」の関係が入り組んで複雑になったようすを網目(あみめ)にたとえて，食物網(しょくもつもう)という。

p.70 ぴたトレ1

[1] [1]微生物　[2]デンプン　[3]青紫色
[4]微生物　[5]菌　[6]細菌　[7]分解者

[2] [1]光合成　[2]生産者　[3]消費者　[4]分解者
[5]二酸化炭素　[6]酸素

[考え方]

[1] (1)微生物(びせいぶつ)のはたらきによってデンプンは分解されたため，土の表面の色は変化しなかった。

(2)土を加熱したことで微生物は死滅したため，デンプンは分解されずにそのまま残り，培地(ばいち)の表面全体が青紫色に変わった。

[2] 炭素は呼吸で放出された二酸化炭素や有機物の形で循環(じゅんかん)している。

p.71 ぴたトレ2

[1] (1)㋑　(2)B　(3)青紫色　(4)㋒　(5)分解者

[2] (1)二酸化炭素　(2)光合成　(3)呼吸

[考え方]

[1] (1)土の中にいる微生物(びせいぶつ)のはたらきを調べる実験なので，微生物が生きているもの(A)と死滅しているもの(B)を用意して結果を比べる。微生物は，土を十分に加熱すると死滅する。

(2)(3)ヨウ素液は，デンプンがあると青紫色を示す薬品である。土の中の微生物が死滅していると，培地(ばいち)に加えられたデンプンを分解できないので，デンプンはそのまま残る。これにヨウ素液を加えると，デンプンがあるので青紫色を示す。

(4)ヨウ素液を加えても培地の色が変化しないのは，デンプンがないからである。培地のデンプンは，微生物のはたらきで分解され，他の物質に変わったためにヨウ素液の反応が見られなかったのである。

(5)土や枯(か)れ葉などの中にいて，デンプンなどの有機物を分解するはたらきを行う微生物などを，分解者(ぶんかいしゃ)という。分解者のはたらきで，森林などに落ち葉がたまっていくことがない。

[2] (1)炭素は，大気中では二酸化炭素に含(ふく)まれて存在する。二酸化炭素は，炭素原子1個に酸素原子が2個結びついた分子である。

(2)植物が日光を利用して行うはたらきとは，光合成のことである。光合成は，二酸化炭素と水から日光を利用して，デンプンなどの有機物と酸素をつくるはたらきである。

(3)生物が生活のためのエネルギーを得るために行うはたらきとは，酸素をとり入れて栄養分を分解しエネルギーを得る呼吸のはたらきである。

p.72〜73 ぴたトレ3

[1] (1)P呼吸　Q光合成　(2)㋐，㋓
(3)あY　い青紫　(4)分解者
(5)菌類，細菌類　(6)㋓
(7)生物Ⅲは食べられるものがふえるので一時的に減少し，生物Ⅰは食べ物がふえるので一時的に増加する。

[2] (1)乾燥，熱
(2)出てきた小動物の動きをにぶらせるため。
(3)㋕　(4)㋑　(5)㋐，㋓，㋔，㋖

[考え方]

❶ (1)Pは二酸化炭素を放出しているので，呼吸のはたらきを表している。Qは二酸化炭素をとり入れているので，植物が行う光合成のはたらきを表している。

(2)生物Bは，生物Cの植物を食べるので草食性の動物，生物Aはその草食動物(生物B)を食べる肉食動物である。図2の4つの動物のうち，バッタはイネ科の植物を食べ，ダンゴムシは落ち葉やくさった葉などを食べる草食動物なので生物Bにあてはまる。クモとムカデは肉食動物なので，生物Aにあてはまる。

(3)ヨウ素液に反応して色が変化するのは，デンプンがそのまま残っていた試験管である。試験管Yには微生物(びせいぶつ)が存在せず，デンプンが残っていてヨウ素液で青紫色を示す。

(4)生物Dは土の中などにいて，デンプンなどの有機物を分解するはたらきを行うものである。このような生物は，自然界の中では分解者(ぶんかいしゃ)とよばれる。

(5)乳酸菌などの細菌類(さいきんるい)，キノコやカビなどの菌類(きんるい)は，有機物を無機物まで分解するはたらきをする分解者である。ミミズなど土の中にいる小動物も分解者に属するものがいるが，種類によるのでここでは含(ふく)めない。

(6)ダンゴムシは，落ち葉やくさった葉などを食べて細かくし，細菌類などのはたらきを助けるので分解者に含める。

(7)生物Ⅱがふえることは，生物Ⅱを食べるものと，生物Ⅱに食べられるものにどのような影響(えいきょう)が出るかを考える。一時的な変化なので，直接現れる影響について述べればよい。

❷ (1)土の中で生活する小動物は，乾燥(かんそう)と熱をきらうものが多い。そのため，電球の熱で土が乾燥し，さらにあたたまってくると，上から下に逃(に)げてくるのでビーカーの中に出てくる。

(2)出てきた小動物を調べるので，動き回ったりすると調べにくい。小動物を動きにくくするにはどうするかという観点で考え，説明する。

(3)食物連鎖(しょくもつれんさ)の始まりは，どのような生物の間の関係でも必ず植物や植物プランクトンである。ただし，生きている植物とは限らず，土の中では落ち葉やくさった葉なども植物である。これらの植物の死がいも，もとは植物が光合成を行い，つくったものからできているからである。

(4)自然界の中でのはたらきに着目して分解者とよんでいるが，自分で有機物をつくれず，直接または間接的に植物が生産した有機物に頼って生活している生物なので，消費者(しょうひしゃ)であるともいえる。

(5)シデムシやセンチコガネ，ミミズ，ダンゴムシなどは，土の中の有機物をとりこみ，それを細かくして菌類や細菌類が分解しやすいようにしている。この点から，これらの小動物も分解者として扱う。

化学変化とイオン

p.74 ぴたトレ1

[1] ①精製水　②電解質　③非電解質

[2] ①銅　②塩素　③Cu　④Cl_2　⑤水素　⑥塩素　⑦Cl_2　⑧陽イオン　⑨陰イオン　⑩電離　⑪イオン

[考え方]

[1] 塩化ナトリウムは，食塩の主成分である。また，ショ糖は，砂糖の主成分である。

[2] 塩酸に電圧を加えると，陰極(いんきょく)から水素，陽極(ようきょく)から塩素が発生する。このとき，塩素は水に溶(と)けやすいため，管内に集まる塩素の量は，水素より少ない。

p.75 ぴたトレ2

◆1 (1)㋑，㋒，㋕，㋖　(2)電解質　(3)非電解質

◆2 (1)㋒　(2)陽極側㋒　陰極側㋐
(3)陽極側㋒　陰極側㋐
(4)陽極側…塩素　陰極側…水素
(5)2，H_2，Cl_2(H_2とCl_2は順不同)

[考え方]

◆1 (1)(2)水に溶(と)かしたときに電離(でんり)する電解質(でんかいしつ)の水溶液(すいようえき)には電流が流れる。
(3)非電解質の水溶液には，電流が流れない。

2 (1)塩酸を電気分解すると，陰極には水素，陽極には塩素が発生する。水素は水に溶けにくいが，塩素は溶けやすいので，陽極側にたまった塩素の体積は，陰極側の水素より少ない。

(2)(3)塩素には脱色作用があるので，色をつけたろ紙を入れると，色が消える。水素は燃える気体なので，マッチの火を近づけるとポンと音を立てて燃える。

(4)陽極には塩素，陰極には水素が発生している。

(5)塩酸HClを電気分解すると，水素H_2と塩素Cl_2が発生するので，
$2HCl \longrightarrow H_2 + Cl_2$と書き，係数をつけて原子の数を矢印の左右でそろえる。

p.76 ぴたトレ1

1 ①原子核 ②電子 ③陽子 ④中性子 ⑤＋ ⑥－ ⑦＋ ⑧量 ⑨符号 ⑩電子 ⑪同位体

2 ①陽イオン ②陰イオン ③陰 ④陽 ⑤Na^+ ⑥銅イオン ⑦OH^-

考え方

1 (5)同位体は，「周期表の上で同じ位置にあるもの」を意味している。

2 (1)イオンができるとき，原子がやりとりする電子の量は1個とは限らない。

p.77 ぴたトレ2

1 (1)ⓐ㋒ ⓑ㋐ ⓒ㋑ (2)原子核 (3)ⓐ (4)㋑ (5)同位体

2 (1)陰イオン (2)①㋔ ②㋓ ③㋒ ④㋑ (3)①原子 ②右 (4)①Na^+ ②Cl^- ③Cu^{2+} ④Cl^- ○…2

考え方

1 (1)(2)ⓐは陽子，ⓑは中性子で，ともに集まって原子核をつくっている。ⓒは原子核のまわりを回る電子である。

(3)原子の種類は陽子の数で決まる。電子の数はイオンになると変化する。

(4)電子のもつ－の電気量は，陽子のもつ＋の電気量と同じである。

2 (1)原子が－の電気をもつ電子を放出すれば，＋の電気を帯びた陽イオンになる。原子が電子を受けとれば，－の電気を帯びた陰イオンになる。

(3)電離のようすを化学式を使って表す場合は，＋と－の電気の数も等しいことを確かめる。

(4)塩化ナトリウムは，ナトリウムイオンと塩化物イオンに分かれる。また，塩化銅は銅イオンと塩化物イオンに分かれる。

p.78～79 ぴたトレ3

1 (1)右図 (2)精製水 (3)A，C，F (4)電解質

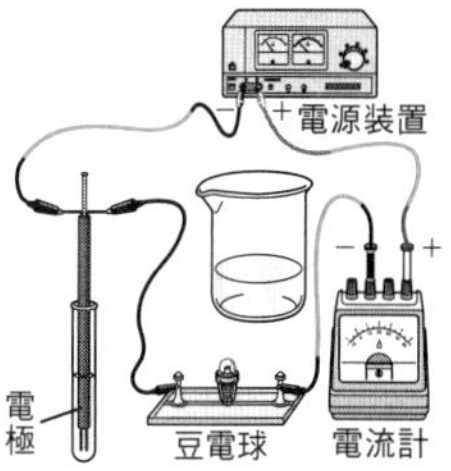

2 (1)銅 (2)金属光沢が出る。 (3)塩素 (4)陽極付近の液をとり，赤インクで色をつけた水に入れる。 (5)換気をよくし，発生した気体を吸いこまないようにする。 (6)B (7)$CuCl_2 \longrightarrow Cu^{2+} + 2Cl^-$ (8)$CuCl_2 \longrightarrow Cu + Cl_2$ (9)陽イオンと陰イオン(イオン)

3 (1)A (2)原子核 (3)①× ②○ ③×

4 (1)①Na^+ ②Ca^{2+} ③OH^- (2)$HCl \longrightarrow H^+ + Cl^-$

考え方

1 (1)電流計の＋端子には，電源の＋極側の導線をつなぐ。電流計，豆電球，電極は直列につなぐ。

(2)水溶液の種類を変えるときは，電極に前の実験の水溶液が残らないように，精製水で洗う。

(3)(4)電解質の水溶液である，A，C，Fを選べば正解。

2 (1)赤色の物質は，水溶液中の銅イオンが陰極に引かれて移動し，陰極で電子を受けとって金属の銅になって付着したものである。

(2)銅は金属なので，金属光沢が出る。

(3)水溶液中の塩化物イオンが陽極に引かれて移動し，電極に電子をわたして塩素原子となり，2個が結びついて塩素分子をつくり，気体となって発生する。
(4)塩素が脱色作用をもつことは，よく出題されるので，覚えておこう。陽極付近の水溶液を赤インクで色をつけた水に加えると色が消える。
(5)塩素は毒性の強い有毒な気体であることに注意しよう。実験で発生した塩素を吸わないようにすることが大切である。
(6)銅が付着するのは，常に陰極側である。
(7)塩化銅は，銅イオンと塩化物イオンに分かれる。
(8)塩化銅が分解して，銅と塩素が発生する。
(9)電解質の水溶液中では，陽イオンと陰イオンが移動して電流が流れる。

3 (1)(2)電気をもっていないのは中性子。中性子は，陽子とともに原子核をつくる。原子核のまわりを回っているのが電子である。
(3)①1個の原子がもつ，陽子の数と電子の数は等しいので，原子全体では電気を帯びない。
③同位体とは，同じ元素で中性子の数が異なる原子のことである。

4 (1)ナトリウムや銅などの金属の原子は，ふつう，電子を放出して陽イオンになる。また，非金属の原子は，ふつう，電子を受けとって陰イオンになる。

p.80 ぴたトレ1

1 ①イオン ②亜鉛 ③銅 ④マグネシウム ⑤亜鉛 ⑥銅 ⑦ある ⑧マグネシウム ⑨銅 ⑩種類 ⑪しない ⑫電子

[考え方]
1 金属のイオンへのなりやすさを調べる実験で，金属板がうすくなるのは，金属がイオンになるからである。

p.81 ぴたトレ2

◆1 (1)①㋑
②ⓐマグネシウム ⓑ電子
ⓒマグネシウム
(2)㋒ (3)㋒ (4)㋐

[考え方]
◆1 (1)表のAでは，マグネシウムが電子を放出してマグネシウムイオンになり，水溶液中の亜鉛イオンが電子を受けとって亜鉛となり付着する。
(2)(3)表のB，Cでは，それぞれの金属が電子を放出してイオンになり，水溶液中の銅イオンが電子を受けとって銅になり付着する。
(4)金属板を水溶液に入れたとき，金属板に変化がある金属ほどイオンになりやすいといえる。

p.82 ぴたトレ1

1 ①電池(化学電池) ②ボルタ電池 ③ダニエル電池 ④混ざらない

2 ①電子 ②Zn^{2+} ③銅原子 ④Cu^{2+} ⑤－ ⑥＋ ⑦亜鉛イオン ⑧銅 ⑨Zn ⑩Cu ⑪－ ⑫＋

[考え方]
1 (2)2種類の金属板と，電解質の水溶液を組み合わせるとボルタ電池になる。
2 (2)亜鉛は銅に比べてイオンになりやすいので，亜鉛板は－極になり，電子を放出する。

p.83 ぴたトレ2

◆1 (1)電池(化学電池) (2)B (3)B (4)㋑
◆2 (1)A㋓ B㋒ (2)Zn^{2+} (3)Cu^{2+}
(4)亜鉛板 (5)㋐

[考え方]
◆1 (2)Aは，ボルタ電池とよばれる電池である。
(4)セロハンには，水の粒子やイオンが通れる小さい穴が空いているので，セロハンを通して少しずつ水溶液が混ざり合う。
◆2 (2)亜鉛板では，亜鉛原子が電子を2個放出して亜鉛イオンになる。
(3)銅板では，水溶液の中の銅イオンが電子を2個受けとって，銅原子になる。
(4)電極に2種類の金属を使った電池では，イオンになりやすい方の金属が－極になり，イオンになりにくい方の金属が＋極になる。亜鉛と銅では，亜鉛の方がイオンになりやすい。

(5)銅板の表面の赤い物質は，水溶液の中の銅イオンが電子を受けとって銅になり付着したものである。

p.84 ぴたトレ 1

[1] ①一次電池　②二次電池　③できない
④できる　⑤電極　⑥電解質

[2] ①水　②電気エネルギー　③燃料電池
④水素　⑤水　⑥大気汚染

[考え方]
[1] (3)備長炭電池では，アルミニウム原子が電子を放出してアルミニウムイオンになる。よって，電気をとり出していくと，アルミニウムがぼろぼろになっていく。

p.85 ぴたトレ 2

[1] (1)二次電池　(2)一次電池　(3)㋑，㋔，㋕

[2] (1)電子　アルミニウム　(2)アルミニウムはく
(3)回らない。

[3] (1)水素などの燃料が酸化される化学変化からとり出す。
(2)㋑，㋒

[考え方]
[1] (1)(2)充電できる電池を二次電池，充電できない電池を一次電池という。ボルタ電池やダニエル電池は一次電池である。
[2] (2)電子を放出するアルミニウムが－極になる。
(3)電解質の水溶液でなければ，電池にはならない。
[3] (2)燃料電池は，燃料の水素を供給すると連続的に電気エネルギーをとり出せるので，㋐は誤り。

p.86~87 ぴたトレ 3

❶ (1)①㋑　②亜鉛　(2)B㋑　C㋒　D㋑
(3)マグネシウム(→)亜鉛(→)銅
(4)$Mg \longrightarrow Mg^{2+} + 2e^-$

❷ (1)ダニエル電池
(2)銅板㋐　亜鉛板㋑　(3)亜鉛イオン
(4)$Cu^{2+} + 2e^- \longrightarrow Cu$　(5)銅板

❸ (1)㋐　(2)クリップ
(3)充電できないので一次電池である。

[考え方]
❶ (1)マグネシウムと亜鉛では，マグネシウムの方がイオンになりやすい。よって，マグネシウム原子が電子を放出してイオンになり，水溶液中の亜鉛イオンが電子を受けとって亜鉛になって付着する。
(2)マグネシウムと銅では，マグネシウムの方がイオンになりやすい。また，亜鉛と銅では，亜鉛の方がイオンになりやすい。よって，B，Dでは，金属板の金属原子が電子を放出してイオンになり，水溶液中の銅イオンが電子を受けとって銅になって付着する。
❷ (2)亜鉛板では，亜鉛原子が電子を2個放出して亜鉛イオンになる。銅板では，水溶液の中の銅イオンが電子を2個受けとって銅原子になり，銅板に付着する。
(3)亜鉛板では，亜鉛原子が電子を2個放出して亜鉛イオンができ，そのまま水溶液に溶けていく。よって，電流が流れている間は，亜鉛イオンがふえていくことになる。
(5)2種類の金属を使った電池では，イオンになりやすい方の金属が－極，イオンになりにくい方の金属が＋極になる。
❸ (2)電子を放出するアルミニウムはくが－極になる。
(3)充電できる電池を二次電池，充電できない電池を一次電池という。備長炭電池は充電できない。

p.88 ぴたトレ 1

[1] ①赤　②酸　③酸　④黄　⑤水素　⑥青
⑦アルカリ　⑧アルカリ　⑨青　⑩赤
⑪中　⑫緑　⑬酸　⑭中

[2] ①水素イオン　②陰　③水素　④陽
⑤水酸化物

[考え方]
[1] リトマス紙やBTB液など，色の変化によって，酸性・中性・アルカリ性を調べられる薬品を，指示薬という。
[2] pH試験紙は，酸性の水溶液のときは赤色に，アルカリ性の水溶液のときは青色に変化する。

p.89 ぴたトレ2

◆1 (1)B，F，H　(2)A，C，E　(3)D，G
(4)A，C，E　(5)B，F，H　(6)D，G
(7)A，C，E　(8)B，F，H　(9)D

◆2 (1)酸　(2)アルカリ　(3)H^+，Cl^-
(4)Na^+，OH^-

考え方

◆1 炭酸水，塩酸，酢は酸性の水溶液，石灰水，水酸化ナトリウム水溶液，アンモニア水はアルカリ性の水溶液，砂糖水，食塩水は中性の水溶液である。

(1)青色リトマス紙を赤色に変えるのは，酸性の水溶液である。

(2)赤色リトマス紙を青色に変えるのは，アルカリ性の水溶液である。

(3)青色と赤色のどちらのリトマス紙の色も変えないのは，中性の水溶液である。

(4)〜(6)BTB液は，酸性で黄色，中性で緑色，アルカリ性で青色を示す。

(7)フェノールフタレイン液は，アルカリ性の水溶液だけに反応して色が変わる。

(9)酸性とアルカリ性の水溶液は，電解質の水溶液である。中性の水溶液では，電解質のものと非電解質のものの両方がある。

◆2 (3)塩酸は塩化水素の水溶液である。塩化水素は水溶液中で水素イオンH^+と塩化物イオンCl^-に電離している。

(4)水酸化ナトリウムは水溶液中でナトリウムイオンNa^+と水酸化物イオンOH^-に電離している。

p.90 ぴたトレ1

[1] ①指示薬　②pH　③中　④酸
⑤アルカリ

[2] ①中和　②水　③塩　④酸　⑤中
⑥アルカリ

考え方

[2] 酸とアルカリが完全に打ち消し合って中性になっていなくても中和は起こっている。

p.91 ぴたトレ2

◆1 (1)指示薬
(2)①7　②酸　③アルカリ　④強い　⑤強い

◆2 (1)黄色
(2)物質名…塩化ナトリウム　化学式…NaCl
(3)塩　(4)H_2O　(5)中和　(6)青色

考え方

◆1 (2)中性の水溶液のpHは7で，値が大きいほどアルカリ性が強く，値が小さいほど酸性が強い。

◆2 (1)塩酸は酸性なので，BTB液は黄色を示す。

(2)塩酸と水酸化ナトリウム水溶液を混ぜると，中和して塩化ナトリウムが生じる。中性になった混合液は塩化ナトリウム水溶液なので，水を蒸発させると塩化ナトリウム(食塩)の白色固体が残る。

(4)(5)中和は，水素イオンと水酸化物イオンが結びついて水ができる化学変化といえる。

(6)中性の水溶液に，アルカリ性の水酸化ナトリウム水溶液を加えるので，混合液はアルカリ性になる。

p.92〜93 ぴたトレ3

❶ (1)青色　(2)無色(変化なし)
(3)塩化ナトリウム(食塩)　(4)㋑，㋒，㋔

❷ (1)極…陰極　色…赤色　(2)H^+
(3)極…陽極　色…青色　(4)OH^-
(5)ろ紙に緑色のBTB液をしみこませて使う。

❸ (1)黄色
(2)塩化水素$HCl \longrightarrow H^+ + Cl^-$
水酸化ナトリウム$NaOH \longrightarrow Na^+ + OH^-$
(3)$H^+ + OH^- \longrightarrow H_2O$
(4)塩化ナトリウム　(5)㋓　(6)㋐

考え方

❶ (1)赤色リトマス紙を青色に変えるのはアルカリ性の水溶液なので，BTB液は青色を示す。

(2)pHが3の水溶液は酸性なので，フェノールフタレイン液を加えても変化は見られない。

(3)塩化ナトリウム(食塩)ができる。

(4)㋑酸性の水溶液もイオンを生じているので電流を流す。
㋒食塩水は電流を流す。
㋓イオンを生じないので中性である。
㋔中性のpHは7である。

❷ (1)(2)酸性を示す水素イオンが陰極側に移動するので，pH試験紙の色は陰極側が赤色に変わる。

(3)(4)アルカリ性を示す水酸化物イオンが陽極側に移動するので，pH 試験紙の色は陽極側が青色に変わる。

(5)緑色の BTB 液は，酸性の水溶液で黄色，アルカリ性の水溶液で青色に変わる。無色のフェノールフタレイン液は，アルカリ性の水溶液で赤色に変わるが，酸性の水溶液では無色のまま変わらないので，塩酸の酸性の性質を示すものの正体は調べられない。

[3] (1)BTB液は酸性で黄色を示す。

(2)塩化水素 HCl は水素イオン H^+ と塩化物イオン Cl^- に電離する。水酸化ナトリウム NaOH はナトリウムイオン Na^+ と水酸化物イオン OH^- に電離する。

(3)中和は，水素イオンと水酸化物イオンが結びついて水ができる反応である。

(4)実験2でできた混合液は中性なので，塩化ナトリウム水溶液になっている。水を蒸発させると，塩化ナトリウム（食塩）だけが残る。

(5)実験2の中性の混合液に水酸化ナトリウム水溶液をさらに加えたので，アルカリ性になっている。

(6)水酸化物イオンは水素イオンと結びつくため，その数は完全に中和するまで0で，その後はふえていく。

地球と宇宙

p.94 ぴたトレ1

[1] ①南中　②南中高度　③中心　④時刻　⑤南　⑥日周　⑦地軸　⑧自転　⑨天球　⑩天頂　⑪方位　⑫北　⑬南　⑭東　⑮西　⑯経　⑰緯　⑱西　⑲経線

[考え方]

[1] (5)プラネタリウムの丸い天井のようなものが地球を覆い，地平線の下にも続いていると考えたとき，この大きな仮想の球面を天球という。

p.95 ぴたトレ2

[1] (1)O

(2)E 日の出の位置

F 日の入りの位置

(3)㋒　(4)㋒　(5)南中

(6)高度…南中高度

記号…∠GOD(∠DOG)

[2] (1)A 南　B 東　C 北　D 西

(2)㋐　(3)地軸　(4)自転　(5)F 緯線　G 経線

[考え方]

[1] (1)油性ペンの先端の影を透明半球の中心に合わせると，点O，油性ペンの先，太陽が一直線に並び，太陽と記録の点の動きが一致する。

(2)日本では太陽が南の空を通るので，Dが南，Aが東，Cが西の方位を表す。Eは太陽が東の地平線に現れた位置で日の出，Fは西の地平線に沈もうとしている位置で日の入りの位置をそれぞれ示している。

(3)(4)太陽の運動する速さがほぼ一定なので，透明半球上の記録の点も等間隔になる。

(5)(6)太陽や星は，真南にきたとき最も高度が高くなる。このときの高度を南中高度という。高度は水平方向と太陽などを見上げる方向のつくる角度で表す。

[2] (1)(2)太陽は東（B）からのぼり，南（A）の空を通り，西（D）の空に沈む。

(5)北極と南極を結ぶ線が経線であり，経線に垂直な線が緯線である。

p.96 ぴたトレ1

[1] ①北極星　②南　③反時計　④日周　⑤北　⑥北極星　⑦東　⑧西　⑨15

[2] ①天球　②自転

[考え方]

[2] (1)1光年は光が1年かかって進む距離で，約9兆5千億kmである。

p.97 ぴたトレ2

[1] (1)北極星　(2)地平線　(3)日周運動

(4)㋐　(5)㋓

[2] (1)A 西　B 北　C 南　D 東

(2)A㋑　B㋐　C㋑　D㋑

[3] (1)㋒　(2)ちがう距離にある。　(3)自転

[考え方]
◆1 (1)地軸を北の方向に延長した先に位置する北極星は，ほとんど動かないように見える。
(2)天球の中心から水平方向に見渡せるのは，地平線である。
(3)星が1日のうちに動いて見える動きが，日周運動である。
(4)天球上の星などは，東から西へ㋐の向きに動いて見える。
(5)天球の動きは地球の自転による見かけの動きなので，地軸を軸として回転して見える。観測地点と北極星を結ぶ直線が地軸にあたる。
◆2 (1)(2)星は，東の空では右上がり，西の空では右下がり，南ではほぼ水平に東から西へ動く。北では北極星をほぼ中心として反時計回りに回っている。
◆3 (2)星座をつくる星は，それぞれ地球からの距離は異なっている。

p.98 ぴたトレ1

[1] ①公転　②西　③公転　④30　⑤30　⑥1　⑦年周　⑧反対　⑨同じ　⑩黄道

[考え方]
[1] (2)星の見える方角が変わるのは，地球の公転によって星座と地球の位置関係が変化するからである。
(5)季節によって見える星座は，地球から見て，太陽と反対側に見える。

p.99 ぴたトレ2

◆1 (1)春…しし座　秋…みずがめ座
(2)夏…おうし座　冬…さそり座
(3)黄道
◆2 (1)㋐　(2)記号…ⓓ　季節…冬
(3)みずがめ座　(4)12か月　(5)①西　②東

[考え方]
◆1 (1)地球から見て太陽とは反対側にある星座を答える。
(2)地球の夏の位置から太陽に線を引いて，その延長線上にある星座はおうし座である。同じように，地球の冬の位置から線を引いて，その延長線上にあるのはさそり座である。
(3)天球上の太陽の通り道を黄道という。
◆2 (1)(5)太陽は，黄道上を西から東の向きに移動するように見える。
(2)図1の位置に太陽がくるのは，地球から見て太陽とさそり座が同じ方向に重なるときなので，地球は図2のⓓの位置にある。このときは，おうし座が真夜中に南中する冬である。
(3)3か月後の地球の位置は図2のⓐで，このとき太陽はみずがめ座と同じ方向にある。
(4)太陽は黄道上を1年で1周する。

p.100~101 ぴたトレ3

❶ (1)A　(2)㋑　(3)㋒　(4)㋐
(5)A～Cの星が東からのぼる時刻は，Aが最も早いから。
❷ (1)㋐　(2)D　(3)B　(4)A
(5)×　理由…地球の明暗部分の境界が北極を通るので，昼の長さはどこでもほぼ12時間になるから。
❸ (1)㋐　(2)㋒　(3)㋔　(4)㋒
❹ (1)東から西の向き　(2)1月
(3)地球が公転しているから。

[考え方]
❶ (1)南中高度が最も高いのは，天頂に最も近い位置で南中するAの星である。
(2)(3)天頂に近い道すじを通る星ほど，空にのぼっている時間が長いので，東からのぼる時刻が早く，西に沈む時刻が遅い。
(4)(5)南中時刻が同じ星は，天頂に近い道すじを通る星ほど，東からのぼる時刻が早いので，BはCより早くのぼり，AはBより早くのぼっている。したがって，星の並びは㋐のようになる。
❷ (1)地球は，北極上空から見ると反時計回りに自転している。
(2)～(4)地球の自転の向きを考えると，Dはこれから日光の当たる昼間の領域に入るので，日の出のころである。Dと反対側のBはこれから夜の領域に入るので，日の入りのころである。Aは夜の領域のちょうど真ん中なので真夜中である。Cは昼間の領域のちょうど中間で正午ごろである。

(5)地球の明るい部分と暗い部分の境界が，北極を通っている。どの地点も地軸を回転の軸として回っているので，明るい部分と暗い部分を通過する時間はほぼ同じになる。

[3] (1)北半球の中緯度の観測点では，日本と同じような星の動きが見られる。

(2)赤道上の観測点では，星が動く道すじは地平面に垂直になるので，㋒のように見える。

(3)北極では，星は空の一定の高さで天頂を中心とした円運動をして見える。星は，北極でも天頂の北極星を中心として反時計回りに動いて見えるので，これを天球の外から見ると，㋔のように動くことになる。

(4)赤道上の観測点では，北極星を除く全ての星が地平面に垂直に出入りするので，空の星を全て見ることができると考えられる。

[4] (1)同じ時刻に見える星や星座の位置は，1年の間に東から西に移動していく。

(2)一晩中見えるのは，日の入りのころ東からのぼり真夜中に南中する星や星座である。午後7時，つまり日の入り後最も早くのぼっているのは1月である。

p.102 ぴたトレ1

[1] ①冬至 ②秋分 ③夏至 ④高 ⑤低 ⑥北 ⑦南 ⑧多い ⑨南中高度 ⑩高い ⑪低い ⑫地軸 ⑬長く ⑭短く ⑮夏 ⑯冬

[考え方]

[1] (2)南半球では，太陽の南中高度は冬に高くなり，夏に低くなる。そのため，北半球が夏の時期には南半球は冬，北半球が冬の時期には南半球は夏となる。

p.103 ぴたトレ2

[1] (1)E (2)ⓑ (3)ⓒ

[2] (1)㋒ (2)㋑ (3)高い。

[3] (1)図2 (2)図1 (3)図2

[考え方]

[1] (1)太陽の通り道が傾いているAの方角が南，したがって，その反対側のEが北である。

(2)Cが東，Gが西なので，ⓑの通り道のときである。

(3)昼の長さが12時間より長いので，太陽が真東より北寄りからのぼっているⓒである。

[2] (1)太陽の南中高度が最も高くなっているので，夏至のころである。

(2)夏に続く季節なので，秋分のころである。

(3)同じ日の太陽の南中高度が東京より低いので，東京より緯度が高い都市である。

[3] (1)地軸が公転面に立てた垂線に対して傾いている図2が正しい。図1のように，地軸が公転面に立てた垂線に対して傾いていない場合，太陽の南中高度や日の出・日の入りの位置が常に同じになるため，季節の変化が生じなくなる。

(2)(3)季節が生じるのは，地軸が傾いているために太陽の南中高度と昼の長さが変化し，それによって気温が変化するからである。

p.104 ぴたトレ1

[1] ①上弦 ②下弦 ③満ち欠け ④三日月 ⑤満月 ⑥公転 ⑦満ち欠け ⑧反時計 ⑨東 ⑩東 ⑪丸く ⑫新月 ⑬満月

[考え方]

[1] 月の模様を調べると，月はいつも同じ面を地球に向けていることがわかる。そのため，地球からは月の裏側を見ることはできない。

p.105 ぴたトレ2

[1] ㋒

[2] (1)あ㋒ い㋐ う㋓ え㋑

(2)㋒ (3)あ…太陽 い…公転 う…位置

(4)①a ②満月㋖ 新月㋒ ③㋐ ④㋖

[考え方]

[1] 月は自ら光は出さず，太陽の光を反射しているため光って見える。

[2] (1)月の満ち欠けの順序は，新月→三日月→上弦の月→満月→下弦の月→新月となる。

(2)上弦の月は，右半分が光って見える半月のことである。夕方から夜の早い時間だと南の空で見ることができる。

(3)月が満ち欠けして見える原因は，自分で光を出さず太陽の光を反射して光っていること，地球のまわりを公転していて，太陽，地球，月の位置関係が変化することの2つである。

(4)①月の公転，自転は，どちらも北極側から見て反時計回りである。

②太陽とは正反対の方向にあるときは満月となる。

③左半分が光る下弦の月である。

④夕方東からのぼり，明け方西に沈む満月。

p.106　ぴたトレ1

[1] ①400　②同じ　③日食　④部分日食　⑤皆既日食　⑥月食　⑦部分月食　⑧皆既月食

[2] ①恒星　②惑星　③内　④西　⑤東　⑥よい　⑦明け

考え方

[2] (1)惑星は，夜空を惑うように動いて見えることから，そのように名づけられた。

p.107　ぴたトレ2

[1] (1)a　(2)月食C　日食A　(3)新月　(4)㋑，㋒

[2] (1)㋓　(2)㋒　(3)よいの明星　(4)C，D

考え方

[1] (1)地球の公転の向きと，月の公転の向きはどちらも北極側から見て反時計回りである。

(2)(3)月食は満月のとき(C)，日食は新月のとき(A)に起こる。

(4)太陽は，直径が月の約400倍であるが，地球からの距離も約400倍なので，地球からは太陽と月は見かけ上ほぼ同じ大きさに見える。

[2] (1)地球から見て太陽の左側にあるので，夕方に西の空に見える。

(2)Bの位置にあるとき②，Cにあるとき④，Dにあるとき①のように見える。CとDの位置では，Cの方が欠け方が大きい。

(3)夕方に西の空に見えるので，よいの明星とよぶ。

(4)地球から見て太陽よりも西側にある金星は，明け方東の空に見えるので，明けの明星とよばれる。

p.108～109　ぴたトレ3

[1] (1)新月→C→B→A→D　(2)㋖

(3)A㋒　B㋐　C㋗　D㋔

(4)㋒　(5)日食㋖　月食㋒

(6)月が地球のまわりを公転することによって太陽や地球との位置関係が変わり，太陽の光を反射して見える部分が変わるから。

[2] (1)よいの明星　(2)㋒

(3)㋖→㋕→㋘→㋗→㋔

(4)金星と地球の距離が変化するから。

(5)金星が地球の内側を公転しているから。

(6)②

[3] (1)日食㋑　月食㋐

(2)日食…新月　月食…満月

(3)皆既日食㋐　部分日食㋑

(4)月の影は地球の影に比べて小さいから。

(5)400倍

(6)地球と月の公転面が同じ面にないから。

考え方

[1] (1)三日月，上弦の月，満月，下弦の月の順に並べる。

(2)太陽と同じ方向の㋖の位置である。

(3)満月は，太陽とは正反対の方向にある㋒，上弦の月は地球から見て右側が光る㋐，三日月は新月の㋖と上弦の月の㋐の間の㋗，下弦の月は地球から見て左側が光る㋔の位置。

(4)満月は太陽とは正反対の方向にあるので，太陽が西に沈むころ東からのぼる。

(5)日食は新月の㋖，月食は満月の㋒のときに起こる。

(6)自分で光を出さず，太陽の光を反射して光っていること，地球のまわりを公転しているため，太陽と地球，月の位置関係が日々変化することの，2つのことを述べなければいけない。

[2] (1)夕方に見えるので，よいの明星といわれる。

(2)西の空に見えているので，このあとは地平線の下に沈む方向(右ななめ下)へ動いていく。

(3)全て右側が光って見えているので，全て太陽の左側にあるときである。したがって，大きさの順に小さい方から並べればよい。

(4)同じ天体を見ているので，見かけの大きさのちがいは，地球からの距離の変化によることに着目する。

(5)真夜中に見えるのは，地球の外側の軌道を公転している惑星(火星や木星など)である。

(6)満ち欠けすることが，月と金星の共通点である。①はどちらにもあてはまらず，③と④は金星だけにあてはまる。

❸ (1)日食は，太陽が月に隠される現象なので㋑，月食は地球の影の中に月が入るときの現象なので㋐の並びである。

(2)日食は，太陽と同じ方向に月があるので新月，月食は，太陽とは正反対の方向に月があるので満月のときである。

(3)月の濃い影の中に入っている地域で皆既日食が見える。うすい影の中に入っている地域では，太陽の一部が欠けて見える部分日食が見える。

(4)影の大きさが関係していることを中心にまとめればよい。

(5)直径が400倍の大きさでも，距離が400倍になると，右図に示すように同じ大きさに見える。

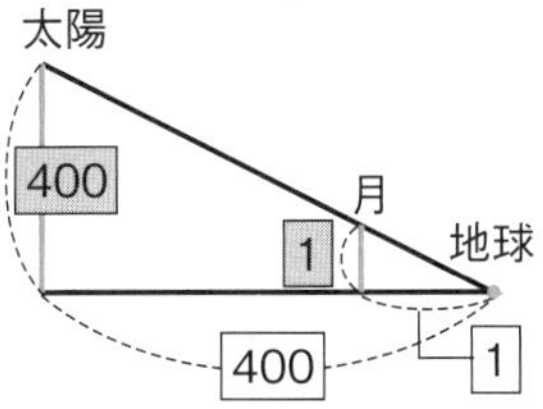

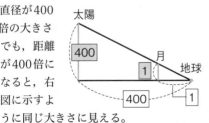

(6)地球と月の公転面は，約5°の角度で交わっている。このため，太陽，月，地球の3つが一直線上に並ぶことは，いつも起こるとは限らない。

p.110 ぴたトレ1

[1] ①黒点 ②コロナ ③プロミネンス(紅炎) ④気体 ⑤恒星 ⑥自転 ⑦球 ⑧低い ⑨目

[考え方]

[1] (1)太陽の活動が活発になると，黒点の数が多くなり，地球に電波障害が起こったり，大規模なオーロラが見えたりする。

p.111 ぴたトレ2

◆1 (1)プロミネンス(紅炎) (2)コロナ (3)黒点 (4)㋐ (5)㋑ (6)㋒ (7)㋓

◆2 (1)右 (2)㋑ (3)㋐

[考え方]

◆1 (1)太陽の表面にのびている，炎が噴き出したような濃い高温のガスを，プロミネンスという。温度は約10000℃で，紅炎ともいう。

(2)太陽の外側には，うすいガスの層が広がっている。これをコロナという。コロナの温度は100万℃以上といわれていて，ふだんは見えないが，皆既日食のときには観察される。

(3)〜(5)黒いしみのように見えるのは，黒点である。黒点の温度は約4000℃であり，まわりの温度(約6000℃)に比べて低い。黒く見えるのはこのためである。

(6)太陽の直径は約140万km，地球の直径は約1万2800kmで，太陽は地球の約109倍である。

(7)地球から太陽までは約1億5000万kmである。

◆2 (1)3月12日から15日までの図では，右側の大きな黒点がしだいに右端に向かって移動しているようすがわかる。31日には左端から別の黒点が現れ，日ごとに右へ向かって移動している。以上より，黒点は図の右方向へ移動していることがわかる。

(2)黒点の動きから，太陽が自転していることやその周期がわかる。

(3)黒点の形が周辺部と中央部で異なることから，太陽は球形であることがわかる。球の上の模様は，周辺部に近いほどつぶれて見える。

p.112 ぴたトレ1

[1] ①海王星 ②すい星 ③太陽系 ④地球 ⑤木星 ⑥衛星 ⑦小惑星 ⑧流星 ⑨水 ⑩大気

[2] ①太陽系 ②星団 ③星雲 ④銀河系 ⑤銀河

考え方

[1](4)惑星のまわりを公転している月などを衛星という。水星と金星には衛星がないが，ほかの惑星には衛星があり，木星型惑星には衛星が多い。

p.113 ぴたトレ2

❶ (1)㋐　(2)F→E→D→C→B→A
(3)C　(4)E　(5)2個　(6)小惑星
(7)衛星　(8)A，B，C，D　(9)㋑，㋓

❷ (1)銀河系　(2)太陽系　(3)天の川

考え方

❶(1)太陽系の惑星の公転の向きは，どの惑星も同じで，北極上空から見て反時計回り(左回り)である。

(2)惑星の公転周期は，太陽からの距離に関係していて，太陽から遠い惑星ほど公転周期は長い。したがって，公転周期の長いものから順に並べると，A～Fの逆順となる。

(3)太陽系の惑星は，太陽に近い方から水星，金星，地球，火星，木星，土星，天王星，海王星の順となる。したがって，Cが地球である。

(4)太陽系の惑星の中で，最も直径が大きいのは地球の約11.2倍ある木星である。土星は地球の約9.4倍で，天王星や海王星も地球より大きい。これに対し，地球型惑星の水星，金星，火星はいずれも地球よりは小さい。

(5)Fは土星で，その外に天王星，海王星の2つの惑星がある。

(6)Dの火星とEの木星の間には，岩石でできた小惑星の集まりがあり，他の惑星と同じく太陽のまわりを公転している。小惑星の中には，隕石となって地球に落ちてくるものもある。2019年2月に日本の小惑星探査機「はやぶさ2」が表面からサンプルを採取した「リュウグウ」は小惑星の1つである。

(8)地球型惑星は，地球と水星，金星，火星が含まれる。

(9)木星型惑星は地球型惑星に比べて大きく，主に水素やヘリウムなどの気体からなる惑星である。密度は小さく，土星では水よりも小さな値である。衛星を多数もつのが特徴である。

❷(1)星団や星雲などが多数集まってできる非常に大きな恒星の集団を，銀河という。宇宙には数千億個の銀河が存在すると考えられている。太陽系を含む銀河は，とくに銀河系とよばれる。

(2)太陽系は，銀河系の中心部から約3万光年離れたところにある。銀河系の円盤部の半径が約5万光年なので，太陽系の位置は銀河系の円盤部の中では端の方に位置する。

p.114～115 ぴたトレ3

❶ ①㋗　②㋓　③㋝　④㋕　⑤㋒　⑥㋔
⑦㋙　⑧㋛

❷ (1)①C　②B　③A
(2)Aプロミネンス(紅炎)　Bコロナ　C黒点
(3)まわりに比べて温度が低いから。
(4)㋐　(5)

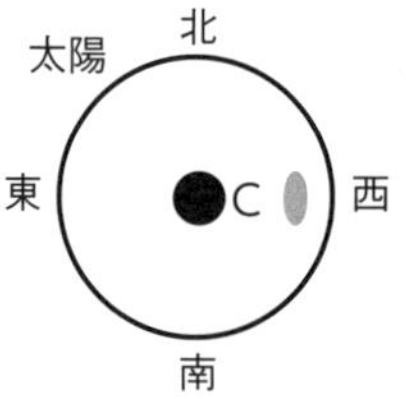

❸ (1)A海王星　B天王星　C土星　D木星
E火星　F地球　G金星　H水星
(2)①金星　②○　③同じ　④ある

❹ (1)銀河系　(2)㋑　(3)3万(30000)

考え方

❶太陽は地球から約1億5000万kmの距離にあり，直径は地球の約109倍，月の約400倍である。月と地球の距離は約38万kmであり，太陽と月の直径と地球からの距離の比がほぼ等しい。これが太陽と月の見かけの大きさを等しく見せる原因となっている。太陽の温度は，表面で約6000℃，中心部では約1600万℃になっている。太陽をつくっている気体は主に水素とヘリウムである。表面に見られる黒いしみのようなものは黒点といい，約4000℃と周囲より温度が低くなっている。黒く見えるのはこのためである。

❷(1)①太陽の活動と黒点の数は関連していて，活動が活発なときは黒点の数も多い。黒点の数が多いときは，地球にもいろいろな影響が現れる。

②ふだんは見えないが，皆既日食になってあたりが暗くなると見えるのは，非常にうすいガスの層で100万℃以上と高温のコロナである。

③プロミネンスは紅炎ともいい，約1万℃の高温のガスが噴き出しているように見える。その高さは，地球の直径よりはるかに大きい場合もある。

(3)黒点の温度は約4000℃と非常に高いが，まわりはさらに約6000℃と高いため，黒点部分は黒く見える。「温度」，「まわりより低い」という語句は必ず入れて簡潔に表現しよう。

(4)黒点を観察し続けると，その位置がしだいに東から西に移っていく。このことは，太陽が地球などと同じように自転していることを示している。

(5)中央部では円形に見える形は，周辺部にいくとゆがんで楕円形に見える。上下の方向にはずれがほとんどないが，左右方向には大きくずれて見えるからである。太陽は東から西の向きに自転しているので，黒点は西の方へ移動することに注意して図示しよう。

❸(2)①地球と金星の距離は約4200万km，地球と火星の距離は約7800万kmで，金星の方が近い。したがって，最も地球に近い惑星は金星である。

②地球の衛星は，月だけである。

③太陽系の惑星は，ほぼ同じ平面上を全て同じ向きに公転している。地球の北極側から見ると，全て反時計回りに回っている。

④太陽系は，8個の惑星，それらの衛星，小惑星，海王星の外側の太陽系外縁天体，大きな楕円軌道をえがいて太陽のまわりを回るすい星などからなる天体の集まりである。

❹(2)銀河系の円盤部を横から見ると凸レンズのように中央が膨らんでいる形をしている。渦の直径は約10万光年と考えられている。

(3)太陽系は，銀河系の中心から約3万光年離れた位置にある。地球から銀河系の中心の側を見たものが天の川である。

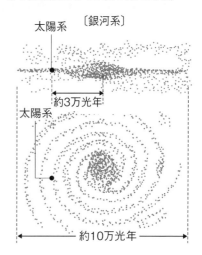

太陽系 〔銀河系〕

約3万光年

太陽系

約10万光年

地球の明るい未来のために

p.116 ぴたトレ1

1 ①生物　②環境　③つり合い　④人口
⑤絶滅　⑥地球温暖化　⑦海水面
⑧外来種（外来生物）
⑨指標生物　⑩きれいな水　⑪きたない水

2 ①気団　②台風　③プレート　④津波
⑤火山噴出物

考え方 1(4)外来種は，もともとすんでいた生物の生存や多様性をおびやかすことがある。

p.117 ぴたトレ2

❶ (1)外来種（外来生物）　(2)イ
❷ (1)指標生物　(2)D，G　(3)ウ
❸ (1)ウ
(2)日本列島付近で4枚のプレートがひしめき合っているから。

考え方 ❶(2)外来種の問題は，生態系にかかわる問題である。外来種が侵入した地域では，従来からすんでいた生物種が追い払われ，数が減っているものがある。本来その地域にすんでいた生物種の存在がおびやかされる場合もあり，生物の多様性が守られないおそれも出てくる。

[2] (1)川の汚れの指標となるような生物を，指標生物という。川にすむ生物の種類は，水の汚れぐあいによって異なっている。そこで，川にすむこれらの指標生物の種類と数を調べることによって，川の汚れの程度をおよそ知ることができる。
(2)指標生物の表を参考に分類する。
きれいな水…A，H
ややきれいな水…E
きたない水…B，C，F
大変きたない水…D，G
(3)ややきれいな水にすむカワニナが多いので㋒のややきれいな水と判断できる。
[3] (1)津波は地震によって引き起こされる災害である。
(2)日本列島は4つのプレートがぶつかり合う場所に位置している。地震や火山はプレートどうしの境界で発生することが多い。

p.118 ぴたトレ1

[1] ①火力 ②熱 ③核 ④位置
[2] ①化石燃料 ②大気汚染 ③地球温暖化 ④再生可能エネルギー ⑤二酸化炭素 ⑥放射線 ⑦通り抜ける ⑧イオン ⑨被ばく

[考え方]
[1] その他の発電方法として，新エネルギー発電とよばれる，太陽光発電，風力発電，地熱発電などがある。
[2] (5)放射線を大量に受けると，やけどのような症状が出たり，がんになる可能性が高くなったりするので，放射線の利用には十分な注意が必要である。

p.119 ぴたトレ2

[1] (1)火力発電 (2)A㋐ B㋓ (3)熱エネルギー (4)位置エネルギー
[2] (1)㋓ (2)再生可能エネルギー

[考え方]
[1] (2)火力発電では，石油や天然ガス，石炭などの化石燃料を使用している。原子力発電ではウランを用いる。
(3)火力発電も原子力発電も，燃料から放出される熱エネルギーを利用してタービンを回し発電する。
(4)水力発電では，ダムにたくわえた水を落下させることで，高い所にあった水がもともともっていた位置エネルギーを利用してタービンを回し発電している。
[2] (1)原子力発電は，燃料のウランの核分裂によって発生する熱エネルギーを利用しているので，大気中に二酸化炭素や二酸化硫黄などの有害な気体を放出することはない。原子力発電で最も大きな問題になっているのは，1000年以上も放射線を出し続ける使用済み核燃料の処理と管理の方法である。

p.120 ぴたトレ1

[1] ①天然繊維 ②プラスチック ③ポリプロピレン ④ポリ塩化ビニル ⑤アクリル樹脂 ⑥炭素繊維
[2] ①セメント ②地震 ③蒸気機関 ④小型 ⑤インターネット ⑥持続可能な社会

[考え方]
[1] (2)プラスチックは有機物なので，加熱すると燃えて二酸化炭素を発生する。
[2] 食に関しては，化学肥料の開発によって収穫量が増加した。また，農作物の品種改良によって，熱さや寒さに強い，病気に耐える，味がよいなど，優れた品種をつくり出している。

p.121 ぴたトレ2

[1] (1)石油 (2)ポリエチレンテレフタラート (3)①㋐ ②㋑ (4)㋐ (5)有機物
[2] (1)㋓ (2)ワット (3)インターネット (4)㋒→㋐→㋑

[考え方]
[1] (3)㋐のPEはポリエチレン，㋑のPPはポリプロピレン，㋒のPSはポリスチレン，㋓のPVCはポリ塩化ビニル，㋔のPMMAはアクリル樹脂である。
(4)PETは，うすい透明な容器をつくりやすいプラスチックである。また，割れにくくて軽いので，飲料用の容器によく使われる。

(5)プラスチックの原料となる石油が有機物なので，プラスチックも有機物である。

◆2 (1)㋒㋓…作物の品種改良は，これまでいろいろな種類の間で交配を行い，目的の性質をもった品種を得ようとしてきたが，この方法では非常に時間がかかっていた。現在では作物の遺伝子を操作する技術が進み，品種改良の方法が変わってきている。㋐…化学肥料の登場は，農作物の特性を改良するのではなく，作物の収穫量を上げることに役立ってきた。

(2)蒸気機関自体は，この時期にはすでに開発されており，ワットはそれを改良した。

p.122～124

ぴたトレ3

❶ (1)①指標生物　②㋐
(2)①外来種(外来生物)　②㋒
(3)レッドリスト

❷ (1)A㋒　B㋑　C㋔　D㋖
(2)A㋑　B㋐　C㋓

❸ (1)A㋓　B㋕　C㋒　D㋑　E㋗
(2)石油，石炭，天然ガス　(3)地球温暖化
(4)再生可能エネルギー　(5)㋐，㋒
(6)自然環境保護のため，新たに発電所が建設されていないから。

❹ (1)㋒，㋓　(2)㋑，㋒，㋔，㋕

❺ (1)A…化学肥料　B…品種改良　C…DNA
(2)①携帯　②インターネット

[考え方]

❶ (1)①川にすむ生物の種類と数を調べる方法がある。基準となる生物を，指標生物という。
②サワガニやカワゲラ類はきれいな水にすむ生物なので，川の水はきれいな水と判断できる。

❷ (2)火山が噴火すると，火砕流を引き起こしたり，火山灰や火山弾を噴出して大きな被害を出すことがある。降り積もった火山灰が土石流を引き起こす場合もある。

❸ (2)化石燃料は，大昔の生物の体が長い年月の間に変化してできた有機物で，過去の植物が変化してできた石炭，過去のプランクトンなどが変化してできた石油，天然ガスなどがある。
(4)(5)太陽の光エネルギーや熱エネルギー，地熱エネルギー，その他自然のエネルギーは，いつまでもなくならない(枯渇の心配のない)エネルギーであり，再生可能エネルギーとよばれている。

❹ (1)正しいのは，㋒と㋓である。
㋐…化石燃料やウランの量には限りがある。
㋑…化石燃料を燃やすと，二酸化硫黄や窒素酸化物などの有害な物質ができる。また大気中に温室効果ガスの二酸化炭素が増え，地球温暖化の原因となる。
㋔…風力発電や地熱発電の発電量の割合は，まだ非常に小さい。
(2)㋐…放射線には，α線とβ線の他に，γ線やX線などがある。
㋓…放射線が人体にあたえる影響を表す単位はシーベルト(Sv)である。グレイは物質や人体が受ける放射線のエネルギーの大きさを表す単位である。
㋖…放射線の透過性は，γ線やX線は強く，α線は最も弱い。

❺ (1)化学肥料は，作物の収穫量を上げることに成功した。作物の特性の改良の手法は，遺伝子を操作する技術が進歩したことにより大きく前進し，遺伝子の本体がDNAであることがわかると，遺伝情報そのものの解析も進んだ。

定期テスト予想問題
〈解答〉 p.126〜143

p.126〜143

予想問題 1

❶ (1)①下図1 ②下図2
(2)①下図3 ②下図4

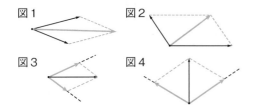

図1　図2
図3　図4

❷ (1)0.06 N　(2)ウ
❸ (1)ア　(2)イ　(3)25cm/s
❹ (1)ア　(2)ア
❺ (1)20cm/s
(2)右図
(3)78cm

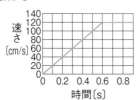

速さ〔cm/s〕 / 時間〔s〕

考え方

❶(1)2つの力の矢印を2辺とする平行四辺形の対角線が合力となる。
(2)あたえられた力を対角線とする平行四辺形を作図すると，平行四辺形のとなり合う2辺が分力となる。

❷(1)0.22 N − 0.16 N = 0.06 N
(2)浮力の大きさは物体の水中の体積によって決まるから，全部が水中にある状態では浮力は変わらない。物体にはたらく重力も変わらないので，ばねばかりの示す値は変わらない。

❸(1)速さが速くなっていくと，打点の間隔が広がるので，打点間隔がしだいに広がっているアのテープを選ぶ。
(2)(1)とは逆に，打点間隔がしだいに狭くなっているイのテープを選ぶ。
(3)5打点の時間は0.1秒($\frac{1}{10}$秒)なので，2.5 cmを0.1秒で進んでいる。速さ＝距離÷時間なので，2.5 cm ÷ 0.1 s = 25 cm/s である。打点間隔が一定なので，等速直線運動である。

❹(1)AB間ではしだいに速くなっているが，BC間では速さがほぼ一定である。したがって，AB間では原点を通る右上がりの直線のグラフになる。
(2)BC間のように速さが一定のときは，進んだ距離は時間に比例する。比例のグラフは，原点を通る右上がりの直線となる。

❺(1)毎秒60打点する記録タイマーのテープの6打点は，$\frac{1}{60}$秒 × 6 = $\frac{1}{10}$秒にあたる。1区間の長さが2 cmずつふえているので，各区間ごとの速さは，2 cm ÷ $\frac{1}{10}$ s = 20 cm/s ずつふえている。
(2)区間f〜iでの速さは，120 cm/sで一定となっている。(1)より，速さは0.1秒ごとに20 cm/s ずつ一定の割合でふえるので，0.1秒後の速さは20 cm/s，0.2秒後の速さは40 cm/s，…のように，0.6秒後の120 cm/sまでふえていく。
(3)a〜iまでの各テープの長さを合わせた長さが，区間a〜iで台車が移動した距離である。

出題傾向

力の合成と分解に関する，力の矢印の作図などが問われる。合力や分力の作図方法をしっかり身につけておこう。
物体の運動については，物体にはたらく力と運動のしかたの関係をよく理解し，記録タイマーを使った実験の方法と結果の読み取りにじゅうぶん慣れておこう。

予想問題 2

❶ ①ウ　②ア　③イ　④ウ　⑤ア
❷ (1)200 N　(2)400 J
❸ (1)100 N　(2)100 J　(3)100 J　(4)5W
(5)2m　(6)100 J　(7)仕事の原理
❹ (1)20cm　(2)①10 J　②5 J　③2.5 J
❺ (1)放射(熱放射)　(2)ウ

考え方

1 ①雨粒の落下する速さが速くなると，それにつれて，空気の抵抗も大きくなるため，やがて雨粒の重さと空気の抵抗がつり合う。その瞬間から雨粒は等速直線運動を行う。ただし，実際には風が吹いたりするので，複雑な運動をしている。

②電車がブレーキをかけて速さがしだいに遅くなり始めても，人はそのままの速さで進もうとする(慣性)ので前にたおれそうになる。

③燃料を燃焼させて激しく噴射すると，その反作用で，ロケットに上昇する力が生まれるので，ロケットは空気のない宇宙空間でも飛ぶことができる。

④氷と木片の間の摩擦は非常に小さいので，運動方向にほとんど力がはたらかず，木片は等速直線運動に近い運動をする。

⑤たたいた木片より上の木片は，そのまま同じ場所にとどまろうとするので，下の木片がなくなるとまっすぐ下に落下する。

2 (1)一定の速さで荷物を動かしているときは，荷物を引く力と摩擦力は同じ大きさである。したがって，摩擦力も200 Nである。

(2)仕事＝力の大きさ×力の向きに動かした距離であるから，200 N × 2 m = 400 J

3 (1)定滑車では，力の向きを変えるだけで，ひもを引く力の大きさは直接真上に引き上げるときと変わらない。したがって，荷物の重さに等しい。質量10 kgの荷物にはたらく重力の大きさは，

$1\,\mathrm{N} \times \dfrac{10000}{100} = 100\,\mathrm{N}$である。

(2)100 Nの力で引いて1 m移動させたので，仕事の大きさは，100 N × 1 m = 100 J

(3)ひもを斜めに引いても，ひもを引く力の大きさは100 Nであり，1 m引くときの仕事の大きさは，100 N × 1 m = 100 J

(4)1秒当たりの仕事が仕事率である。100 Jの仕事を20秒でしたので，仕事率は，100 J ÷ 20 s = 5 W

(5)動滑車を用いると，ひもを引く力は荷物の重さの半分になるが，ひもを引く長さは，荷物を持ち上げる高さの2倍になる。したがって，1 m× 2 = 2 mである。

(6)50 Nの力で2 m引くので，仕事の大きさは，50 N × 2 m = 100 J

(7)荷物を1 m持ち上げる仕事の大きさは，(2)，(3)，(6)のどの場合も100 Jで一定である。

4 (1)レールの上の球の運動も，振り子と同じ往復運動であり，振り子の運動と同じように考えられる。点Fは反対側の最高点なので，点Aと同じ高さである。

(2)①台から高さ20 cmのAの位置で金属球がもっていた位置エネルギーが，Cでは全て運動エネルギーに変わる。

②位置エネルギーの大きさは高さに比例する。点Bと Dの高さは点Aの高さの半分なので，金属球がその点を通過する瞬間の位置エネルギーは点Aでの10 Jの半分の5 Jである。

③②と同様に，位置エネルギーの大きさは金属球の位置の高さに比例して決まるので，金属球が点Eを通過する瞬間の位置エネルギーは，$10\,\mathrm{J} \times \dfrac{15}{20} = 7.5\,\mathrm{J}$となる。力学的エネルギーはこの場合も保存されるので，残りの，10 J − 7.5 J = 2.5 Jが点Eにおける金属球の運動エネルギーとなる。

5 (1)熱の伝わり方には，高温の部分から低温の部分に熱が移動して伝わる伝導(熱伝導)と，液体や気体の移動によって熱が伝わる対流，物体の熱が光として放出される放射(熱放射)の3つがある。

(2)㋐，㋓は伝導の例，㋑は対流の例である。

出題傾向

仕事や仕事率の計算，力学的エネルギーの保存とエネルギーの移り変わりに着目した問題がよく出題される。斜面上の運動とエネルギーの関係を理解しておこう。

p.130〜131　予想問題 3

1 (1)有性生殖　(2)d→b→c→a
(3)①精巣　②卵巣

2 (1)対立形質　(2)丸の形質　(3)潜性の形質
(4)㋑　(5)㋑　(6)分離の法則

3 (1)スズメ㋒　コウモリ㋒　クジラ㋑
(2)㋑　(3)相同器官　(4)痕跡器官
(5)㋑・㋒・㋓　(6)進化

❶(1)雄と雌が関係する生殖のしかたを，有性生殖という。

(2)卵と精子が受精すると，細胞分裂を開始して成長が始まる。細胞分裂を繰り返して細胞の数をふやし，やがて，ｃのような状態になる。ｃがさらに成長し，おたまじゃくしに似たすがたになる。

(3)雄の体内にあって，精子をつくる器官は精巣とよばれる。雌の体内にあって，卵をつくる器官は卵巣とよばれる。

❷(1)丸としわのように，対になった形質で，どちらか一方しか現れない形質を，対立形質という。エンドウの場合には，種子の形だけでなく，子葉の色や種皮の色，さやの形・色，花のつき方，草たけなどが対立形質にあたる。

(2)純系の親どうしの交配によりできた子には，どちらか一方の親の形質しか現れない。この子で現れる形質を顕性の形質という。

(3)(2)の親の交配で，子には現れなかった方の形質を，潜性の形質という。

(4)顕性の形質をもつ純系の親の遺伝子の組み合わせはＡＡなので，生殖細胞のもつ遺伝子はＡの１種類のみである。また，潜性の形質をもつ純系の親の遺伝子の組み合わせはａａなので，生殖細胞の遺伝子はａの１種類のみである。したがって，子は全てＡとａを受け継ぎ，遺伝子の組み合わせはＡａとなる。

(5)子のエンドウがつくる生殖細胞（精細胞や卵細胞）の遺伝子は，Ａとａの２種類できる。したがって，右の表のようにして孫の代のエンド

	Ａ	ａ
Ａ	ＡＡ	Ａａ
ａ	Ａａ	ａａ

ウの遺伝子の組み合わせを求めると，ＡＡ：Ａａ：ａａ＝１：２：１の個数の比に分かれる。ＡＡとＡａは丸い種子であり，ａａはしわのある種子なので，形質については，丸い種子としわのある種子が，（１＋２）：１＝３：１の比で現れる。

❸(2)脊椎動物の前あしは，どれも魚類の胸びれが変化して，それぞれの生活環境に適したつくりに変化してできたと考えられている。

(3)もとは同じものから変化したと考えられる体の部分を相同器官という。

(4)(5)相同器官のうち，ヘビやクジラの後あしのように，はたらきを失って痕跡のみとなっているものを痕跡器官という。イカの背側の胴部の外とう膜の内側にある骨のようなものは，イカのなかまがもともともっていた，貝のなかまと同じような貝殻が変化して小さくなった痕跡器官である。

出題傾向

遺伝子の分かれ方についてよく出題される。分離の法則のしくみなどを理解しておこう。

p.132〜133　予想問題 4

❶(1)食物連鎖　(2)生産者　(3)消費者
(4)生物Ｂ減る。　生物Ｄふえる。

❷(1)イ　(2)イ，ウ

❸(1)二酸化炭素　(2)①　(3)②
(4)③，④，⑤，⑥

❹(1)食物連鎖　(2)①イ　②ウ　③ア　(3)呼吸
(4)光合成　(5)日光のエネルギー
(6)ミジンコ イ　ケイソウ ウ

❶(1)ある地域の生態系の中で，「食べる・食べられる」という関係による生物どうしのひとつながりを，食物連鎖という。

(2)生物Ａは，食物連鎖の出発点となる植物である。植物は，二酸化炭素と水から日光を利用して，デンプンなどの栄養分となる有機物をつくり，酸素を出す。このはたらきにより，自然界の中では生産者とよばれる。

(3)生物Ｂ，Ｃ，Ｄは，直接あるいは間接的に植物のつくった栄養分をとり入れて生活する動物である。この点で，これらの動物を消費者という。

(4)生物Ｃが急に増加すると，生物Ｃに食べられる位置にある生物Ｂは，食べられる量がふえるので数量が一時的に減る。生物Ｄは，食べ物がふえることになるので，数量は一時的にふえる。

❷ (1)Aは最上位の動物なので，モグラがあてはまる。モグラは土の中で生活する哺乳類のなかまで，土の中にいる昆虫の幼虫やミミズ，クモ，ムカデなどを食べる。ムカデはモグラのすぐ下に位置し，ミミズなどを食べる。したがって，上からAがモグラ，Bがムカデ，Cがミミズとなる。

(2)落ち葉や動物の死がいなどは，土の中にすむ菌類や細菌類によって分解され，最終的に無機物になる。このはたらきに着目して，これらの生物を分解者という。

❸ (2)①の矢印は，大気中の炭素すなわち二酸化炭素が菌類や細菌類にとりこまれていることを示すが，菌類や細菌類は葉緑体をもたず，光合成を行うことはないので，二酸化炭素のとりこみは行っていない。

(3)光合成を行うのは，食物連鎖の出発点である植物である。②の矢印は，光合成を行うために大気中の二酸化炭素をとり入れていることを示す。

(4)生物は全て呼吸を行っている。呼吸のはたらきは，大気中などから酸素をとり入れ，二酸化炭素を放出するので，全ての生物から大気中の炭素へ向かう矢印があてはまる。

❹ (2)細菌類などは，生物の死がいや排出物中の有機物を分解して無機物に変えるので，これらの生物を分解者とよぶ。発生した無機物は，植物が光合成を行ったり体をつくったりするためにとり入れる。光合成は無機物から有機物をつくるはたらきで，植物などが行うことができる。このような植物などは生産者とよばれる。

(3)呼吸は，栄養分(有機物)を酸素を使って分解し，生活のためのエネルギーを得るはたらきである。

(4)(5)無機物を有機物に変える植物のはたらきは，光合成である。光合成では，日光(太陽光)のエネルギーをとり入れ，化学エネルギーとしてたくわえている。

(6)ミジンコを食べるメダカが減ると，ミジンコがふえ，それにともなってケイソウは減ると考えられる。

出題傾向

生物の数量に関する図で，個体数の変化とつり合いの問題がよく出る。食物連鎖を基本に，生物のつながりの関係をよく理解しておこう。

p.134～135 予想問題 5

❶ (1)電極を精製水でよく洗う。 (2)㋑，㋒，㋕
(3)電解質

❷ (1)(電極) B (2)色が消える。 (3)塩素
(4)㋐ (5)水素 (6)㋐
(7)$2HCl \longrightarrow H_2 + Cl_2$

❸ (1)①Na^+ ②Zn^{2+} ③OH^-
(2)$CuCl_2 \longrightarrow Cu^{2+} + 2Cl^-$

❹ (1)亜鉛板$Zn \longrightarrow Zn^{2+} + 2e^-$
銅板$Cu^{2+} + 2e^- \longrightarrow Cu$
(2)亜鉛板㋐ 銅板㋒ (3)亜鉛板
(4)充電できないので一次電池である。

考え方

❶ (1)かえる前の水溶液が電極に残っていると，正しい実験結果が得られないことがあるため，精製水でよく洗う必要がある。

(2)(3)電流が流れるのは，電解質の水溶液である。電解質が水中でイオンに電離しているため，回路に電流が流れる。

❷ (1)(6)塩酸に十分な電圧を加えると，陰極からは水素，陽極からは塩素が発生する。塩素は水に溶けやすいので，陰極に集まる水素と比べてあまり多く集まらない。したがって，両極にたまった気体のうち，体積の小さい方が陽極である。

(2)(3)塩素には，インクの色などを脱色する性質がある。陽極の気体は塩素であり，ろ紙につけた色が消える。

(4)(5)陰極から発生する気体は水素である。水素であることを確かめるには，気体を集めた試験管などの口にマッチの炎を近づける。水素は燃えやすい気体なので，ポンと音を立てて燃える。㋑は酸素の確認方法，㋒は二酸化炭素の確認方法，㋓は水の確認方法である。

❸ (1)イオンを化学式でかくときは，記号の右肩に，やりとりした電子の数と電気の＋と－を符号で示す。

(2)塩化銅は，水に溶けると銅イオンと塩化物イオンに電離する。

❹(1)(2)亜鉛板では，亜鉛原子が電子を放出して亜鉛イオンになる。銅板では，硫酸銅水溶液の中の銅イオンが電子を受けとり，銅原子になって銅板に付着する。

(3)電極に２種類の金属を使った電池では，イオンになりやすい方の金属が－極になる。

(4)充電できる電池を二次電池，充電できない電池を一次電池という。

出題傾向

電解質と非電解質の区別（物質の例），塩化銅水溶液の電気分解，化学電池の構成についてよく出題されている。
電気分解については反応式も合わせて覚えておこう。塩素の確認方法もよく問われる。性質とともにしっかり覚えよう。また，電解質の水溶液中でのイオンの移動についてもおさえておこう。

p.136~137 予想問題 6

❶ (1)X 赤色　Y 青色
　　Z 溶けて気体が発生した。
(2)フェノールフタレイン液
(3)酸性 H^+　アルカリ性 OH^-
❷ (1)赤色　(2)酸性　(3)陰極　(4)＋　(5)エ
(6)指示薬　(7)ウ
❸ (1)黄色　(2)塩化ナトリウム（食塩）
(3)塩　(4)$HCl \longrightarrow H^+ + Cl^-$
(5)$NaOH \longrightarrow Na^+ + OH^-$
(6)$NaOH + HCl \longrightarrow NaCl + H_2O$
(7)

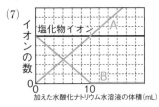

考え方 ❶(1)塩酸は酸性の水溶液なので，青色のリトマス紙を赤色に変える。また，マグネシウムは酸性の水溶液に溶けて，水素を発生する。水酸化ナトリウム水溶液はアルカリ性なので赤色のリトマス紙を青色に変える。

(2)アルカリ性の水酸化ナトリウム水溶液に加えて赤色を示しているので，フェノールフタレイン液とわかる。

(3)酸性は水素イオン H^+ が示す性質，アルカリ性は水酸化物イオン OH^- が示す性質である。

❷(1)(2)塩酸は強い酸性の水溶液なので，pH試験紙の色は赤色に変わる。

(3)塩酸に含まれる水素イオンは陽イオンなので，陰極側に引かれていく。したがって，pH試験紙の赤色に変わった部分は，陰極側に移動していく。

(5)塩酸と同じ酸性なのは，エの酢である。

(7)pHの数値は，値が7より小さいほど酸性が強く，7より大きいほどアルカリ性が強い。

❸(1)塩酸は酸性の水溶液なので，BTB液を加えたとき，黄色を示す。アルカリ性の水溶液では青色，中性の水溶液では緑色を示す。

(2)BTB液の色が緑色になったので，塩酸と水酸化ナトリウム水溶液はちょうど中和し中性になっている。塩酸と水酸化ナトリウム水溶液の中和でできる塩は塩化ナトリウム（食塩）である。

(3)酸性の水溶液とアルカリ性の水溶液が中和すると，塩とよばれる物質と水ができる。

(7)塩酸の中に少しずつ水酸化ナトリウム水溶液を加えるので，ナトリウムイオンははじめから少しずつふえていく。中和して中性なったあとも水酸化ナトリウム水溶液を加え続けるので，ナトリウムイオンはさらにふえていく。水素イオンは，はじめは塩化物イオンと同数だが，ちょうど中和して中性になったとき，0になる。なお，水酸化物イオンは，ちょうど中和するまでは0のままで，そのあとふえていく。

出題傾向

酸とアルカリの中和反応や，そのとき生じる塩，酸やアルカリの性質を決めるイオンの種類などがよく出る。おもな物質やイオンの化学式はしっかりと覚えよう。pH試験紙や，BTB液の色にも注意しよう。

❶ (1)点O　(2)15°　(3)イ　(4)日周運動
　(5)地球が自転しているから。

❷ (1)カシオペヤ座　(2)B　(3)4時間
　(4)イ　(5)75°

❸ (1)自転　(2)ウ

❹ (1)南中
　(2)春分イ　夏至ウ　秋分イ　冬至ア
　(3)∠DOG(∠GOD)

❺ (1)黄道
　(2)地球が太陽のまわりを公転しているから。
　(3)いて座　(4)B

考え方

❶(1)油性ペンの先端の影を点Oに一致させると，点O，記録点，太陽が一直線に並ぶため，透明半球の上に太陽の動きが縮小されて写る。
　(2)真東から出て真西に沈む円周上なので，360°÷24 = 15°で，1時間に15°回る。
　(3)太陽の道すじが傾いているBの方向が南なので，Cが東，Aが西である。
　(5)天体の1日の動きは，地球の自転による見かけの動きであることを，しっかり理解しておこう。

❷(2)北の空では，星は北極星を中心として反時計回りに円を描いて回るように見える。
　(3)星は1時間に15°ずつ移動して見える。したがって，60°回るには，60÷15 = 4であるから4時間かかる。
　(4)北極星からの角度が35°以内の星は，図からわかるように地平線の下には沈まない。恒星Xは北極星から40°離れているので，地平線の下に沈むことがある。
　(5)35°＋40°＝75°である。

❸(1)星の1日の動きは，地球の自転による見かけの動きである。
　(2)地球の公転によって，1日に1°ずつ東から西に移動して見える。

❹(2)春分・秋分の日は，太陽は真東からのぼり，真西に沈むのでイ。夏至の日は真東よりも最も北寄りからのぼり，真西より最も北寄りに沈むのでウ。冬至の日は，真東より最も南寄りからのぼり，真西より最も南寄りに沈むのでア。

(3)南中高度は，水平方向からその天体を見上げる角度で表す。DOが水平方向，OGが夏至の日に南中した太陽を見上げる方向なので，南中高度は∠DOG(∠GOD)で表される。

❺(1)(2)地球が太陽のまわりを公転しているために，地球から見たときの太陽の天球上の位置が，特定の星座の間を移動していくように見える(実際の観測で太陽の後ろの星座が見えるわけではない)。この天球上の通り道を黄道といい，黄道付近にある12個の星座を，黄道12星座という。
(3)図2で，地球の夏至の日の位置は，地軸の北側が太陽の方に最も傾いているAである。北半球において，真夜中に南中する星や星座は，地球から見て太陽とは正反対の方向にある星や星座であり，Aの位置の地球から見ると，いて座がそれにあたる。
(4)日の出のころ，いて座が真南に見えることから，いて座と地球上の日本の位置(観測者)と太陽の関係は下の図のようになる。この関係にあてはまる地球の位置は図2のBである。

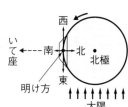

出題傾向

天体の1日の動きは地球の自転と関連して，1年の動きは地球の公転と関連して出題される。太陽や星の年周運動についてはとくに注意が必要である。計算もよく出るので練習して慣れておこう。

❶ (1)記号…B　名前…満月　(2)C　(3)B
　(4)月の自転と公転の，向きと周期が同じだから。

❷ (1)①イ　②ア　③イ
　(2)気体である。　(3)エ　(4)2.2倍

❸ (1)自転 (2)㋑

❹ (1)㋐ (2)C (3)A
(4)地球の公転軌道の内側を公転しているため。

❺ (1)星団 (2)㋓ (3)a

[考え方]

❶ (1)月は約1か月の周期で満ち欠けをくり返す。新月から2週間ほどたつと，月の位置が地球をはさんで太陽と正反対の方向にくるため，地球から見ると，太陽に照らされた月面全体が見えて完全に丸い月が見える。この月を満月という。
(2)日没ごろ西の空の低いところに見えるのは，太陽の少し東側にあるときの月で，三日月である。太陽に照らされた面の一部が，地球から細く見える。
(3)満月は，日没ごろ東からのぼり，明け方に西に沈むので，ほぼ一晩中空に出ている。

❷ (1)①太陽は東から西の向きに自転しているため，黒点も東から西に向かって移動する。したがって，投影板の記録用紙上で，黒点が移動していく向きが西にあたる。
③黒点の移動は，太陽が自転していることを示している。黒点の移動の速さから，太陽の自転の周期を計算することができる。
(2)場所によって自転の速さが異なることは，太陽が液体や気体であることを示す。太陽の表面は非常に高い温度なので，液体ではなく気体と考えられる。
(4) $109 \times \frac{2.2}{109} = 2.2$ より，2.2倍である。

❸ (1)太陽や星と同じく，月の1日の動きは地球の自転による見かけの動きである。
(2)月は地球のまわりを西から東に向かって公転しているため，約30日の周期で，満ち欠けをくり返す。つまり，地球上のある地点で毎日月を観察すると，同じ形の月が同じ時刻に決まった方角に見えるまで，約30日かかることになる。この間，月は，360÷30＝12より1日に約12°ずつ西から東に向かって移動するように見える。このため，たとえば月の出は毎日約48分（$=60分 \times \frac{12}{15}$）ずつ遅くなる。

❹ (1)図1で地球と太陽を結ぶ線より右側に金星があるときは，明け方に東の空に見える。
(2)図2の金星は，左側が細く光って見えるので，図1で地球と太陽を結ぶ線よりも右側にある金星である。欠け方が大きいのは，地球に近いことを示しているので，DではなくCの位置にあると考えられる。
(3)金星の大きさは，地球からの距離に関係する。地球からの距離が遠いと小さく見える。

❺ (1)恒星が集まったものを星団，ガスなどの集まりを星雲という。
(2)(3)太陽系が属する銀河系の円盤部は，直径が約10万光年で，太陽系は銀河系の中心部から約3万光年離れた位置にある。

出題傾向

月と惑星（とくに金星）は，満ち欠けするという点から問題の題材としてよく使われる。地球や太陽との位置の関係をつかむ練習が必要である。太陽については黒点の動きを手がかりに，太陽のいろいろな特性や構造がわかることを理解しておこう。

p.142〜143 予想問題 9

❶ (1)㋐，㋓ (2)竜巻，大雪 (3)津波
(4)①㋐ ②下図

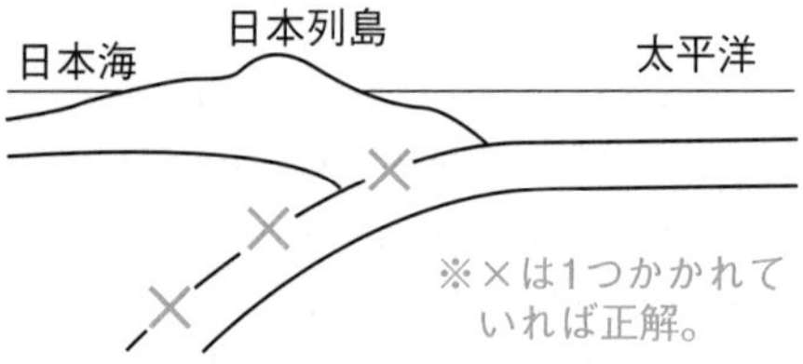

日本海
日本列島
太平洋
※×は1つかかれていれば正解。

❷ (1)A水力発電 B原子力発電 C火力発電
(2)ⓐ㋔ ⓑ㋐ ⓒ㋖ ⓓ㋕ (3)㋒

❸ (1)プラスチック (2)㋑ (3)㋒ (4)抗生物質
(5)㋓

考え方

❶ (1)㋑の火砕流は火山の噴火によって引き起こされる災害，㋒の液状化は地震によって引き起こされる現象である。

(2)他にも干ばつなどがあげられる。

(3)海底に震源をもつ大きな地震が起こると，海面が持ち上がって津波が生じる。

(4)②プレートの動きが原因で起こる地震の震源は，海のプレートと陸のプレートの境界付近に多い。

❷ (1)A 水力発電ではダムの建設が必要である。

B 放射性物質が問題になるのは，ウランなど放射線を出す物質を燃料とする原子力発電である。

C 火力発電の燃料は化石燃料なので，二酸化炭素の排出による地球温暖化の問題，二酸化硫黄の排出による酸性雨の問題など，環境への影響が心配される。

(2)ⓐ…太陽のエネルギーにより上空に持ち上げられた水が山などに降り，位置エネルギーを得たということができるので，もとは太陽のエネルギーともいえる。

ⓑ，ⓒ…使用済み核燃料の中には，放射線を1000年以上も出し続ける物質が含まれるので，その処理や管理に課題が残っている。

ⓓ…石油，石炭，天然ガスなどを，化石燃料という。最近は硫黄分をほとんど含まない天然ガスの利用が見直されている。

❸ (2)ステンレスは，鉄にクロムとニッケルを混ぜてつくられる合金（何種類かの金属の混合物）である。

(3)炭素繊維は，原油から分離した成分やアクリル繊維を高温で処理し，繊維に加工したものである。

(5)蒸気機関の発明，改良をきっかけとして，大量の人やものを運ぶ機械が次々と考案され，人間の活動はますます盛んになった。

出題傾向

エネルギー資源の種類とその特徴，利用のしかたや，現実に起こっているさまざまな問題点などを中心に出題されることが多い。
地震の発生のしかたに関する出題も多い。発生のしくみをよく理解しておこう。

大日本図書版・中学理科3年

赤シート×直前対策！

ぴた
トレ **mini book**

テストに出る！

重要語句
チェック！

理科３年　大日本図書版

理科で使う用語をまとめて確認
赤シートでかくしてチェック！

解説中の波線部（＿＿）は，この付録に掲載している用語
を表しています。また，【→ 　】で，合わせて確認したほ
うがよい用語や，参照すべき図などを示しています。

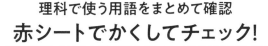

「ぴたトレ mini book」は取り外してお使いください。

単元1

位置エネルギー／高いところにある物体がもっているエネルギー

【→運動エネルギー，力学的エネルギー，図3】

運動エネルギー／運動している物体がもっているエネルギー

【→位置エネルギー，力学的エネルギー，図3】

エネルギー／物体が，ほかの物体に対して仕事をする能力のこと

【→ジュール】

エネルギーの保存／エネルギーが移り変わる前後で，エネルギーの総量は常に一定に保たれること

エネルギー変換効率／消費したエネルギーに対する，利用できるエネルギーの割合

音エネルギー／音の波がもつエネルギー

核エネルギー／原子核から発生するエネルギー

慣性／物体がそれまでの運動を続けようとする性質

慣性の法則／外から力を加えない限り，静止している物体はいつまでも静止し続け，運動している物体はいつまでも等速直線運動を続けること

キロメートル毎時／速さの単位（記号 km/h）

合力／力の合成によってできた力

【→分力，図2】

作用／異なる物体の間で対になってはたらく一方の力

【→反作用】

仕事／物体を動かしたときの，加えた力の大きさと力の向きに動かした距離との積

【→ジュール，式1】

式1 仕事

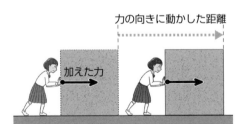

力の向きに動かした距離

加えた力

仕事〔J〕＝力の大きさ〔N〕
　　　　×力の向きに動かした距離〔m〕

式2 仕事率

$$仕事率〔W〕＝\frac{仕事〔J〕}{仕事に要した時間〔s〕}$$

式3 等速直線運動

距離〔m〕＝速さ〔m/s〕×時間〔s〕

式4 速さ

$$速さ〔m/s〕＝\frac{移動した距離〔m〕}{移動にかかった時間〔s〕}$$

仕事の原理／道具を使っても使わなくても，仕事の大きさが変わらないこと

仕事率／1秒当たりの仕事の大きさで表される，仕事の能率のこと

【→ワット，式2】

自由落下運動／静止していた物体が，重力だけを受け続けて真下に落下する運動

ジュール／仕事やエネルギーの単位（記号J）

【→式1】

瞬間の速さ／ごく短い時間に移動した距離を，移動にかかった時間でわって求めた速さ

【→平均の速さ，式4】

水圧／水中の物体に加わる，水による圧力

【→図1】

センチメートル毎秒／速さの単位（記号cm/s）

対流／液体や気体の移動によって熱が伝わる現象

【→伝導，放射】

弾性エネルギー／変形した物体がもつエネルギー

力の合成／2つの力を，同じはたらきをする1つの力で表すこと

【→合力，力の分解，図2】

力の分解／1つの力を同じはたらきをする2つの力に分けること

【→力の合成，分力，図2】

電気エネルギー／電気がもつエネルギー

伝導／高温の部分から低温の部分に熱が移動して伝わる現象

【→対流，放射】

等速直線運動／速さが一定で一直線上を進む運動

【→式3，式4】

図1 水圧と浮力

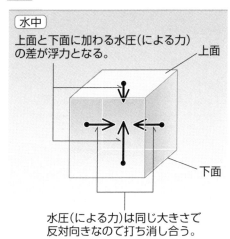

図2 合力と分力

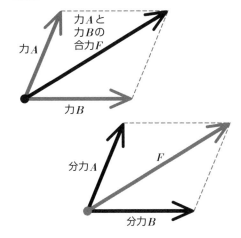

熱エネルギー／熱がもつエネルギー

熱伝導／＝伝導

熱放射／＝放射

速さ／一定の時間に物体が移動した距離

【→キロメートル毎時，センチメートル
毎秒，メートル毎秒，式3，式4】

反作用／異なる物体の間で対になっては
たらく力のうち，一方の力（作用）に対し
て，もう一方の力

光エネルギー／光がもつエネルギー

浮力／水中の物体に加わる上向きの力

【→図1】

分力／力の分解によってできた力

【→合力，力の分解，図2】

平均の速さ／速さが変化している物体が，
一定の速さで移動したと考えたときの速
さ

【→瞬間の速さ，式4】

放射／物体の熱が赤外線などの光として
放出される現象

【→対流，伝導】

メートル毎秒／速さの単位（記号m/s）

【→式4】

力学的エネルギー／位置エネルギーと運
動エネルギーの和

【→力学的エネルギーの保存，図3】

力学的エネルギーの保存／摩擦力や空気
の抵抗などがなければ，力学的エネル
ギーが一定に保たれること

【→図3】

ワット／仕事率の単位（記号W）

【→式2】

図3　力学的エネルギーの保存

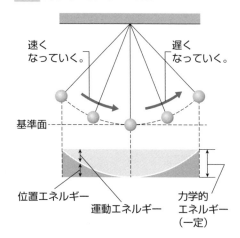

速く
なっていく。

遅く
なっていく。

基準面

位置エネルギー

運動エネルギー

力学的
エネルギー
（一定）

単元2

遺伝／親の形質が子や孫の世代に伝わること　　　　　　　　　　　【→遺伝子】

遺伝子／形質を表すもとになるもの
　　　　　　　　　　【→遺伝，図7】

栄養生殖／植物の体の一部から新しい個体をつくる無性生殖
　　　　　　　　【→挿し木，取り木】

花粉管／めしべの柱頭についた花粉が，胚珠に向かってのばす管
　　　　　　　　　　　　　【→図7】

形質／生物の特徴となる形や性質

減数分裂／染色体の数がもとの細胞の半分になる，生殖細胞がつくられるときに行われる特別な細胞分裂
　　　　　　　　【→体細胞分裂，図6】

顕性の形質／Aaという組み合わせの遺伝子をもつ場合に，遺伝子Aが伝える形質しか現れず，遺伝子aが伝える形質が隠れたままであるとき，遺伝子Aが伝える形質　　　　　　　【→潜性の形質】

交配／2つの個体の間で，受粉もしくは受精が行われること

痕跡器官／相同器官の中で，はたらきを失って痕跡のみとなっているもの
〔例〕ヘビやクジラの後あし

細胞分裂／1つの細胞が2つの細胞に分かれること
　　　　【→減数分裂，体細胞分裂，図4】

挿し木／葉のついた茎などを切りとって地面に挿して育て，新しい個体を得る方法　　　　　　　　　　【→栄養生殖】

自家受粉／花粉が同じ花あるいは同じ株の別の花のめしべにつくこと
　　　　　　　　　　　　【→他家受粉】

図4 体細胞分裂

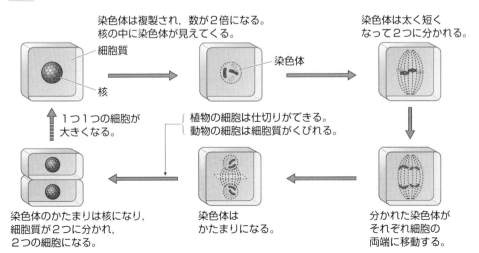

染色体は複製され，数が2倍になる。核の中に染色体が見えてくる。

細胞質

核

染色体

染色体は太く短くなって2つに分かれる。

1つ1つの細胞が大きくなる。

植物の細胞は仕切りができる。
動物の細胞は細胞質がくびれる。

染色体のかたまりは核になり，細胞質が2つに分かれ，2つの細胞になる。

染色体はかたまりになる。

分かれた染色体がそれぞれ細胞の両端に移動する。

種／生物を形や性質などの特徴によって分類したとき，その特徴でまとめられた集団

受精／卵細胞（または卵）と精細胞（または精子）が出会い，卵細胞（または卵）と精細胞（または精子）の核が合体して受精卵ができること　　　　　【→図7】

受精卵／卵細胞（または卵）の核と精細胞（または精子）の核が合体してできる新しい1つの細胞　　　　　【→図7】

純系／親，子，孫と代をいくつ重ねても同じ形質になる生物

進化／生物が，長い時間をかけて，多くの代を重ねる間に変化すること

精細胞／植物の生殖細胞の1つで，被子植物では花粉の中にできるもの
　　　　　　　　　　【→卵細胞，図7】

精子／精巣でつくられる，動物の雄の生殖細胞　　　　　　　【→卵，図7】

生殖／生物が自らと同じ種類の新しい個体をつくること
　　　　　　　　【→無性生殖，有性生殖】

生殖細胞／精細胞や卵細胞，精子や卵などの，有性生殖を行う特別な細胞
　　　　　　　　　　　　　　【→図6】

染色体／細胞分裂のときに，細胞の核に見られるひも状のもの　　　　【→図4】

潜性の形質／Aaという組み合わせの遺伝子をもつ場合に，遺伝子Aが伝える形質しか現れず，遺伝子aが伝える形質が隠れたままであるとき，遺伝子aが伝える形質　　　　　　　【→顕性の形質】

相同器官／同じものから変化したと考えられる体の部分　　　　　【→図5】

相同染色体／細胞には同じ形の染色体がふつう2本ずつあり，この2本の染色体のこと

体細胞分裂／細胞の中で染色体が複製され，2倍になった染色体が2つに分裂した新しい2つの細胞にそれぞれ入る細胞分裂　　　　　【→減数分裂，図4】

対立形質／エンドウの種子の形（丸い種子，しわのある種子）のように，どちらか一方しか現れない形質どうしのこと

他家受粉／花粉が別の株の花のめしべにつくこと　　　　　　【→自家受粉】

DNA／遺伝子の本体で染色体に含まれる物質

デオキシリボ核酸／＝DNA

取り木／枝に傷をつけるなどして発根させた後に，切りとって新しい個体を得る方法　　　　　　　　【→栄養生殖】

胚／植物では胚珠全体が種子になり発芽するまで，動物では自分で食物をとり始めるまでの間の子のことを指す．受精卵が細胞分裂して成長する過程での未成熟の個体　　　　　　　　　　【→図7】

図5 相同器官

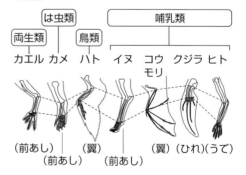

は虫類	哺乳類				
両生類	鳥類				
カエル カメ	ハト	イヌ	コウモリ	クジラ	ヒト

（前あし）　（翼）　（翼）（ひれ）（うで）
　（前あし）　（前あし）

発生／受精卵が細胞分裂を繰り返して，親と同じような形へと成長する過程
【→図7】

(染色体の)複製／細胞分裂の前に，細胞にあるそれぞれの染色体と同じものがもう1つずつくられ，染色体の数が2倍になること　【→体細胞分裂】

分離の法則／対になっている親の代の遺伝子が，減数分裂によって染色体とともに移動し，それぞれ別の生殖細胞（母親の場合は卵細胞，父親の場合は精細胞）に入ること　【→図6】

無性生殖／体細胞分裂によって新しい個体をつくる生殖
【→栄養生殖，有性生殖，図7】

優性の形質／＝顕性の形質

有性生殖／生殖細胞によって新しい個体をつくる生殖　【→無性生殖，図7】

卵／卵巣でつくられる，動物の雌の生殖細胞　【→精子，図7】

卵細胞／植物の生殖細胞の1つで，被子植物では胚珠の中にできるもの
【→精細胞，図7】

劣性の形質／＝潜性の形質

図6 遺伝子の伝わり方

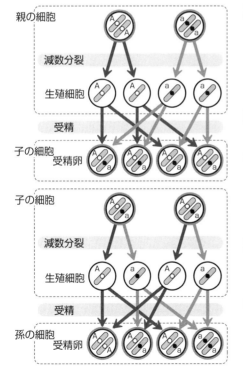

図7 無性生殖・有性生殖

無性生殖

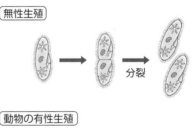

分裂

動物の有性生殖

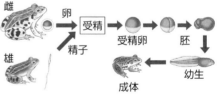

植物の有性生殖

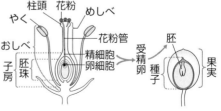

SDGs（エスティージーズ）／国連が定めた，持続可能な社会の実現のため，2030年までに達成すべき17の目標のこと

温室効果（おんしつこうか）／二酸化炭素や水蒸気などの気体（温室効果ガス）が地球から宇宙に向かう熱を吸収し，さらに再放出して気温の上昇をもたらすこと

【→地球温暖化，図9】

温室効果ガス（おんしつこうか）／温室効果をもつ気体

【→地球温暖化，図9】

外部被ばく（がいぶひ）／体外から放射線を受けること

【→内部被ばく】

外来種（がいらいしゅ）／もともと生息していなかった地域に，人間の活動によって持ちこまれて定着した生物

外来生物（がいらいせいぶつ）／＝外来種

化学繊維（かがくせんい）／ナイロン繊維やアクリル繊維，ポリエステル繊維などの，人工の繊維のこと

【→天然繊維】

化石燃料（かせきねんりょう）／石油や石炭，天然ガスなど，大昔の生物の死がいが変化したもの

火力発電（かりょくはつでん）／化石燃料を燃やして高温の水蒸気をつくり，発電機を回して発電するしくみ

環境（かんきょう）／生物のまわりの水や空気，土などのこと

菌糸（きんし）／菌類に見られる，細胞がつながって糸状になっているもの

菌類（きんるい）／微生物の中で，主に胞子でふえる，カビやキノコなどのなかま

グレイ／物質や人体が受けた放射線のエネルギーの大きさを表す単位（記号Gy）

原子力発電（げんしりょくはつでん）／ウラン原子が核分裂するときのエネルギー（核エネルギー）で水を加熱して，高温の水蒸気をつくり，発電機を回して発電するしくみ

合成樹脂（ごうせいじゅし）／＝プラスチック

抗生物質（こうせいぶっしつ）／微生物の増殖を妨げる物質

高分子（こうぶんし）／とても多くの原子がつながった分子

高分子化合物（こうぶんしかごうぶつ）／ポリエチレンの分子など，高分子からなる化合物

枯渇性エネルギー（こかっせい）／再生可能エネルギーに対し，有限な化石燃料やウランの生み出すエネルギー

コージェネレーション／火力で発電しながら，発生する廃熱も利用し，温水をつくるしくみ

固有種（こゆうしゅ）／特定の地域でしか生息していない生物の種のこと

細菌類（さいきんるい）／微生物の中で，単細胞生物で，主に分裂によってふえる，大腸菌や乳酸菌などのなかま

図8 **物質の循環と食物連鎖**

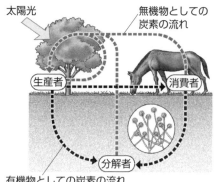

太陽光　　　　　無機物としての炭素の流れ

生産者　　消費者

分解者

有機物としての炭素の流れ

再生可能エネルギー／太陽のエネルギーなど，いつまでも利用できるエネルギー

【→枯渇性エネルギー】

里山／人里の近くにある，雑木林や田畑，小川，ため池などがまとまった地域一帯のこと

シーベルト／放射線が人体に与える影響を表すときの単位(記号Sv)

子実体／菌類で，菌糸が寄り集まって形成された傘と柄からなる部分

自然放射線／自然界に存在する放射線

【→人工放射線】

持続可能な開発目標／＝SDGs

持続可能な社会／くらしに必要なものやエネルギーを，現在そして将来の世代にわたって安定して手に入れることができる社会

消費者／生態系において，生産者によってつくり出された有機物をとりこむ生物

【→分解者，図8】

植物プランクトン／光合成を行っているプランクトン

【→動物プランクトン】

図9 地球温暖化

太陽　　　　　　宇宙へ放出される熱

温室効果ガス

雲

太陽光

熱をもどすはたらき(温室効果)

食物網／自然界では，複数の生物を食べ，また逆に複数の生物に食べられることがあり，これらの関係を線でつないでいくと，複雑に入り組んだ網のようになっていること

【→食物連鎖】

食物連鎖／食べる・食べられるの関係を1対1で順に結んだ生物どうしのつながり

【→食物網，図8】

人工放射線／人工的につくられる放射線

【→自然放射線】

水力発電／ダムにたまった水の位置エネルギーを利用して，発電機を回して発電するしくみ

生産者／生態系において，無機物から有機物をつくり出す生物

【→消費者，分解者，図8】

生態系／ある環境とそこにすむ生物とを1つのまとまりと見たもの

絶滅危惧種／地球上から絶滅が心配されている種

太陽光発電／光エネルギーを電気エネルギーに変える装置(光電池)により発電するしくみ

炭素繊維／原油から分離した成分やアクリル繊維を高温で処理し，繊維に加工したもの

地球温暖化／地球の気温が上昇している現象

【→温室効果，図9】

地熱発電／地下深くの熱によって蒸気を発生させ，発電機を回して発電するしくみ

天然繊維／動物の毛や絹，綿や麻などの植物でできている繊維

【→化学繊維】

（放射線の）**電離作用**／原子をイオンにする性質

（放射線の）**透過性**／物体を通り抜ける性質

導電性高分子／電流を通す高分子

動物プランクトン／光合成を行うことができず，植物プランクトンなどを食べているプランクトン

内部被ばく／体内にとり入れた放射性物質から放射線を受けること

【→外部被ばく】

バイオマス／植物・廃材・生ゴミ・下水・動物の排泄物などの有機資源

バイオマス発電／バイオマスを用いて，これを燃やしたり，一度ガスにして燃やしたりすることで，火力発電と同様に発電するしくみ

白化／＝白化現象

白化現象／水温が上昇してサンゴが白くなる現象

微生物／主に肉眼では見ることができない微小な生物

【→菌類，細菌類】

被ばく／放射線を受けること

【→外部被ばく，内部被ばく】

風力発電／風で風車を回し，それを発電機に伝えて発電するしくみ

プラスチック／石油などから人工的につくられた物質

〔例〕ポリエチレン（PE），ポリプロピレン（PP），ポリ塩化ビニル（PVC），ポリスチレン（PS），ポリエチレンテレフタラート（PET），アクリル樹脂（PMMA）

プランクトン／水中に漂って生活している生物の総称

【→植物プランクトン，動物プランクトン】

分解者／生態系において，生物の死がいやふんなどの有機物を無機物にまで分解するはたらきに関するもの

【→消費者，生産者，図8】

ベクレル／放射性物質が放射線を出す能力（放射能）の大きさを表す単位（記号Bq）

放射線／高いエネルギーをもった粒子や電磁波の流れ

〔例〕α線，β線，γ線，X線，中性子線

【→透過性，電離作用，放射能，図10】

放射能／放射性物質が放射線を出す能力

単元3・6

図10 放射線の種類

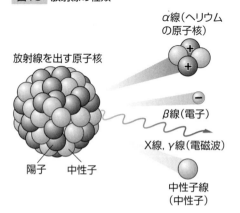

放射線を出す原子核

α線（ヘリウムの原子核）

β線（電子）

X線，γ線（電磁波）

中性子線（中性子）

陽子　中性子

アルカリ／水に溶けて水酸化物イオン
OH^-を生じる物質

【→酸】

アルカリ性／赤色リトマス紙を青くする
性質

【→酸性，中性，pH】

イオン／電気を帯びた粒子のこと

【→陰イオン，陽イオン】

一次電池／充電ができない電池

【→二次電池】

陰イオン／－の電気を帯びた粒子

【→イオン，陽イオン】

塩／中和によって，酸の陰イオンとアル
カリの陽イオンが結びついてできる物質

化学電池／＝電池

原子核／原子の中心にある＋の電気をも
つもの

【→中性子，陽子， 図11 】

原子番号／原子がもつ陽子の数

原子量／各原子の質量の比

酸／水に溶けて水素イオンH^+を生じる
物質

【→アルカリ】

酸性／青色リトマス紙を赤くする性質

【→アルカリ性，中性，pH】

(元素の)周期表／元素を原子番号の順に
並べ，性質の似たものが縦に並ぶように
配置した表

中性／青色・赤色のどちらのリトマス紙
の色も変えない性質

【→アルカリ性，酸性，pH】

中性子／原子核にある電気をもたない粒
子

【→陽子，電子， 図11 】

中和／酸性の水溶液とアルカリ性の水溶
液を混ぜ合わせたときに起こる，互いの
性質を打ち消し合う化学変化

【→塩】

電解／＝電気分解

電解質／水に溶かしたとき，水溶液に電
流が流れる物質

〔例〕塩化ナトリウム，塩化水素，水酸化
ナトリウム，塩化銅

【→非電解質】

電解質水溶液／溶質が電解質の水溶液

電気的に中性／全体として電気をもたな
い状態

電気分解／電圧を加えて化学変化を起こ
し，物質をとり出すこと

電子／原子核のまわりを回っている－の
電気をもつ粒子

【→中性子，陽子， 図11 】

図11 原子のつくり

水素原子 　　　　　　ヘリウム原子

11

電池／化学エネルギーを電気エネルギーに変換する装置

【→ 図12 】

電離／電解質が水に溶け，陽イオンと陰イオンに分かれること

【→ 図13 】

同位体／同じ元素で中性子の数が異なる原子

二次電池／充電ができる電池

【→一次電池】

燃料電池／水素などの燃料が酸化される化学変化から電気エネルギーをとり出す装置

pH／酸性やアルカリ性の強さを表す数値

非電解質／水に溶かしたとき，水溶液に電流が流れない物質

〔例〕ショ糖，エタノール

【→電解質】

陽イオン／＋の電気を帯びた粒子

【→イオン，陰イオン】

陽子／原子核にある＋の電気をもつ粒子

【→中性子，電子， 図11 】

図12 ダニエル電池のモデル

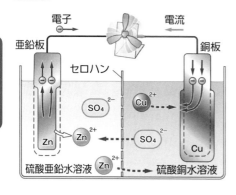

図13 電離のようす

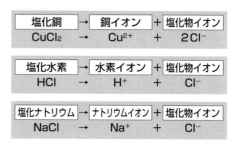

| 塩化銅 | → | 銅イオン | + | 塩化物イオン |
| $CuCl_2$ | → | Cu^{2+} | + | $2Cl^-$ |

| 塩化水素 | → | 水素イオン | + | 塩化物イオン |
| HCl | → | H^+ | + | Cl^- |

| 塩化ナトリウム | → | ナトリウムイオン | + | 塩化物イオン |
| $NaCl$ | → | Na^+ | + | Cl^- |

天の川銀河／＝銀河系

隕石／小惑星の中で，地球に落下するもの

(月の)海／月の表面の平坦な地形

衛星／惑星のまわりを公転する天体
〔例〕月，イオ，タイタン

皆既月食／月食のうち，地球の影に満月の全部が隠される場合のこと
【→部分月食】

皆既日食／日食のうち，太陽の全部が隠される場合のこと
【→部分日食】

北／経線に沿って北極の方位
【→西，東，南，図14】

銀河／恒星が数億個から1兆個以上も集まった大集団

銀河系／太陽系や星座をつくる星々が属する，千億個以上の恒星からなる集団

月食／月・地球・太陽の順に一直線上に並んだとき，月が地球の影に入り，月の一部または全部が欠けて見えること

紅炎／＝プロミネンス

恒星／太陽のように，自ら光を出している天体のこと

(天体の)公転／天体が他の天体のまわりを回ること
【→自転】

(月の)公転／月が地球のまわりを動いていくこと

公転周期／公転で1周する時間

黄道／天球上での太陽の通り道

黄道12星座／黄道に沿ってある12の星座のこと

黒点／太陽の表面に見える，まわりより温度が低い，黒いしみのような点

コロナ／100万℃以上の温度がある，太陽の外側に広がる高温・希薄なガス

(地球の)自転／地軸を軸として，西から東へ約1日に1回転する地球の動き
【→図14】

小惑星／主に火星と木星の軌道の間を公転する，岩石でできた天体

すい星／氷と細かなちりでできた天体

星雲／ガスのかたまりをともなう天体

星団／恒星が集まった集団

図14 地球上の方位

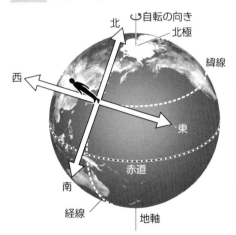

自転の向き
北極
北
緯線
西
東
赤道
南
経線
地軸

太陽系／太陽と，太陽を中心として運動している天体の集まり

【→ 図15 】

太陽系外縁天体／海王星より外側の軌道を公転する天体の総称

地球型惑星／小型で主に岩石からなる密度が大きい水星，金星，地球，火星の4つの惑星

【→木星型惑星， 図15 】

地軸／地球の北極と南極を結ぶ線

【→自転， 図14 】

月の満ち欠け／月の見かけの形が日によって変化すること

天球／地球を覆う仮想的な球体のこと

【→ 図16 ， 図17 】

天頂／観測者の真上の点のこと

【→ 図16 ， 図17 】

等級／天体(恒星)の明るさの表し方

(太陽の)**南中**／太陽が昼ごろに南の空で最も高くなること

【→南中高度， 図16 】

(太陽の)**南中高度**／南中したときの高度(地平線から南中した太陽までの角度)

【→ 図16 】

西／緯線に沿って，太陽が沈む方位

【→北，東，南， 図14 】

(太陽の)**日周運動**／太陽が一定の速さで，朝，東からのぼり，昼ごろ南の空で最も高くなり，夕方西の空に沈んでいく動き

【→ 図16 】

(星の)**日周運動**／星が，私たちのいる地点と北極星を結ぶ線を軸として，東から西へ約1日に1回転する動き

【→ 図17 】

日食／地球・月・太陽の順に一直線上に並んだとき，月が太陽を隠し，太陽の一部または全部が欠けて見えること

【→皆既日食，部分日食】

(星の)**年周運動**／同じ時刻に決まった方角に見える星座が，一定の速さで移り変わっていき，1年でもとの位置に戻る，地球の公転による見かけ上の動き

東／緯線に沿って，太陽がのぼる方位

【→北，西，南， 図14 】

部分月食／月食のうち，地球の影に満月の一部が隠される場合

【→皆既月食】

- -

図15 太陽系の惑星

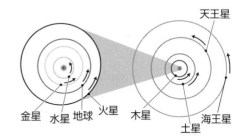

天王星
金星　水星　地球　火星　木星　土星　海王星

部分日食／日食のうち，月に太陽の一部が隠されて見える場合

【→皆既日食】

プロミネンス／太陽の表面にのびる高温ガス

南／経線に沿って南極の方位

【→北，西，東，　図14　】

めい王星型天体／めい王星やエリスなどのように，太陽系外縁天体の中で，球体になることができる質量をもった大きな天体

木星型惑星／大型で主に気体からなる密度が小さい木星，土星，天王星，海王星の4つの惑星

【→地球型惑星，　図15　】

流星／主にすい星から放出されたちりが地球の大気とぶつかって光る現象

惑星／恒星のまわりを公転し，自ら光を出さず恒星からの光を反射して光って見える天体のこと

【→　図15　】

図16　太陽の見かけの動き

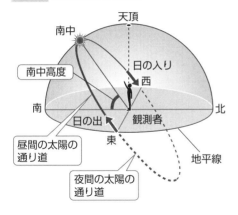

図17　地球の自転と星の日周運動

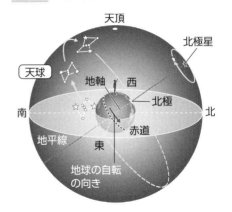

単元 5

そのほか

記録タイマー／一定時間ごとの物体の移動距離を記録することができる装置

こまごめピペット／液体をとるときに用いる。

指示薬／色の変化によって、酸性・中性・アルカリ性を調べることができる薬品

(細胞の)染色液／細胞の核を染めて観察するときに用いる。
〔例〕酢酸オルセイン液、酢酸カーミン液

ストロボスコープ／等間隔で連続して光を出す装置。この装置を使うと、一定の時間間隔で撮影することができる。

定滑車／別の物体に固定されている滑車
【→動滑車】

動滑車／物体とともに動く滑車
【→定滑車】

速さ測定器／センサーなどを利用して、物体の運動の速さを測定することができる装置

pH 試験紙／中性では緑色で、酸性の水溶液ではオレンジ～赤色に、アルカリ性では緑～青色に変化する性質を利用して、水溶液の性質を調べることができる。

pH メーター／pH を調べることができる装置

BTB 液／中性では緑色で、酸性の水溶液では黄色に、アルカリ性では青色に変化する性質を利用して、水溶液の性質を調べることができる。

フェノールフタレイン液／水溶液に加えると、酸性や中性では無色であるが、アルカリ性では赤色に変化することを利用して、水溶液がアルカリ性かどうかを調べることができる。

表A　イオンとその化学式

H^+	水素イオン
Li^+	リチウムイオン
Na^+	ナトリウムイオン
K^+	カリウムイオン
Ag^+	銀イオン
NH_4^+	アンモニウムイオン
Cu^{2+}	銅イオン
Mg^{2+}	マグネシウムイオン
Zn^{2+}	亜鉛イオン
Ca^{2+}	カルシウムイオン
Ba^{2+}	バリウムイオン
Cl^-	塩化物イオン
OH^-	水酸化物イオン
SO_4^{2-}	硫酸イオン
CO_3^{2-}	炭酸イオン
NO_3^-	硝酸イオン

そのほか